Leitfäden der Informatik

Richter/Sander/Stucky

Der Rechner als System

Organisation, Daten, Programme

Leitfäden der Informatik

Die Leitfäden der Informatik behandeln

- Themen aus der Theoretischen, Praktischen und Technischen Informatik entsprechend dem aktuellen Stand der Wissenschaft in einer systematischen und fundierten Darstellung des jeweiligen Gebietes.
- Methoden und Ergebnisse der Informatik, aufgearbeitet und dargestellt aus Sicht der Anwendungen in einer für Anwender verständlichen, exakten und präzisen Form.

Die Bände der Reihe wenden sich zum einen als Grundlage und Ergänzung zu Vorlesungen der Informatik an Studierende und Lehrende in Informatik-Studiengängen an Hochschulen, zum anderen an „Praktiker“, die sich einen Überblick über die Anwendungen der Informatik(-Methoden) verschaffen wollen; sie dienen aber auch in Wirtschaft, Industrie und Verwaltung tätigen Informatikern und Informatikerinnen zur Fortbildung in praxisrelevanten Fragestellungen ihres Faches.

W. Stucky (Hrsg.)

Grundkurs Angewandte Informatik III

Der Rechner als System

Organisation, Daten, Programme

Von Dr. rer. pol. Reinhard Richter
Universität Karlsruhe
Dr. rer. pol. Peter Sander, Frankfurt/Main
Prof. Dr. rer. nat. Wolffried Stucky
Universität Karlsruhe

B. G. Teubner Stuttgart 1997

Dr. rer. pol. Reinhard Richter

1957 geboren in Offenburg. 1979 bis 1987 Studium des Wirtschaftsingenieurwesens an der Universität Fridericiana Karlsruhe (TH). 1987 Diplom-Wirtschaftsingenieur. 1987 Nachwuchswissenschaftler bei der Gesellschaft für Mathematik und Datenverarbeitung. Von 1988 bis 1993 wissenschaftlicher Mitarbeiter am Institut für Angewandte Informatik und Formale Beschreibungsverfahren der Universität Karlsruhe. 1993 Promotion bei W. Stucky mit einer Arbeit über „Parallele Datenbanksysteme". Von 1993 bis 1995 Leiter eines Referats für DV-Entwicklung und DV-Projekte. Seit 1996 Leitender Wissenschaftlicher Angestellter am Institut für Angewandte Informatik und Formale Beschreibungsverfahren der Universität Karlsruhe.

Dr. rer. pol. Peter Sander

1962 geboren in Uelzen. 1982 bis 1988 Studium der Mathematik (Nebenfach Informatik) an der Technischen Universität Clausthal. 1988 Diplom in Mathematik. Von 1988 bis 1993 wissenschaftlicher Mitarbeiter am Institut für Angewandte Informatik und Formale Beschreibungsverfahren der Universität Fridericiana Karlsruhe (TH). 1992 Promotion bei W. Stucky mit einer Arbeit im Gebiet „Deduktive Datenbanken". Seit 1993 als Unternehmensberater tätig.

Prof. Dr. rer. nat. Wolffried Stucky

1939 geboren in Bad Kreuznach. 1959 bis 1965 Studium der Mathematik an der Universität des Saarlandes. 1965 Diplom in Mathematik. 1965 bis 1970 wissenschaftlicher Mitarbeiter und Assistent am Institut für Angewandte Mathematik der Universität des Saarlandes. 1970 Promotion bei G. Hotz. 1970 bis 1975 wissenschaftlicher Mitarbeiter in der pharmazeutischen Industrie. 1971 bis 1975 Inhaber des Stiftungslehrstuhls für Organisationstheorie und Datenverarbeitung (Mittlere Datentechnik) der Universität Karlsruhe. Seit 1976 ordentlicher Professor für Angewandte Informatik an der Fakultät für Wirtschaftswissenschaften der Universität Fridericiana Karlsruhe (TH).

Die Deutsche Bibliothek – CIP-Einheitsaufnahme

Grundkurs angewandte Informatik / W. Stucky (Hrsg.). – Stuttgart : Teubner
3. Richter, Reinhard: Der Rechner als System. – 1997
Richter, Reinhard:
Der Rechner als System : Organisation, Daten, Programme / von Reinhard Richter ; Peter Sander ; Wolffried Stucky. – Teubner : Stuttgart, 1997
(Grundkurs angewandte Informatik ; 3) (Leitfäden der Informatik)
ISBN-13: 978-3-519-02936-6 e-ISBN-13: 978-3-322-84826-0
DOI: 10.1007/978-3-322-84826-0

Softcover reprint of the hardcover 1st edition 1997

Gesamtherstellung: Zechnersche Buchdruckerei GmbH, Speyer
Einband: Peter Pfitz, Stuttgart

Vorwort zum gesamten Werk

Ziel dieses vierbändigen *Grundkurses Angewandte Informatik* ist die Vermittlung eines umfassenden und fundierten Grundwissens der Informatik. Bei der Abfassung der Bände wurde besonderer Wert auf eine verständliche und anwendungsorientierte, aber dennoch präzise Darstellung gelegt; die präsentierten Methoden und Verfahren werden durch konkrete Problemstellungen motiviert und anhand zahlreicher Beispiele veranschaulicht. Das Werk richtet sich somit sowohl an Studierende aller Fachrichtungen als auch an Praktiker, die an den methodischen Grundlagen der Informatik interessiert sind. Nach dem Durcharbeiten der vier Bände soll der Leser in der Lage sein, auch weiterführende Bücher über spezielle Teilgebiete der Informatik und ihrer Anwendungen ohne Schwierigkeiten lesen zu können und insbesondere Hintergründe besser zu verstehen.

Zum Inhalt des *Grundkurses Angewandte Informatik*: Im ersten Band *Programmieren mit Modula-2* wird der Leser gezielt an die Entwicklung von Programmen mit der Programmiersprache Modula-2 herangeführt; neben dem „Wirthschen" Standard wird dabei auch der zur Normung vorliegende neue Standard von Modula-2 (gemäß dem ISO-Working-Draft von 1990) behandelt. Im zweiten Band *Problem – Algorithmus – Programm* werden – ausgehend von konkreten Problemstellungen – die allgemeinen Konzepte und Prinzipien zur Entwicklung von Algorithmen vorgestellt; neben der Spezifikation von Problemen wird dabei insbesondere auf Eigenschaften und auf die Darstellung von Algorithmen eingegangen. Der dritte Band *Der Rechner als System – Organisation, Daten, Programme* beschreibt den Aufbau von Rechnern, die systemnahe Programmierung und die Verarbeitung von Programmen auf den verschiedenen Sprachebenen; ferner wird die Verwaltung und Darstellung von Daten im Rechner behandelt. Der vierte Band *Automaten, Sprachen, Berechenbarkeit* schließlich beinhaltet die grundlegenden Konzepte der Automaten und formalen Sprachen; daneben werden innerhalb der Berechenbarkeitstheorie die prinzipiellen Möglichkeiten und Grenzen der Informationsverarbeitung aufgezeigt.

Der *Grundkurs Angewandte Informatik* basiert auf einem viersemestrigen Vorlesungszyklus, der seit vielen Jahren – unter ständiger Anpassung an neue Entwicklungen und Konzepte – an der Universität Karlsruhe als Informatik-Grundausbildung für Wirtschaftsingenieure und Wirtschaftsmathematiker gehalten wird. Insoweit haben auch ehemalige Kollegen in Karlsruhe, die an der Durchführung dieser Lehrveranstaltungen ebenfalls beteiligt waren, zu der inhaltlichen Ausgestaltung dieses Werkes beigetragen, auch wenn sie jetzt nicht als Koautoren erscheinen. Insbesondere möchte ich hier Hans Kleine Büning (jetzt Universität Duisburg), Thomas Ottmann und Peter Widmayer (beide jetzt Universität Freiburg) erwähnen. Für positive Anregungen sei allen dreien an dieser Stelle herzlich gedankt. Kritik an dem Werk sollte sich aber lediglich an die jeweiligen Autoren alleine richten.

In der Grundausbildung Informatik verfolgen wir zuallererst das Ziel, die Studenten mit einem Rechner vertraut zu machen. Dies soll so geschehen, daß die Studenten – etwa unter Anleitung durch Band I dieses Grundkurses – mit einer höheren Programmiersprache an den Rechner herangeführt werden, in der die wesentlichen Konzepte der modernen Informatik realisiert sind. Diese Konzepte sowie die allgemeine Vorgehensweise zur Erstellung von Programmen sollen dabei exemplarisch durch „gutes Vorbild" geübt werden; die Konzepte selbst werden dann in den nachfolgenden Bänden jeweils ausführlich erläutert.

Karlsruhe, im September 1991

Wolffried Stucky (für die Autoren des Gesamtwerkes)

Vorwort zum Band III

Der vorliegende dritte Band des *Grundkurses Angewandte Informatik* stellt den Rechner als System in den Mittelpunkt. Dabei werden die rechnerinterne Darstellung von Information und die systemnahe Programmierung erläutert. Des weiteren wird auf die Architektur und die Arbeitsweise von Rechnern sowie auf den Betrieb und auf wichtige Basisdienste von Rechenanlagen eingegangen.

In Kapitel 1 wird die rechnerinterne Darstellung von Information erläutert. Dabei wird die Codierungstheorie behandelt, und es wird auf die Darstellung von Zahlen und die Realisierung arithmetischer Operationen eingegangen.

In Kapitel 2 wird die Verarbeitung der rechnerinternen Darstellungen durch elementare Schaltungen behandelt. Dafür wird zunächst die Boolesche Algebra und die Schaltalgebra vorgestellt. Es folgen Ausführungen über Schaltnetze und Schaltwerke sowie ein Einblick in deren physikalische Realisierung.

In Kapitel 3 wird der Aufbau und die Arbeitsweise von Rechnern beschrieben. Hierbei wird auf die Grundkonzepte des klassischen von-Neumann-Rechners wie auch auf die Konzeption und die Arbeitsweise moderner Mikroprozessoren eingegangen. Ferner werden allgemeine und spezielle Aufgaben von Betriebssystemen vorgestellt.

In Kapitel 4 wird in die Programmierung von Prozessoren und in die Konzepte prozessornaher Sprachen eingeführt. Dabei werden die Sprachebenen Assemblersprache, Maschinensprache und Mikroprogrammierung auf plastische Weise erläutert.

In Kapitel 5 wird die Verwaltung von Dateien behandelt. Dabei wird auf grundlegende Konzepte eingegangen und ein Speichermodell vorgestellt. Schließlich werden wichtige Organisationsformen von Dateien ausführlich besprochen.

Das vorliegende Buch ist so angelegt, daß die Studierenden einen breiten Überblick über die genannten Gebiete erhalten. Es wurde auf eine anschauliche und dennoch präzise Darstellung Wert gelegt. Zahlreiche Beispiele und Aufgaben am Schluß der Kapitel sollen die Inhalte veranschaulichen und festigen.

Karlsruhe, im Juli 1997

Reinhard Richter   Peter Sander   Wolffried Stucky

Inhaltsverzeichnis

1 Computergerechte Darstellung von Informationen

In Band II des Grundkurses Angewandte Informatik haben wir verschiedene Entwurfsprinzipien und -konzepte für Algorithmen sowie Bausteine und Strukturen für die Programmentwicklung kennengelernt. Es stellt sich nun die Frage: Wie kann der Computer Informationen, die wir ihm als *Daten*, d.h. als Zahlen- und Buchstabenkombination eingeben, „verstehen" und verarbeiten?

Zunächst wollen wir festlegen, was wir unter einem *Datum* verstehen (vgl. auch Band II, Kapitel 1). Daten sind Symbole oder Zeichenketten zur Darstellung von Sachverhalten oder Objekten der „realen Welt". Sie verkörpern für uns Informationen, vorausgesetzt, daß sie geeignet interpretiert werden. Zum Beispiel:

- Die Zeichenkette „hans" repräsentiert eine konkrete Person mit dem Namen „Hans". Ohne diese Interpretation hätte die Zeichenkette keinen Informationsgehalt und wäre wertlos.
- Die Zeichenkette „10" ist ein Datum, das die Zahl zehn repräsentiert. Diese Zahl kann eine Abstraktion unterschiedlichster Sachverhalte sein: Größe/Fläche/Volumen eines geometrischen Gebildes, ein Spieler auf einem Fußballfeld, etc. Auf der anderen Seite kann ein und dieselbe Zahl unterschiedliche Darstellungen haben, zum Beispiel: 10, zehn, X, 1010 und weitere.

Dasselbe Objekt bzw. dieselbe Information kann also durch unterschiedliche Zeichenketten, d.h. Daten, repräsentiert werden. Was uns deshalb im folgenden besonders interessiert, ist die Fragestellung, welche Art der Darstellung man für den Computer wählt. Dies ist in Bild 1.1 angedeutet.

Auf der einen Seite betrachten wir die reale Welt, in der Informationen zur Verarbeitung anfallen. Die Darstellung von Informationen durch Daten ist nicht eindeutig, sie kann von der Sprache, dem betrachteten Alphabet, dem Zahlsystem und anderen Faktoren abhängen. Auf der anderen Seite steht der Computer, für den eine „geeignete" Darstellungsform gewählt werden soll. Für diese Darstellungsform gibt es ebenfalls unterschiedliche Möglichkeiten. Es hängt von den Zielsetzungen ab, welche der Möglichkeiten man wählt.

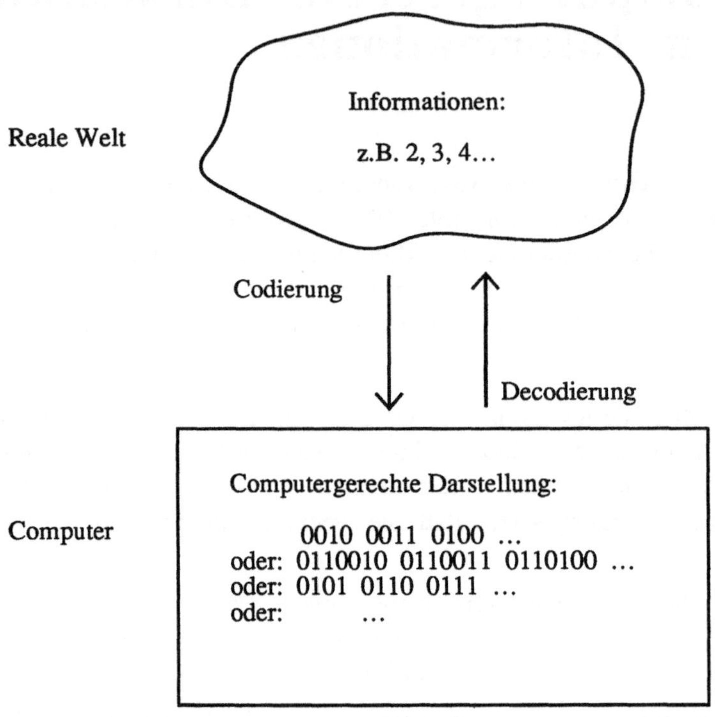

Bild 1.1: Codierung und Decodierung

Die Umwandlungsvorschrift von einer Darstellungsform in eine andere wird *Codierung* genannt. Dementsprechend heißt die „entgegengesetzte" Umwandlungsvorschrift – wenn sie existiert – *Decodierung*. Man bemüht sich um möglichst einfache Umwandlungsvorschriften, die schnell und technisch einfach zu realisieren sind. Außerdem sollte gewährleistet sein, daß der Computer mit den Daten nach der Umwandlung leicht „arbeiten", d.h. sie miteinander verknüpfen und auf ihnen operieren kann.

Üblicherweise kennt ein Computer (genauer: ein digitaler Rechner) nur zwei unterschiedliche Zeichen. Der Grund dafür ist, daß sich die Unterscheidung von nur zwei Symbolen technisch sehr einfach realisieren läßt, etwa folgendermaßen: es liegt eine Spannung an, oder es liegt keine Spannung an. Diese kleinste im Rechner darstellbare Einheit heißt *Bit* (**bi**nary digi**t**). Wir werden im folgenden zur Unterscheidung die Zeichen 0 und 1 verwenden, und es sei $\mathbb{B} = \{0, 1\}$ die Menge, die genau diese Zeichen enthält.

Diese Darstellung mit nur zwei Symbolen ist vollkommen ausreichend, da man sehr viele verschiedene Darstellungsformen mit ihr realisieren kann. Außerdem ist sie universell, d.h. sie kann unabhängig vom darzustellenden Datentyp benutzt werden, wenn man nur entsprechende Umwandlungsvorschriften hat. Alle Daten und Objekte werden im Rechner deshalb als endliche Folgen (Wörter) über $\mathbb{B}$ dargestellt.

Das Problem der Umwandlung von Daten stellt sich nicht nur bei der Arbeit mit dem Computer. Auch auf dem Gebiet der Nachrichtenübertragung, beispielsweise bei der Telegraphie, dem Telefon, oder bei der Übersetzung von Fremdsprachen oder Programmiersprachen müssen Daten in eine geeignete Form umgewandelt werden, damit sie übertragen bzw. verarbeitet werden können.

1.1 Code und Codierung

In diesem Kapitel wollen wir einige Grundbegriffe, die sich nicht nur auf die Datendarstellung im Computer beziehen, definieren. Diese Formalisierung dient der exakten Beschreibung der verwendeten Terminologie sowie der Untersuchung einiger mathematischer Zusammenhänge.

1.1.1 Grundbegriffe

Zuerst werden wir das „syntaktische Material" festlegen, das wir zur Darstellung von Informationen benutzen. Dies sind endliche Mengen, auf denen möglicherweise eine totale Ordnung erklärt ist (totale Ordnung: siehe Band II, Abschnitt 2.2).

(1.1) Definition: (Zeichenvorrat, Alphabet)

A sei eine Menge.

(a) Eine endliche Menge A, d.h. eine Menge mit einer Mächtigkeit $|A| = n \in \mathbb{N}$, heißt *Zeichenvorrat*.

(b) Das Paar $(A, \prec)$ heißt *Alphabet*, wenn A Zeichenvorrat ist und wenn ' $\prec$ ' eine auf A erklärte totale Ordnung ist. ∎

(1.2) Beispiel:

Zeichenvorräte sind beispielsweise die Dezimalziffern $\mathbb{D} = \{0, 1, \ldots, 9\}$ oder die Gesamtheit der Zeichen auf einer Schreibmaschinentastatur. Für die Darstellung von Informationen im Rechner sind binäre Zeichenvorräte von Interesse: $\{0, 1\}$, {true, false}, etc.

Es gibt auch Zeichenvorräte, die nur für sehr beschränkte Einsatzgebiete gebräuchlich sind, etwa die vier Spielkartenfarben $\{\clubsuit, \spadesuit, \heartsuit, \diamondsuit\}$. Auch müssen Zeichenvorräte nicht unbedingt aus druckbaren Zeichen bestehen, wie zum Beispiel die verschiedenen Farben einer Ampelanlage oder die Gesamtheit der Zeichen der Taubstummensprache.

Ein Alphabet ist ein Zeichenvorrat mit einer totalen Ordnung, etwa das Paar $(\mathbb{D}, \leq)$, d.h. die Menge der Dezimalziffern $\{0, 1, \ldots, 9\}$ mit der natürlichen Ordnung $0 \leq 1 \leq \ldots \leq 9$, oder die Menge der lateinischen Großbuchstaben $\{A, B, \ldots, Z\}$ mit der natürlichen Ordnung $A \prec B \prec \ldots \prec Z$. Für den binären Zeichenvorrat $\mathbb{B} = \{0, 1\}$ wählt man meist die Ordnung $0 \leq 1$ und für {true, false} die Ordnung false $\prec$ true.

Bei vielen Kartenspielen (z.B. Skat, Doppelkopf) sind die Farben $\{\clubsuit, \spadesuit, \heartsuit, \diamondsuit\}$ der Spielkarten in der folgenden Weise geordnet:

$$\diamondsuit \prec \heartsuit \prec \spadesuit \prec \clubsuit$$ ■

Als nächstes werden wir Wörter über den Zeichenvorräten bilden, d.h. endliche Folgen von Zeichen zu einem Ganzen zusammenfassen:

(1.3) Definition: (Wort, Teilwort, lexikographische Ordnung)

A sei ein Zeichenvorrat (bzw. Alphabet mit Ordnung $\prec$).

(a) Ein *Wort über A* ist eine endliche Folge $w = a_1 a_2 \ldots a_k$, wobei $a_i \in A$, $k \in \mathbb{N}_0$.

Die *Länge* des Wortes w ist k, kurz $|w| ::= k$.

λ bezeichnet das leere Wort, d.h. das Wort mit $|\lambda| = 0$.

(b) A^k bezeichne die Menge aller Wörter über A mit der Länge k, kurz:

$A^k ::= \{w \mid w \text{ Wort über } A, \text{ mit } |w| = k\}$ für $k \in \mathbb{N}_0$,

oder rekursiv: $A^0 ::= \{\lambda\}$

$A^k ::= \{u\,a \mid u \in A^{k-1}, a \in A\}$.

(c) A^* sei die Menge aller Wörter über A, kurz:

$A^* ::= \{w \mid w \text{ Wort über } A\} = A^0 \cup A^1 \cup A^2 \cup A^3 \cup \ldots$

(d) Die *lexikographische Ordnung* auf A^* (oder auch auf Mengen $B \subset A^*$) ist die von $\prec$ gemäß dem Lexikonprinzip induzierte totale Ordnung,
d.h. für $w, v \in A^*$: $w \prec v$ ::$\Leftrightarrow$ entweder
$v = w v'$ mit $v' \in A^*$
oder
$w = u a w'$, $v = u b v'$ mit $a \prec b$,
$a \neq b$ und $a, b \in A$, $u, w', v' \in A^*$. ■

(1.4) Beispiel:

Es sei $\mathbb{D}$ wie im letzten Beispiel die Menge der Dezimalziffern. Dann ist $\mathbb{D}^*$ die Menge aller Wörter über $\mathbb{D}$, also die Menge:

$\{\lambda\} \cup \{0, 1, 2, \ldots, 9\} \cup \{00, 01, 02, \ldots, 99\} \cup \{000, 001, \ldots, 999\} \cup \ldots$

Die lexikographische Ordnung über $\mathbb{D}^*$ entspricht nicht der üblichen numerischen Ordnung, sondern sieht (für einige Beispielzahlen) so aus:

$$13 \prec 132 \prec 1324 \prec 2 \prec 29 \prec 8.$$ ■

(1.5) Definition: (Codierung, Code, Codewort)

A, B seien Zeichenvorräte (bzw. Alphabete).

Eine Abbildung $c : A \to B^*$ heißt *Codierung*, der Bildbereich c(A) mit c(A) ::= $\{c(a) \mid a \in A\}$ heißt *Code*, und jedes Element $b \in c(A)$ heißt *Codewort*. ■

Eine Codierung ist also eine Funktion, die Elemente eines Zeichenvorrats auf Wörter über einem anderen Zeichenvorrat abbildet. Für die Beschreibung von Codierungen gibt es unterschiedliche Möglichkeiten, etwa in Form einer Code-Tabelle, die zu jedem Element der Menge A das entsprechende Codewort als Eintrag enthält. Eine andere Möglichkeit ist die Angabe einer Umwandlungsvorschrift.

(1.6) Beispiel: (Morsecodierung, Zählcodierung)

(a) Eine sehr verbreitete Codierung für Zahlen und Buchstaben ist die sogenannte *Morsecodierung*, die schon sehr früh in der Telegraphie verwendet wurde. Sie geht zurück auf Samuel Morse, der die zugrunde liegende Umwandlungsvorschrift nach der Häufigkeit des Auftretens von Buchstaben in der englischen Sprache entwickelt hat. So werden häufig auftretenden Buchstaben kurze Codewörter zugewiesen, während seltener vorkommende Buchstaben längere Codewörter erhalten. Zielalphabet ist die Menge {•, -}, wobei in der Telegraphie das Zeichen „•" durch eine kurze und „-" durch eine lange Pause zwischen zwei akustischen Signalen dargestellt wird. Die Morsecodierung ist formal eine Abbildung c_M (s. Bild 1.2).

Sei c_M: {A, B, ..., Z, 0, 1, ..., 9} ∪ {Ä, Ö, Ü, CH} → {•, -}* gegeben durch die Zuordnung gemäß Bild 1.2:

A	•-	I	••	R	•-•	1	•----
Ä	•-•-	J	•---	S	•••	2	••---
B	-•••	K	-•-	T	-	3	•••--
C	-•-•	L	•-••	U	••-	4	••••-
CH	----	M	--	Ü	••--	5	•••••
D	-••	N	-•	V	•••-	6	-••••
E	•	O	---	W	•--	7	--•••
F	••-•	Ö	---•	X	-••-	8	---••
G	--•	P	•--•	Y	-•--	9	----•
H	••••	Q	--•-	Z	--••	0	-----

Bild 1.2: Morsecodierung

(b) Eine andere, sehr verbreitete Codierung ist die sogenannte *Zählcodierung*, die unserem Telefonwählsystem zugrunde liegt. Dabei wird jede Dezimalziffer durch ein Binärwort eindeutiger Länge dargestellt (s. Bild 1.3). ■

Sei c_T: {0, 1, ..., 9} → 𝔹* mit:

1	10	6	1111110
2	110	7	11111110
3	1110	8	111111110
4	11110	9	1111111110
5	111110	0	11111111110

Bild 1.3: Zählcodierung

Für einige Klassen von Codierungen haben sich feste Namen eingebürgert, die wir im folgenden benutzen werden. So wird eine Codierung $c : A \to B^n$ ($n \in \mathbb{N}$ fest) auch *Blockcodierung* genannt. Im Fall $n = 1$, d.h. wenn jedes Codewort aus genau einem Zeichen besteht, spricht man von einer *Chiffrierung*. Die Bildmenge c(A) heißt dann *Chiffre*.

Wir werden meistens Codierungen $c : A \to \mathbb{B}^*$, d.h. Codierungen mit dem Bildbereich $\mathbb{B} = \{0, 1\}$ betrachten. Diese heißen auch *Binärcodierungen*. Im speziellen Fall einer festen Codewortlänge n sprechen wir von einer *n-Bit-Codierung*.

Im täglichen Leben werden Informationen nicht nur durch einzelne Zeichen und Symbole, sondern üblicherweise durch Zeichenketten (Wörter, Sätze) dargestellt. Deshalb wird der Begriff der Codierung in natürlicher Weise von elementaren Bausteinen (den Zeichen) auf zusammengesetzte Bausteine (den Wörtern über einem Zeichenvorrat) erweitert.

(1.7) Definition: (natürliche Fortsetzung)

Es seien A, B Alphabete und $c : A \to B^*$ eine Codierung. Dann ist die *natürliche Fortsetzung* $c^* : A^* \to B^*$ definiert durch:

$c^*(\lambda) ::= \lambda$

$c^*(w\,a) ::= c^*(w)\,c(a)$ für $w \in A^*, a \in A$. ■

Die natürliche Fortsetzung c^* ist eine wirkliche Fortsetzung der Codierung c, denn sie hat die Eigenschaft: $\forall\, a \in A: c^*(a) = c(a)$.

(1.8) Beispiel:

(a) Die Zählcodierung aus Beispiel 1.6 (b) läßt sich auf die Menge aller Wörter über den Dezimalziffern fortsetzen, zum Beispiel:

$c_T^*(214) = 1101011110$

$c_T^*(007) = 111111111101111111111011111110$

$c_T^*(\lambda) = \lambda$

(b) Bei der Morsecodierung aus Beispiel 1.6 (a) kann man genauso vorgehen:

$c_M^*(OTTO)$ = - - - - - - - -

$c_M^*(TOTO)$ = - - - - - - - -

$c_M^*(ESEL)$ = • • • • • • - • •

$c_M^*(SEINE)$ = • • • • • • - • • ■

Im letzten Beispiel fällt auf, daß zwei verschiedenen Wörtern möglicherweise das gleiche Codewort zugeordnet wird. Das ist im allgemeinen nicht wünschenswert, da in diesem Fall eine eindeutige Umkehrung der Codierung nicht möglich ist.

Wir werden jetzt die Umkehrbarkeit einer Codierung bzw. ihrer natürlichen Fortsetzung durch hinreichende syntaktische Kriterien beschreiben.

(1.9) Definition: (Injektivität, Decodierung, Fano-Bedingung)

(a) X und Y seien beliebige Mengen und $f : X \to Y$ eine Funktion.

f heißt *injektiv* (umkehrbar)

$:\Leftrightarrow \quad \forall x_1, x_2 \in X: (x_1 \neq x_2 \Rightarrow f(x_1) \neq f(x_2))$.

In diesem Fall existiert die Umkehrabbildung $f^- : f(X) \to X$ mit $f^-(f(x)) = x$ für jedes $x \in X$.

(b) Im Falle einer injektiven Codierung $c : A \to B^*$, $X \subseteq A$, heißt

$c^- : c(X) \to A$ *Decodierung* von c(X).

(c) Man sagt: $c : A \to B^*$ erfüllt die *Fano-Bedingung*

$:\Leftrightarrow$ kein Codewort ist Anfang eines anderen Codewortes, d.h.
$\forall w \in c(A): (w = uv,\ u, v \in B^*, v \neq \lambda \Rightarrow u \notin c(A))$. ■

(1.10) Beispiel:

Die Morsecodierung c_M ist injektiv, nicht aber die natürliche Fortsetzung c_M^*. Deshalb ist c_M eindeutig umkehrbar, nicht jedoch c_M^*. Zudem erfüllt c_M nicht die Fano-Bedingung, was eine hinreichende Bedingung dafür wäre, daß c_M^* injektiv ist (s. Satz 1.11).

Eine einfache Möglichkeit zu gewährleisten, daß eine Codierung die Fano-Bedingung erfüllt, besteht darin, jedes Codewort mit einem Sonderzeichen, das nicht zum zugrunde liegenden Zeichenvorrat gehört, abzuschließen. Beispielsweise entsteht durch Hinzunahme des Leerzeichens ⊔ zur Morsecodierung die „Morsecodierung mit Lücke", indem man dieses Zeichen an jedes einzelne Codewort anhängt.

Es sei $c_{ML} : \{A, \dots, Z, Ä, Ö, Ü, CH, 0, 1, \dots, 9\} \to \{\bullet, -, \sqcup\}^*$
mit $c_{ML}(a) := c_M(a) \sqcup$.

Dann gilt: c_{ML}^* ist injektiv und erfüllt die Fano-Bedingung. Man erhält bzgl. Beispiel 1.8 (b):

$c_{ML}{}^*$(ESEL) $= \bullet \sqcup \bullet \bullet \bullet \sqcup \bullet \sqcup \bullet - \bullet \bullet \sqcup$

$c_{ML}{}^*$(SEINE) $= \bullet \bullet \bullet \sqcup \bullet \sqcup \bullet \bullet \sqcup - \bullet \sqcup \bullet \sqcup$ ■

Es ist beachtenswert, daß sich die Frage der Umkehrbarkeit bei Codierungen mit fester Codewortlänge (Blockcodierungen) als wesentlich einfacher herausstellt, da man durch einfaches Abzählen der Zeichen das Ende jedes Codewortes feststellen kann. Wir schließen nun diesen Abschnitt mit einem Satz, der elementare Aussagen zu den oben eingeführten Begriffen enthält. Der Beweis dieser Behauptungen ist Gegenstand der Aufgabe 2.

(1.11) Satz:

Für eine Codierung $c : A \to B^*$ gilt:

(a) c^* injektiv $\Rightarrow$ c injektiv.

(b) Ist c injektiv, so folgt i.a. nicht, daß c^* injektiv ist.

(c) c injektiv und c erfüllt die Fano-Bedingung $\Rightarrow$ c^* injektiv. ■

1.1.2 Fehlererkennung und -korrektur

Bei den meisten technischen Einrichtungen und insbesondere auch bei der Datenverarbeitung und -übertragung ist es kaum vermeidbar, daß hin und wieder Fehler auftreten. Diese können von unterschiedlicher Art sein und unterschiedliche Ursachen haben. Fehler können durch fehlerhafte technische Bauteile, durch mangelhafte Programmierung oder durch eine qualitativ schlechte Datenübertragung verursacht werden. Wir wollen in diesem Abschnitt Fehler untersuchen, die in Codes vorkommen, d.h. die die (i.a. ungewollte) Veränderung von Codewörtern betreffen.

Ein wichtiges Gütekriterium einer Codierung ist die Möglichkeit der Fehlerbehandlung – auch *Codesicherung* genannt. Die Codesicherung schließt zwei Dinge ein: zum einen die Möglichkeit, auftretende Fehler zu entdecken, und zum anderen, diese nach ihrer Entdeckung zu korrigieren, d.h. sie rückgängig zu machen. Unser Ziel ist es, hinreichende Kriterien zu finden, die das Erkennen und sogar die Korrektur von möglichst vielen gleichzeitig auftretenden Fehlern erlauben. Als Fehler sehen wir dabei die Veränderung eines Bits in einem Codewort an.

Um die nachfolgenden Aussagen einfach zu gestalten, werden wir uns auf die

Betrachtung von Blockcodierungen $c : A \to B^n$ und, noch spezieller, n-Bit-Codierungen $c : A \to \mathbb{B}^n$ beschränken. Dies ist für viele Fälle ausreichend, da die meisten technischen Codes von dieser Art sind.

(1.12) Definition: (Hammingabstand, Hammingzahl)

Es seien A, B Alphabete und $c : A \to B^n$ eine Blockcodierung.

(a) Seien $x, y \in c(A)$, $x = x_1 \dots x_n$, $y = y_1 \dots y_n$. Dann heißt der Funktionswert

$$h(x,y) ::= \sum_{i=1}^{n} g(x_i, y_i) \quad \text{mit } g(x_i, y_i) = \begin{cases} 1 & \text{für } x_i \neq y_i \\ 0 & \text{sonst} \end{cases}$$

der *Hammingabstand* zwischen x und y.

(b) Die *Hammingzahl* h_c der Codierung c ist definiert durch

$h_c ::= \min \{h(x, y) \mid x, y \in c(A), x \neq y\}$. ■

Der Hammingabstand h(x, y) zwischen zwei Codewörtern x und y gibt also die Anzahl der Stellen an, an denen sich die Codewörter unterscheiden. Die Hammingzahl h_c dagegen beschreibt den minimalen Hammingabstand zwischen zwei Codewörtern einer Codierung.

(1.13) Beispiel:

Die *1-aus-10 - Codierung* für Dezimalziffern $c_{1\text{-}10} : \mathbb{D} \to \mathbb{B}^{10}$ setzt alle Bits eines Codewortes auf 0 bis auf dasjenige, welches dem Wert der zu codierenden Ziffer entspricht:

$c_{1\text{-}10}(0) = 0000000001$

$c_{1\text{-}10}(1) = 0000000010$

$c_{1\text{-}10}(2) = 0000000100$

...

$c_{1\text{-}10}(9) = 1000000000$

Dann gilt für alle $x, y \in c_{1\text{-}10}(\mathbb{D})$:

$$h(x,y) = \begin{cases} 2 & \text{für } x \neq y \\ 0 & \text{sonst} \end{cases}$$

Damit hat die Hammingzahl (das Minimum aller h-Werte für $x \neq y$) den Wert $h_{c_{1\text{-}10}} = 2$. ■

Die Hammingzahl kann man für die Erkennung und Korrektur von Fehlern benutzen. Dabei helfen uns die folgenden Überlegungen:
Ein Fehler ist sicherlich immer dann *erkennbar*, wenn durch den Fehler kein anderes Codewort der betrachteten Codierung entsteht (dieses würde ja eine andere, falsche Information darstellen). Somit macht die fehlerhafte Zeichenkette keinen Sinn und man weiß, daß ein Fehler aufgetreten ist. Die Anzahl der Fehler pro Codewort, die in jedem Fall erkennbar sind, hängt von der Hammingzahl der Codierung ab, denn diese gibt den „Minimalabstand" zu den anderen Codewörtern an.
Außerdem ist ein Fehler mit Sicherheit dann *korrigierbar*, wenn wir wissen, aus welchem Codewort die vorliegende (sinnlose) Zeichenkette entstanden ist. Dieses Codewort muß eindeutig sein. Auch hier kann man mit der Hammingzahl ein hinreichendes Kriterium angeben, wann in jedem Fall k gleichzeitig auftretende Fehler in einem Codewort korrigiert werden können.

Um uns den Sachverhalt zu veranschaulichen, denken wir uns alle möglichen Wörter der Menge $\mathbb{B}^n$ in einer Ebene liegend. Dabei bilden wir um jedes Codewort der Codierung einen Kreis, und in diesen Kreis kommen nur diejenigen Wörter der Menge $\mathbb{B}^n$, die durch höchstens k Fehler aus dem betrachteten Codewort hervorgehen. Wir sprechen in diesem Fall von einem „Kreis mit Radius k". Die folgenden Feststellungen liegen jetzt auf der Hand:

(a) Es sind k (gleichzeitig in einem Codewort) auftretende Fehler erkennbar
$\Leftrightarrow$ kein Codewort liegt im Kreis eines anderen Codewortes (s. Bild 1.4).

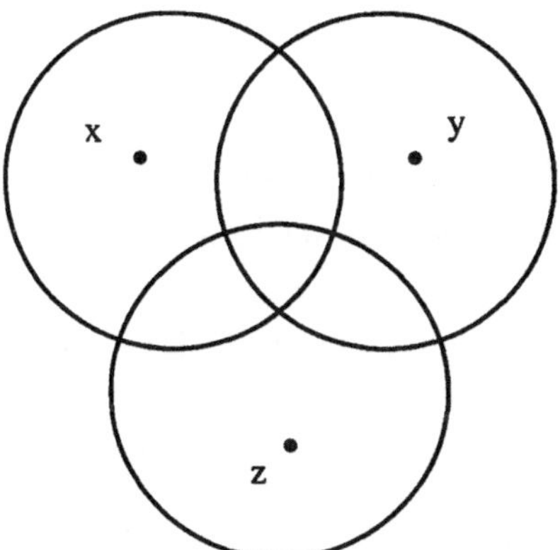

Bild 1.4: k-Fehler-erkennbar

(b) Es sind k (gleichzeitig in einem Codewort) auftretende Fehler korrigierbar
$\Leftrightarrow$ alle Kreise sind disjunkt (s. Bild 1.5).

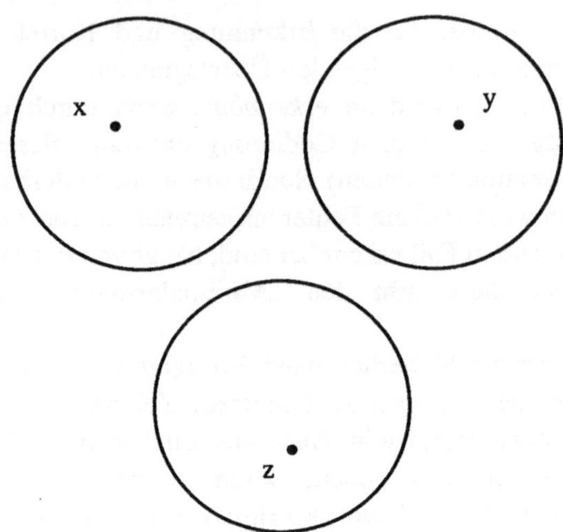

Bild 1.5: k-Fehler-korrigierbar

Diese Überlegungen und die Definition der Hammingzahl führen zu der folgenden Definition der k-Fehler-Erkennbarkeit bzw. -Korrigierbarkeit.

(1.14) Definition: (Fehler-Erkennbarkeit, Fehler-Korrigierbarkeit)

Es sei $c : A \rightarrow \mathbb{B}^n$ eine n-Bit-Codierung.

(a) c heißt *k-Fehler-erkennbar* $:\Leftrightarrow$ $h_c \geq k + 1$.

(b) c heißt *k-Fehler-korrigierbar* $:\Leftrightarrow$ $h_c \geq 2k + 1$. ■

(1.15) Beispiel:

(a) 1-aus-10-Codierung (vgl. Beispiel 1.13):

$c_{1\text{-}10}$ ist (nur) 1-Fehler-erkennbar, da $h_{c_{1\text{-}10}} = 2 \geq 1 + 1$, und es sind keine Fehler korrigierbar.

(b) Wir betrachten die Codierung $c : \{A, B, C, D\} \rightarrow \mathbb{B}^n$ mit

c(A) = 00000
c(B) = 10011
c(C) = 11100
c(D) = 01111

Hier gilt $h_c = 3$ und somit:

c ist (nur) 2-Fehler-erkennbar, da $h_c \geq 2 + 1$.

c ist (nur) 1-Fehler-korrigierbar, da $h_c \geq 2 * 1 + 1$. ■

Zum Abschluß dieses Abschnitts wollen wir uns noch kurz mit einigen in der Praxis gängigen Verfahren zur Codesicherung, d.h. zur Fehlerentdeckung und -korrektur, befassen.

Oft wird bei n-Bit - Codierungen an das Ende eines Codewortes ein sogenanntes Prüfbit (Paritäts-Bit) derart angehängt, daß die Anzahl der „1“ in jedem Codewort entweder einheitlich gerade oder ungerade ist. Für jede solche Codierung gilt $h_c \geq 2$, d.h. c ist (mindestens) 1-Fehler-erkennbar, aber nicht unbedingt Fehler-korrigierbar.
Um die Korrektur eines Fehlers zu ermöglichen oder um mehrere Fehler gleichzeitig erkennen zu können, kann man auch mehrere Prüfbits an das Ende jedes Codewortes hängen. Dabei sichert jedes Prüfbit die gerade bzw. ungerade Parität bestimmter Stellen des Codewortes.

Bei dezimalen Codierungen kann man in ganz analoger Weise vorgehen. So werden bei manchen identifizierenden Nummern wie Kontonummern oder Matrikelnummern häufig Kontrollziffern angehängt, die die Fehlersicherheit dieser Codierungen verbessern.

1.1.3 Häufigkeitsabhängige Codierungen

Bei vielen Zeichenvorräten, die codiert werden müssen, kommen manche Zeichen häufiger vor als andere. So tritt z.B. in der deutschen Sprache das „e“ häufiger auf als das „j“ oder bei den Dezimalziffern die „0“ häufiger als die „8“. Deshalb kam man auf die Idee, die Häufigkeiten der Verwendung von Zeichen bei der Codierung zu berücksichtigen. Nachrichten können dann verkürzt werden, wenn wir kurze Codewörter für häufige Zeichen und lange Codewörter für seltene Zeichen verwenden. Voraussetzung für eine solche Codierung ist aber, daß im Voraus eine Häufigkeitsverteilung auf dem zugrunde liegenden Zeichenvorrat bekannt ist. Außerdem ist zu berücksichtigen, daß in der Praxis Häufigkeitsverteilungen auf Zeichenvorräten von der Art der Verwendung der Zeichenvorräte abhängen können. Betrachten wir etwa die Verwendung des lateinischen Alphabets für die deutsche und für die englische Sprache: Gewisse Buchstaben (z.B. „t“ und „y“) werden im Englischen häufiger verwendet als im Deutschen, bei anderen Buchstaben ist es umgekehrt. Die Morsecodierung ist zum Beispiel eine häufigkeitsabhängige Codierung, die die Häufigkeitsverteilung der englischen Sprache als Grundlage hat.

In diesem Abschnitt werden wir einen Algorithmus zur Bestimmung „guter“ häufigkeitsabhängiger Codierungen kennenlernen. Dazu werden wir in der nächsten Definition zunächst ein Maß für die Güte solcher Codierungen festlegen, indem wir die Länge jedes Codewortes mit der Wahrscheinlichkeit seines Auftretens multiplizieren und anschließend über alle Codewörter aufaddieren. Eine Codierung ist natürlich dann umso besser, je kleiner das Resultat ist.

(1.16) Definition: (optimale Codierung)

Es seien A, B Zeichenvorräte (oder Alphabete), $p : A \to [0, 1]$ eine Wahrscheinlichkeitsfunktion und $c : A \to B^*$ eine injektive Codierung, die die Fano-Bedingung erfüllt (vgl. Definition 1.9).

(a) Setze $L_p(c) ::= \sum_{a \in A} p(a) * |c(a)|$

(b) c heißt *optimal* (bzgl. p) $:\Leftrightarrow$ $L_p(c)$ ist minimal. ■

Der Leser sollte sich überlegen, daß es sehr einfach ist, eine optimale Codierung bzgl. einer Wahrscheinlichkeitsfunktion anzugeben, wenn bereits eine der Voraussetzungen „Injektivität" oder „Fano-Bedingung" in der Definition weggelassen würde. Wir sind an dieser Stelle nur an Codierungen interessiert, die diese Voraussetzungen erfüllen (vgl. Aufgabe 10).

Zur Bestimmung von optimalen binären Codierungen wollen wir nun einen Algorithmus angeben, den Huffman im Jahre 1952 entwickelt hat.

Die Grundidee ist dabei ein Zerlegungsprozeß, der – ausgehend von der Gesamtheit der zu codierenden Zeichen – eine Menge jeweils in möglichst gleichwahrscheinliche Teilmengen zerlegt. Dieser Prozeß wird auf die entstandenen Mengen erneut angewendet, und zwar so lange, bis alle Mengen einelementig sind. Der gesamte Vorgang kann durch einen binären Baum dargestellt werden, bei dem die Wurzel alle Elemente enthält, während die Nachfolger eines Knotens jeweils die durch die Zerlegung des Knotens entstandenen Mengen enthalten. Die Blätter sind schließlich einelementig. Es ist einleuchtend, daß der Weg von der Wurzel zu einem Blatt umso kürzer ist, je höher die Wahrscheinlichkeit des Blattelements ist.
Man markiert dann alle Kanten des Baumes mit einer 0 oder einer 1 (wobei verschiedene wegführende Kanten eines Knotens verschieden markiert werden) und interpretiert das Wort, das man beim Durchlaufen eines Astes von der Wurzel bis zu einem Blatt erhält, als das Codewort des Blattelements. Damit werden häufig auftretenden Zeichen kurze Codewörter und seltenen Zeichen lange Codewörter zugewiesen.

Beim Algorithmus von Huffman geht man in der entgegengesetzten Richtung vor:

(1.17) Algorithmus von Huffman

Es wird iterativ – von unten nach oben (bottom-up) – ein binärer Baum aufgebaut, dessen Knoten aus Teilmengen des zu codierenden Zeichenvorrats A bestehen. Dabei ist jeder Knoten die (disjunkte) Vereinigung seiner Nachfolger, außerdem wird jedem Knoten die Summe der Wahrscheinlichkeiten seiner Elemente zugeordnet:

```
ALGORITHMUS Huffman;
BEGIN
    Eingabe: Zeichenvorrat A,
             Wahrscheinlichkeitsfunktion p : A → [0,1];
    (* Generierung der Blätter *)
    FOR EACH  a ∈ A  DO
        „bilde Knoten Ka := {a} mit p(Ka) := p(a)“
    END (* FOR *);
    L := {Ka | a ∈ A};
    (* iterative Generierung der restlichen Knoten *)
    WHILE  |L| > 1  DO
        „Nimm zwei Knoten  Kl, Kr ∈ L  mit den geringsten
        Wahrscheinlichkeiten p(Kl) und p(Kr)“;
        „Bilde Knoten Ko := Kl ∪ Kr mit p(Ko) := p(Kl) +
        p(Kr)“;
        „Füge Kanten (Ko, Kl) und (Ko, Kr) in den
        bestehenden Baum ein“;
        L := L ∪ {Ko} \ {Kl,Kr}
    END (* WHILE *);
    „Beschrifte jede nach links verlaufende Kante (Ko,Kl)
    im entstandenen Baum mit 0 und jede nach rechts verlau-
    fende Kante (Ko,Kr) mit 1“;
    „Ordne jedem Blattelement des Baumes die Konkatenation
    der Kantenbeschriftungen (von der Wurzel zum Blatt) als
    Codewort zu“;
    Ausgabe: optimale Codierung bzgl. p;
END.
```
■

Die in 1.17 beschriebene Codierung heißt *Huffman-Codierung*. Sie ist injektiv, erfüllt die Fano-Bedingung und ist optimal bzgl. der Wahrscheinlichkeitsfunktion p (vgl. dazu auch Aufgabe 9). Außerdem ist bemerkenswert, daß die

Reihenfolge der Beschriftungen der Kanten irrelevant ist. Die optimale Codierung ist also nicht eindeutig bestimmt.

(1.18) Beispiel:

Wir betrachten die folgende Wahrscheinlichkeitsfunktion auf der Menge $M = \{A, B, C, D, E, F\}$: $p : M \rightarrow [0,1]$ mit

i	A	B	C	D	E	F
p(i)	0.4	0.29	0.1	0.08	0.07	0.06

Dann ergibt sich durch den Algorithmus von Huffman der folgende Baum:

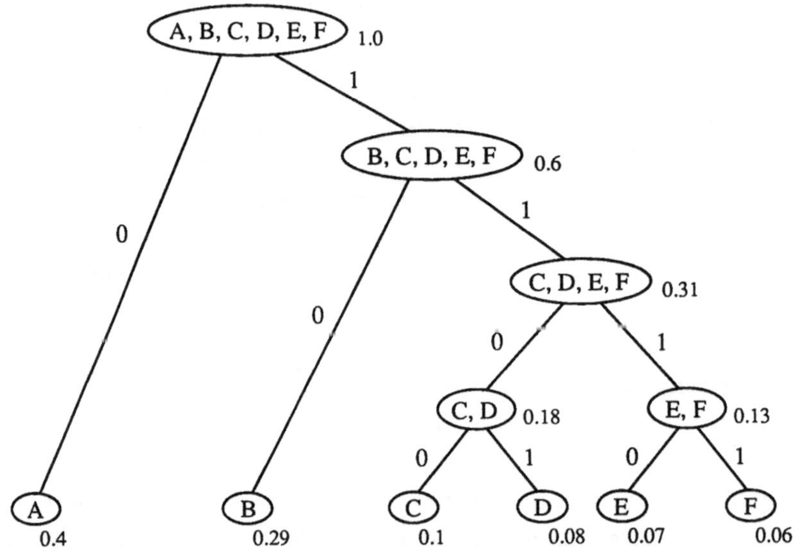

Bild 1.6: Huffman-Codierung in Beispiel 1.18

Wir erhalten damit eine Codierung $c : M \rightarrow \mathbb{B}^*$ mit

$c(A) = 0$ $\quad$ $c(B) = 10$

$c(C) = 1100$ $\quad$ $c(D) = 1101$

$c(E) = 1110$ $\quad$ $c(F) = 1111$,

und es gilt: $L_p(c) = 2.22$. ∎

Die Optimalität der Codelänge bei der Huffman-Codierung wirkt sich nachteilig auf die Codesicherheit aus. Es sind weder Fehler erkennbar noch korrigierbar. Das liegt daran, daß man die Sicherheit von Codierungen mit Redundanz in den Codewörtern „erkaufen" muß. Ein sicherer Code wird i.a. mehr redundante Zeichen haben als ein weniger sicherer Code.

1.2 Darstellung von Zeichen, Ziffern und Zahlen

In diesem Abschnitt werden wir gebräuchliche Codierungen für unterschiedliche Zeichensätze vorstellen.

Zuerst behandeln wir die Menge aller im Umgang mit dem Computer relevanten Zeichen. Sie umfaßt Buchstaben, Ziffern, Sonderzeichen (z.B. Satzzeichen) und Steuerzeichen. Anschließend gehen wir auf die unterschiedlichen Darstellungsmöglichkeiten für Dezimalziffern ein, und danach befassen wir uns mit der Darstellung von Zahlen in sogenannten Stellenwertsystemen.

Wie teilweise schon erwähnt, gibt es verschiedene Kriterien, die eine Codierung für den Einsatz im Computer geeignet erscheinen lassen. Es kann gefordert werden, daß die technische Realisierung einfach und billig ist (z.B. bei Binärcodierungen), daß Codierung und Decodierung schnell und leicht durchzuführen sind oder daß die zu realisierenden Operationen auf den codierten Wörtern problemlos ausführbar sind. Weitere Forderungen können die Codesicherheit betreffen, andere etwa die Codelänge.
Diese Forderungen sind oft nicht alle gleichzeitig erfüllbar, teilweise sind sie sogar gegenläufig, wie etwa „hohe Codesicherheit" und „geringe Codewortlänge". Es hängt von den konkreten Zielsetzungen ab, welche der Forderungen man priorisiert und für welche Codierung man sich entscheidet.

1.2.1 Darstellung fester Zeichensätze

Bei der Darstellung fester Zeichensätze, die Schriftzeichen wie Buchstaben, Ziffern und Sonderzeichen sowie eventuell Steuerzeichen umfassen, werden meistens n-Bit-Codes, c : *Zeichenvorrat* $\rightarrow \mathbb{B}^n$, verwendet. Dabei hängt die Länge n der Codewörter zum einen sicherlich von der Größe des Zeichenvorrats ab ($|Zeichenvorrat| \leq 2^n$), zum anderen aber auch von der Anzahl notwendiger Prüfbits.

Trotz der Vielzahl der möglichen Codierungen haben sich manche davon in der Informatik durchsetzen können. Dies liegt teilweise an Normierungsbestrebungen, aber es liegt auch daran, daß sie in weit verbreiteten Rechenanlagen großer Computerfirmen zum Einsatz gekommen sind.

Ein weit verbreiteter n-Bit-Code ist der *ASCII-Code* (Abkürzung für: American Standard Code for Information Interchange).
Er ist ursprünglich ein 7-Bit-Code, man kann also 128 verschiedene Zeichen darstellen. Man setzt dabei voraus, daß die Codierung injektiv ist und daß alle möglichen Codewörter auch tatsächlich auftreten. Diese werden als Bilder von 52 Groß- und Kleinbuchstaben, 10 Ziffern sowie 66 Steuer- und Sonderzeichen (zusammengefaßt in der Menge A) verwendet. Der Code ist in der nachfolgenden Code-Tabelle (Bild 1.7) dargestellt. Die linke Spalte der Tabelle (y) gibt die vier rechts stehenden Bits und die obere Zeile (x) die drei links stehenden Bits des jeweiligen Codewortes an. Jeder Tabelleneintrag ist zudem noch mit der entsprechenden Dezimalzahl versehen.
Auf die Bedeutung der einzelnen Steuer- und Sonderzeichen werden wir hier nicht eingehen.

$c_{ASCII} : A \to \mathbb{B}^7$ mit $c_{ASCII}(a) = x\,y,\ x \in \mathbb{B}^3,\ y \in \mathbb{B}^4$

y x	000	001	010	011	100	101	110	111
0000	NUL 0	DLE 16	32	0 48	@ 64	P 80	` 96	p 112
0001	SOH 1	DC1 17	! 33	1 49	A 65	Q 81	a 97	q 113
0010	STX 2	DC2 18	" 34	2 50	B 66	R 82	b 98	r 114
0011	ETX 3	DC3 19	# 35	3 51	C 67	S 83	c 99	s 115
0100	EOT 4	DC4 20	$ 36	4 52	D 68	T 84	d 100	t 116
0101	ENQ 5	NAK 21	% 37	5 53	E 69	U 85	e 101	u 117
0110	ACK 6	SYN 22	& 38	6 54	F 70	V 86	f 102	v 118
0111	BEL 7	ETB 23	´ 39	7 55	G 71	W 87	g 103	w 119
1000	BS 8	CAN 24	(40	8 56	H 72	X 88	h 104	x 120
1001	HT 9	EM 25	) 41	9 57	I 73	Y 89	i 105	y 121
1010	LF 10	SUB 26	* 42	: 58	J 74	Z 90	j 106	z 122

1011	VT 11	ESC 27	+ 43	; 59	K 75	[91	k 107	{ 123
1100	FF 12	FS 28	, 44	< 60	L 76	\ 92	l 108	| 124
1101	CR 13	QS 29	- 45	= 61	M 77	] 93	m 109	} 125
1110	SO 14	RS 30	. 46	> 62	N 78	^ 94	n 110	— 126
1111	SI 15	US 31	/ 47	? 63	O 79	_ 95	o 111	DEL 127

Bild 1.7: ASCII-Code

Verbreitet ist auch ein 8-Bit-ASCII-Code, bei dem das achte Bit als Prüfbit verwendet wird.

Neben dem ASCII-Code ist noch der *EBCDIC* (Abkürzung für: **E**xtended **B**inary **C**oded **D**ecimal **I**nterchange **C**ode) weit verbreitet (s. Bild 1.8). Dieser Code verwendet acht Bits zur Zeichendarstellung, es werden aber – im Gegensatz zum 7-Bit-ASCII – nicht alle möglichen Codewörter tatsächlich benutzt. Verwendet wird er insbesondere in IBM-Großrechenanlagen. Der EBCDIC ist ein erweiterter BCD-Code, den wir im folgenden Abschnitt über Zifferndarstellung noch kennenlernen werden. (Man vergleiche dazu die Codierung der Ziffern im EBCDIC und im BCD-Code).

y x	0	1	2	3	4	5	6	7	8	9	A	B	C	D	E	F
0	NUL				SP	&	-									0
1							/		a	j			A	J		1
2									b	k	s		B	K	S	2
3									c	l	t		C	L	T	3
4	PF	RES	BYP	PN					d	m	u		D	M	U	4
5	HT	NL	LF	RS					e	n	v		E	N	V	5
6	LC	BS	EOB	UC					f	o	w		F	O	W	6
7	DEL	IL	PRE	EOT					g	p	x		G	P	X	7
8									h	q	y		H	Q	Y	8
9									i	r	z		I	R	Z	9

A			SM		¢	!	^	:								
B					.	$	,	#								
C					<	*	%	@								
D					(	)	_	'								
E					+	;	>	=								
F					´	¬	?	"								

Bild 1.8: EBCDIC-Code

Der Code ist in Bild 1.8 beschrieben. Auch hier gibt die Kopfzeile die vier links stehenden Bits und die linke Spalte die vier rechts stehenden Bits eines Codewortes an. Die Bits sind aus Platzgründen in hexadezimaler Schreibweise angegeben. Es gilt dabei: $0 \leftrightarrow 0000$, $1 \leftrightarrow 0001$, $2 \leftrightarrow 0010$, …, $F \leftrightarrow 1111$ (vgl. auch Abschnitt 1.2.3 Darstellung von Zahlen). Bezüglich Bild 1.8 wird der EBCDIC-Code bestimmt als:

$c_{EBCDIC} : A \rightarrow \mathbb{B}^8$ mit $c_{EBCDIC}(a) = x\,y,\ x \in \mathbb{B}^4,\ y \in \mathbb{B}^4$.

Neben ASCII und EBCDIC gibt es noch Codierungen, die seit langem besonders auf physischen Datenträgern verwendet werden. Wir werden auf diese externen Speichermedien später noch im Detail eingehen. An dieser Stelle wollen wir kurz Codes für Lochkarten und Lochstreifen erwähnen, da diese trotz der Verbreitung besserer und schnellerer Technologien noch vereinzelt benutzt werden.

Eine *Lochkarte* ist ein kartenförmiger Datenträger zur Ein- und Ausgabe von Daten. Sie besteht aus einem Spezialkarton und hat das Format einer alten Ein-Dollar-Note. Sie besitzt matrixartig angeordnet zwölf Zeilen (auch: Kanäle; Numerierung 0 bis 11 in der Reihenfolge von oben nach unten) und 80 Spalten. Jede Spalte kann genau ein Zeichen, die ganze Lochkarte 80 Zeichen aufnehmen. Die Ausgabe von Daten auf eine Lochkarte erfolgt über einen Lochkartenstanzer, das Einlesen der Daten einer Lochkarte über einen Lochkartenleser. Der am weitesten verbreitete Code ist der IBM-Lochkartencode. Dabei wird jedes Zeichen durch eine Lochkombination von einem, zwei oder drei Löchern innerhalb einer Spalte dargestellt. Zahlen werden durch ein Loch in der Zeile dargestellt, die ihrem Wert entspricht. Buchstaben werden durch zwei Löcher dargestellt und Sonderzeichen in den meisten Fällen durch drei Löcher.

Aufgrund der kleinen Aufnahmekapazität, der geringen Schreib- und Lesegeschwindigkeit und der nur einmaligen Verwendbarkeit sind Lochkarten den neueren Technologien wie Bildschirmen sowie magnetischen und optischen Speichermedien deutlich unterlegen und ihnen deshalb weitgehend gewichen.

(1.19) Beispiel: (Lochkartencode)

Die Darstellung von Zeichen im IBM-Lochkartencode wird durch Löcher in den angegebenen Zeilen 0 bis 11 *(kursiv)* realisiert:

Zeichen		Zeichen		Zeichen		Zeichen	
A	*11, 1*	≥	*2, 8*	-	*10*	0	*0*
B	*11, 2*	=	*3, 8*	$	*10, 3, 8*	1	*1*
...	...	'	*4, 8*	*	*10, 4, 8*	2	*2*
I	*11, 9*	:	*5, 8*	;	*10, 6, 8*	...	...
J	*10, 1*	>	*6, 8*	¬	*10, 7, 8*	8	*8*
K	*10, 2*	∧	*7, 8*	/	*0, 1*	9	*9*
...	...	+	*11*	≠	*0, 2, 8*		
R	*10, 9*	≤	*11, 2, 8*	,	*0, 3, 8*		
S	*0, 2*	.	*11, 3, 8*	(	*0, 4, 8*		
T	*0, 3*	)	*11, 4, 8*	"	*0, 6, 8*		
...	...	<	*11, 6, 8*	∨	*0, 7, 8*		
Z	*0, 9*	↑	*11, 7, 8*				

Bild 1.9: Darstellung einiger Zeichen im IBM-Lochkartencode ■

Ein *Lochstreifen* ist ein Datenträger in Form eines Papier- oder Kunststoffstreifens. Heutzutage ist er in der Datenverarbeitung kaum noch von Bedeutung. Er ist wie die Lochkarte in Längsrichtung in Spuren (oder: Kanäle) unterteilt. Ebenfalls wie bei der Lochkarte wird die Darstellung eines Zeichens durch eine Lochkombination in einer Spalte realisiert. Der Lesevorgang erfolgt über einen Lochstreifenleser, das Schreiben über einen Lochstreifenstanzer. Verbreitet waren 5-Kanal- bis 8-Kanal-Lochstreifen.

Beim 5-Kanal-Lochstreifen mußte jedes Zeichen durch fünf Bits dargestellt werden, d.h. es war nur die Darstellung von 32 Zeichen möglich. Üblicherweise benutzte man hier den internationalen Fernschreib-Code CCIT-2 (Comité Consultatif International De Télécommunication), der jeweils ein festes Zeichen zur Umschaltung zwischen Buchstaben und Ziffern besaß. Damit war dann ein größerer Zeichenvorrat codierbar.
Für 8-Kanal-Lochstreifen verwendete man in der Regel den ASCII-Code, wobei wiederum eine Stelle als Prüfstelle dienen konnte.

1.2.2 Darstellung von Dezimalziffern

Im letzten Abschnitt haben wir den EBCDIC und den ASCII-Code zur Darstellung fester Zeichensätze kennengelernt. Aufgrund der Größe der Zeichenvorräte benötigt man dort relativ viele Bits zur Darstellung eines Zeichens. Deshalb lohnt es sich – besonders bei überwiegend arithmetischen und kaufmännischen Anwendungen – zur Darstellung von Ziffern und Zahlen speziellere (und damit kürzere) Codes einzusetzen. Mit diesen Codes kann man beispielsweise arithmetische Operationen schneller und besser realisieren.

Für die rechnerinterne Darstellung von Dezimalzahlen benutzt man heute meistens die Dualdarstellung, die wir in den folgenden Abschnitten noch genau studieren werden. Es kann aber auch vorteilhaft sein, Dezimalzahlen ziffernweise zu codieren und dann im Rechner mit diesen so codierten Zahlen zu rechnen. Deshalb werden wir jetzt die Möglichkeiten zur Codierung von Dezimalziffern an einigen Beispielen kennenlernen.

Wie bei den meisten technischen Codes werden Ziffern durch Codewörter gleicher Länge dargestellt, d.h. wir betrachten ausschließlich n-Bit-Codierungen, $c : \mathbb{D} \to \mathbb{B}^n$. Dies hat den Vorteil, daß die natürliche Fortsetzung c^* injektiv ist (falls c injektiv ist) und daß sich arithmetische Operationen auf den Codewörtern einfacher definieren lassen.
Für die Codierung der zehn Dezimalziffern sind vier Bits bereits ausreichend, denn mit vier Bits können 16 verschiedene Zeichen dargestellt werden. Für 4-Bit-Codierungen hat sich der Name *Tetradencodierung* eingebürgert, dementsprechend ist eine *Tetrade* ein 4-Bit-Wort. Es gibt aber auch Codierungen, die fünf, sechs, sieben oder sogar zehn Bits (s. Beispiel 1.13) zur Darstellung einer Ziffer benutzen.

Bild 1.10 zeigt einige interessante Möglichkeiten der Ziffercodierung, die im folgenden beschrieben werden.

Die *BCD-Codierung* (für: **B**inary **C**oded **D**ecimal) ist eine Tetradencodierung. Sie ist außerdem eine *Stellenwertcodierung*, d.h. jeder Stelle eines Codewortes ist eine Wertigkeit zugeordnet, so daß man direkt auf den Wert der codierten Ziffer schließen kann. Der BCD-Code hat bitweise die Stellenwerte 8-4-2-1. Dies entspricht gerade der Dualdarstellung (vgl. Abschnitt 1.2.3) jeder einzelnen Ziffer und hat den Vorteil, daß die Decodierung und das Rechnen mit den Codewörtern leicht realisierbar sind.

Auch die *Exzeß-3-Codierung* ist eine Tetradencodierung. Sie ergibt sich dadurch, daß man zur vorgegebenen Dezimalzahl 3 addiert und das Ergebnis wie im BCD-Code mit der Stellenwertigkeit 8-4-2-1 codiert. Die Exzeß-3-Codierung ist symmetrisch, d.h. $c(d) = (c(9 - d))'$ für alle $d \in \mathbb{D}$, wobei (..)' für das „Kippen" aller Bits steht ($0 \rightarrow 1$, $1 \rightarrow 0$). Durch diese einfache „Komplementbildung" lassen sich Subtraktionen schnell durchführen (s. auch Abschnitt 1.3.2: Komplementdarstellungen). Weiterhin ist hier günstig, daß die manchmal als Folge technischer Fehler auftretenden Ziffernkombinationen 0000 und 1111 nicht als Codewörter vorkommen. Bei der Exzeß-3-Codierung können sie also als Fehler erkannt werden.

	BCD-Code	*Exzeß-3-Code*	*Gray-Code*	*Aiken-Code*	*2-aus-5-Code*
0	0000	0011	0000	0000	11000
1	0001	0100	0001	0001	00011
2	0010	0101	0011	0010	00101
3	0011	0110	0010	0011	00110
4	0100	0111	0110	0100	01001
5	0101	1000	0111	1011	01010
6	0110	1001	0101	1100	01100
7	0111	1010	0100	1101	10001
8	1000	1011	1100	1110	10010
9	1001	1100	1101	1111	10100

Bild 1.10: Ziffercodierungen

Der *Gray-Code* – ebenfalls ein Tetradencode – hat die Eigenschaft, daß sich aufeinanderfolgende Codewörter in genau einer Bitposition unterscheiden. Er kann zum Beispiel sinnvoll für die Analog-Digital-Wandlung eingesetzt werden, d.h. für die Umwandlung von sich stetig verändernder Information in sich sprunghaft (oder diskret) verändernde Information.

Eine weitere Tetradencodierung ist die *Aiken-Codierung*. Sie ist eine Stellenwertcodierung mit den Wertigkeiten 2-4-2-1 und demzufolge auch leicht decodierbar. Außerdem ist sie (wie die Exzeß-3-Codierung) symmetrisch.

Eine 5-Bit-Codierung ist die *2-aus-5-Codierung*, bei der in jedem Codewort genau zwei Bits auf 1 gesetzt sind. Mit dieser Codierung können genau zehn Zeichen dargestellt werden, da es nur zehn verschiedene Möglichkeiten gibt, zwei von fünf Bits auszuwählen. Wenn man von der Darstellung der Zahl 0 absieht, handelt es sich hier um eine Stellenwertcodierung mit den Wertigkeiten 7-4-2-1-0. Die 2-aus-5-Codierung ist 1-Fehler-erkennbar (vgl. Definition 1.14), d.h. das zusätzliche fünfte Bit gewährleistet eine größere Codesicherheit.

1.2.3 Darstellung von Zahlen

In diesem Abschnitt werden wir verschiedene Möglichkeiten zur Zahldarstellung diskutieren. Bei der Darstellung von Zahlen gibt es verschiedene Ziele und Forderungen, die unter anderem umfassen:

(a) Die Codierung soll technisch einfach realisierbar sein.

(b) Es soll eine einfache Umrechnung in das/aus dem Dezimalsystem möglich sein.

(c) Die Codierung soll arithmetische Operationen in einfacher Weise – d.h. mit geringem Schaltungsaufwand und hoher Rechengeschwindigkeit – ermöglichen.

Eine Möglichkeit der Codierung ist die sogenannte *binärdezimale* Darstellung von Zahlen, d.h. die Verwendung des Dezimalsystems mit binärer Darstellung der Dezimalziffern. Die natürliche Fortsetzung $c^* : \mathbb{D}^* \rightarrow (\mathbb{B}^4)^*$ einer Tetradencodierung $c : \mathbb{D} \rightarrow \mathbb{B}^4$ ist eine solche binärdezimale Codierung. Beispielsweise gilt für die Fortsetzung der BCD - Codierung:

$$c^*_{BCD}(13) = c_{BCD}(1)\, c_{BCD}(3) = 00010011.$$

Binärdezimale Codierungen erfüllen (a), d.h. sie sind technisch einfach zu realisieren, und sie erfüllen (b) durch ihre Nähe zum Dezimalsystem. Bezüglich (c), der Realisierung der Arithmetik, betrachten wir das folgende Beispiel.

(1.20) Beispiel:

Wir wollen BCD-codierte Zahlen addieren und das Ergebnis auf Korrektheit überprüfen.

(a) $1 + 4 = 5$:

```
  0001
+ 0100
  ----
  0101
```

$= c^*_{BCD}(5)$: korrekt!

(b) $8 + 7 = 15$:

```
  1000
+ 0111
  ----
  1111
```

$\neq c^*_{BCD}(15)$: nicht korrekt!

Richtig wäre als Ergebnis 00010101. Das falsche Ergebnis tritt auf, weil bei der Addition der codierten Zahlen der dezimale Übertrag, der bei der Addition von 8 und 7 entsteht, nicht berücksichtigt wird. Als Korrektur bei Auftreten eines dezimalen Übertrags ist an der entsprechenden Stelle die Addition von 0110 erforderlich, um die Ziffernkombinationen 1010 bis 1111, die im BCD-Code nicht auftreten, zu „überspringen“:

```
     1111
+    0110
 --------
 00010101
```

(c) $175 + 398 = 573$: Ein dezimaler Übertrag entsteht bei $5 + 8$ und bei $7 + 9$, deshalb führen wir eine Korrekturaddition von 0110 an der zweiten und der dritten Stelle durch.

```
       175:  0001 0111 0101
     + 398:  0011 1001 1000
             --------------
         =   0101 0000 1101
+ Korrektur:      0110 0110
             --------------
  Ergebnis:  0101 0111 0011
```

$= c^*_{BCD}(573)$. ■

Ähnliche Korrekturen sind auch für die Arithmetik anderer binärdezimaler Codierungen notwendig. Somit ist die Addition binärdezimaler Codierungen relativ einfach realisierbar. Die Subtraktion läßt sich auf die Addition zurückführen. Auf die Subtraktion und die Darstellung und Arithmetik negativer Zahlen wollen wir an dieser Stelle nicht näher eingehen.

Binärdezimale Codierungen eignen sich für Anwendungen in Bereichen, wo Zahlen mit einer festen oder wenig variierender Stellenzahl verarbeitet werden, beispielsweise bei kaufmännischen Anwendungen. Andere Formen der Zahldarstellung, die bei modernen Rechnern von wesentlich größerer

Bedeutung sind als binärdezimale Codierungen, werden im folgenden Abschnitt und insbesondere in Kapitel 1.3 betrachtet.

1.2.3.1 B-adische Zahlsysteme

Wir haben im letzten Abschnitt bereits den Begriff der Stellenwertcodierung erklärt. Unter einem *Stellenwertsystem* verstehen wir die Menge aller Codewörter einer Stellenwertcodierung.

(1.21) Beispiel:

Das Dezimalsystem ist die Menge aller Zahlen zur Basis 10. Da wir bereits seit früher Kindheit mit Dezimalzahlen vertraut sind, ist uns das Dezimalsystem so „in Fleisch und Blut" übergegangen, daß wir zwischen der dezimalen Darstellung einer Zahl und ihrer Größe (d.h. ihrem Wert) gar nicht mehr unterscheiden müssen. Beides ist für uns gleichbedeutend.

Wir wissen, wenn wir etwa die Zahl 573 aufschreiben, daß sie den Wert $5 * 100 + 7 * 10 + 3 * 1$ hat, oder, wenn wir die Zahl 0.1975 benutzen, daß diese den Wert $1 * 0.1 + 9 * 0.01 + 7 * 0.001 + 5 * 0.0001$ hat. Wir benutzen dabei ein Stellenwertsystem, bei dem sich jede Stelle in einer Zehnerpotenz ausdrücken läßt: positive Potenzen für Stellen vor dem Komma und negative Potenzen für Stellen nach dem Komma. ■

Was uns aber im letzten Beispiel nicht sofort klar sein muß, sind die Antworten auf folgende Fragen:

- Welche Zahlen lassen sich überhaupt so darstellen?
- Ist die Darstellung für eine Zahl immer eindeutig?
- Kann man auch andere Zahlen (als die Zahl 10) für die Wertigkeit der einzelnen Stellen benutzen?

Eine Antwort gibt der folgende Satz, den wir allerdings nicht beweisen werden.

(1.22) Satz:

Es sei $B \in \mathbb{N}$, $B \neq 1$, beliebig aber fest.

Dann existiert für jede Zahl $x \in \mathbb{R}^+$ mit $x < B^{k+1}$ ($k \in \mathbb{Z}$) eine eindeutige Summendarstellung

$$x = \sum_{i=-\infty}^{k} b_i B^i ,$$

mit: (a) $\forall\, i \in \mathbb{Z}, i \leq k$: $b_i \in \mathbb{N}_0$ und $b_i < B$

(b) $b_i \neq B - 1$ für unendlich viele i. ■

Forderung (b) gewährleistet dabei die Eindeutigkeit der Darstellung; zum Beispiel läßt sich die Zahl „1" im Dezimalsystem auch schreiben als 0,999...

Die Zahl B wird die *Basis* der Darstellung genannt. Zu fest vorgegebener Basis $B \neq 1$ gibt es somit immer eine eindeutige Darstellung dieser Form. Dies bedeutet, daß die Zahl x durch die Kenntnis der Koeffizienten b_i eindeutig festgelegt ist und umgekehrt. Es ist also völlig ausreichend, eine reine Koeffizientendarstellung für jede Zahl anzugeben.

Wir legen nun folgende Begriffe fest:

(1.23) Definition: (B-adische Zahldarstellung, B-adisches Zahlsystem)

Seien B und x wie in Satz 1.22.

Dann heißt die eindeutige Zuordnung $c_B(x) ::= (b_k b_{k-1} \dots b_0 . b_{-1} b_{-2} \dots)_B$ auch die *B-adische Zahldarstellung von x.*

B heißt die *Basis* dieser Darstellung. Die Zahlen 0, ..., B - 1 (oder deren einstellige Stellvertreter) nennen wir *B-Ziffern.* Die Menge aller B-adischen Zahldarstellungen heißt auch das *B-adische Zahlsystem.*

d_B sei die Umkehrfunktion zu c_B:

$$d_B((b_k b_{k-1} \dots b_0 . b_{-1} b_{-2} \dots)_B) ::= x = \sum_{i=-\infty}^{k} b_i B^i$$ ■

Ganz wesentlich ist an dieser Stelle, daß wir den Wert und die Darstellung einer Zahl streng unterscheiden: Die Zahl mit dem *Wert* x (den man sich als Punkt auf einer Zahlengeraden vorstellen kann) hat die *Darstellung*

$$c_B(x) = (b_k b_{k-1} \dots b_0 . b_{-1} b_{-2} \dots)_B.$$

Wir werden dabei die Basis und die Klammern im folgenden weglassen, wenn die Basis aus dem Zusammenhang hervorgeht.

Betrachten wir nun zwei Spezialfälle:

(a) Falls $x \in \mathbb{N}_0$, so treten keine negativen Potenzen von B auf, d.h.:

$$x = \sum_{i=0}^{k} b_i B^i \text{ , d.h. } c_B(x) = b_k b_{k-1} \dots b_0$$

(b) Für $x \in \mathbb{R}^+ \setminus \mathbb{N}_0$ gibt es zwei Möglichkeiten:

Entweder die Darstellung zur Basis B bricht ab:

$$x = \sum_{i=-m}^{k} b_i B^i \text{ , d.h. } c_B(x) = b_k b_{k-1} \dots b_0 . b_{-1} b_{-2} \dots b_{-m},$$

oder sie bricht nicht ab:

$$x = \sum_{i=-\infty}^{k} b_i B^i \text{ , d.h. } c_B(x) = b_k b_{k-1} \dots b_0 . b_{-1} b_{-2} \dots$$

Für die meistbenutzten Zahlsysteme haben sich im Sprachgebrauch bestimmte Namen durchgesetzt. Sie sind in Bild 1.11 zusammen mit der zugrunde liegenden Basis und den B-Ziffern aufgeführt.

Basis B	Bezeichnung	B-Ziffern
10	Dezimalsystem	$\mathbb{D} = \{0, 1, \dots, 9\}$
2	Dualsystem	$\mathbb{B} = \{0, 1\}$
8	Oktalsystem	$\mathbb{O} = \{0, \dots, 7\}$
16	Hexadezimalsystem	$\mathbb{H} = \{0, 1, \dots, 9, A, B, \dots, F\}$ $(A \leftrightarrow 10, B \leftrightarrow 11, \dots, F \leftrightarrow 15)$

Bild 1.11: Gebräuchliche Zahlsysteme

Einige Zahlen werden wir uns in verschiedenen Darstellungen ansehen:

(1.24) Beispiel:

(a) Sei $c_8(x) = 123$. Dann gilt $c_{10}(x) = 83$, denn:

$d_8(123) = 1 * 8^2 + 2 * 8 + 3 = x = 8 * 10 + 3 = d_{10}(83)$

Dafür schreiben wir auch kurz: $(123)_8 \leftrightarrow (83)_{10}$, d.h. beide Darstellungen verkörpern den gleichen Wert.

(b) Es gilt: $(326.25)_{10} \leftrightarrow (644.1515...)_7$, denn:

$$\begin{aligned} d_{10}(326.25) &= 3 * 10^2 + 2 * 10 + 6 + 2 * 10^{-1} + 5 * 10^{-2} \\ &= 6 * 7^2 + 4 * 7 + 4 + 1 * 7^{-1} + 5 * 7^{-2} + 1 * 7^{-3} + 5 * 7^{-4} + \dots \\ &= d_7(644.1515...) \end{aligned}$$

(c) Es gilt: $(0.1)_3 \leftrightarrow (0.333\ldots)_{10}$, denn:

$$d_3(0.1) = 1 * 3^{-1} = 3 * 10^{-1} + 3 * 10^{-2} + 3 * 10^{-3} + \ldots = d_{10}(0.333\ldots)$$ ■

Bisher wissen wir, daß wir eine Zahl bezüglich jeder vorgegebenen Basiszahl darstellen können. Im nächsten Abschnitt werden wir Algorithmen kennenlernen, mit denen wir die Darstellung von einem B-adischen Zahlsystem in ein anderes B-adisches Zahlsystem transformieren können.

1.2.3.2 Umrechnung zwischen Zahlsystemen (Konvertierung)

Zuerst geben wir den sogenannten Horner-Algorithmus zur Berechnung von Polynomwerten an. Dieser ermöglicht eine einfache Umrechnung zwischen Zahlsystemen.

(1.25) Definition: (Horner-Algorithmus)

Sei p ein Polynom k-ten Grades ($k \in \mathbb{N}_0$) mit reellen Koeffizienten,
etwa $p(x) = b_k x^k + b_{k-1} x^{k-1} + \ldots + b_1 x + b_0$.

Dann erhält man für p(x) durch sukzessives Ausklammern von x die folgende Darstellung:

$$\begin{aligned} p(x) &= b_k x^k + b_{k-1} x^{k-1} + \ldots + b_1 x + b_0 \\ &= (b_k x^{k-1} + b_{k-1} x^{k-2} + \ldots + b_1)\, x + b_0 \\ &\ldots \\ &= ((\ldots((b_k x + b_{k-1})\, x + b_{k-2})\, x + \ldots)\, x + b_1)\, x + b_0 \end{aligned}$$

Dann versteht man unter dem *Horner-Algorithmus* (oder auch: dem *Horner-Schema*) den folgenden Algorithmus zur Berechnung von p(x) (für $x \in \mathbb{R}$):

```
y0 := bk;
FOR i := 1 TO k DO
    yi := yi-1x + bk-i;
END; (* FOR *)
(* Ergebnis: yk = p(x) *)
```
■

Bei diesem Algorithmus wird die obige Polynomumformung in geschickter Weise ausgenutzt, indem die Terme in den Klammern nacheinander (von innen nach außen) berechnet werden. Der Vorteil dabei ist, daß sich der Rechenaufwand gegenüber dem „naiven Ausrechnen“ erheblich reduziert. So sind nur noch größenordnungsmäßig O(k) Multiplikationen nötig (anstelle von $O(k^2)$).

Bei der Umrechnung (auch: *Konvertierung*) von Zahldarstellungen eines Zahlsystems in die eines anderen wird der Horner-Algorithmus das wesentliche Hilfsmittel sein, wobei — wie wir sehen werden — an die Stelle von x die Basis B oder ihr Kehrwert 1/B treten wird. Wir werden die Konvertierung zwischen verschiedenen Zahlsystemen der Einfachheit halber in unterschiedliche Fälle aufspalten: in die Umrechnung

(A) von einem beliebigen B-adischen Zahlsystem in das Dezimalsystem,

(B) vom Dezimalsystem in ein beliebiges B-adisches Zahlsystem und

(C) zwischen beliebigen B-adischen Zahlsystemen.

(A) Umrechnung vom B-adischen Zahlsystem ins Dezimalsystem:

Wir nehmen an, daß zu einer festen Basis B und einer vorgegebenen Zahl x, die beide den Voraussetzungen des Satzes 1.22 genügen, die B-adische Zahldarstellung $c_B(x)$ gegeben ist. Gesucht wird die Dezimaldarstellung $c_{10}(x)$. Wir unterscheiden drei Fälle, die das Aussehen der Zahl x betreffen:

(a) x ist natürliche Zahl oder x = 0, d.h. $x \in \mathbb{N}_0$,

(b) x ist positive rationale Zahl, kleiner als 1 und hat eine endliche Darstellung bzgl. B, d.h. $c_B(x)$ ist ein echter, endlicher Bruch, und

(c) x ist positive rationale Zahl, größer als 1 und hat ebenfalls eine endliche Darstellung bzgl. B, d.h. $c_B(x)$ ist ein unechter, endlicher Bruch.

Wir betrachten also nur Zahlen mit endlichen Darstellungen. Dies fordern wir, damit die Terminierung der folgenden Algorithmen gewährleistet ist.

(a) $x \in \mathbb{N}_0$:

Dann hat x eine endliche Darstellung ohne „Nachpunktstellen", d.h. $c_B(x) = (b_k b_{k-1} \dots b_0)_B$, und es gilt:

$$x = \sum_{i=0}^{k} b_i B^i = b_k B^k + b_{k-1} B^{k-1} + \dots + b_1 B + b_0$$

$$= (\dots ((b_k B + b_{k-1}) B + b_{k-2}) B \dots + b_1) B + b_0.$$

Diese letzte Darstellung von x bzgl. B nutzen wir aus, um die Dezimaldarstellung von x zu berechnen. Dabei brauchen wir nur (entsprechend dem Horner-Algorithmus) die Klammern von innen nach außen auszumultiplizieren. Das entspricht dem folgenden Rechenschema: In der linken Spalte stehen zu Anfang die Koeffizienten der Darstellung $c_B(x)$. Dann berechnen wir (bei 0 beginnend), nacheinander die Werte y_0, y_1, y_2 bis y_k, indem wir den jeweils zuletzt berechneten Wert (z.B. y_{i-1}) mit B multiplizieren und die linke Seite (b_{k-i}) hinzuaddieren. Das jeweilige Ergebnis (y_i) tragen wir in die rechte Seite der betrachteten Zeile ein.

$c_B(x)$	0	
b_k	y_0	* B + „linke Seite“
b_{k-1}	y_1	
b_{k-2}	y_2	
...	...	
b_1	y_{k-1}	
b_0	y_k	$= c_{10}(x)$

Dabei ist jeweils $y_i = c_{10}((...(b_k\ B + b_{k-1})\ B + ...)\ B + b_{k-i})$.

Alle Rechnungen werden hierbei im Dezimalsystem ausgeführt, d.h. alle Koeffizienten b_i werden zunächst ins Dezimalsystem umgerechnet, und anschließend erfolgen alle Additionen und Multiplikationen im Dezimalsystem.

(1.26) Beispiel:

Wir konvertieren die Zahlen mit den Darstellungen $(B13)_{16}$ und $(10101)_2$ in das Dezimalsystem:

$(B13)_{16} \leftrightarrow (2835)_{10}$:

B13	0	
11	11	* 16 + 11
1	177	* 16 + 1
3	2835	* 16 + 3

$(10101)_2 \leftrightarrow (21)_{10}$:

10101	0	
1	1	$* 2 + 1$
0	2	$* 2 + 0$
1	5	$* 2 + 1$
0	10	$* 2 + 0$
1	21	$* 2 + 1$

■

(b) $c_B(x)$ echter, endlicher Bruch:

x hat eine endliche Darstellung der Form $c_B(x) = (0.b_{-1}b_{-2} \dots b_{-m})_B$, und es gilt:

$$x = \sum_{i=-m}^{-1} b_i B^i = b_{-m} B^{-m} + b_{-m+1} B^{-m+1} + \dots + b_{-1} B^{-1}$$

$$= B^{-1} (b_{-1} + B^{-1} (b_{-2} + B^{-1} (b_{-3} + \dots + B^{-1} (b_{-m+1} + B^{-1} b_{-m}) \dots))).$$

Zur Berechnung von $c_{10}(x)$ wendet man auch hier das Horner-Schema wie in Fall (a) an, allerdings für B; „B^{-1}" entspricht dann der Division „/B".

Auch hier werden alle Rechnungen (Additionen und Multiplikationen) im Dezimalsystem ausgeführt sowie die Koeffizienten b_i vorher ins Dezimalsystem umgewandelt.

$c_B(x)$	0	$* B^{-1}$ + „linke Seite"
b_m	z_0	
b_{-m+1}	z_1	
b_{-m+2}	z_2	
...	...	
b_{-1}	z_{m-1}	
0	$c_{10}(x)$	

Dabei ist jeweils $z_i = c_{10}(b_{-m+i} + B^{-1} (\dots + B^{-1} (b_{-m+1} + B^{-1} b_{-m})\dots))$, und es gilt $z_i / B < 1$ für $i \in \{0, \dots, m - 1\}$

(1.27) Beispiel:

Wir konvertieren die Zahl mit der Darstellung $(0.3414)_5$ ins Dezimalsystem:

$(0.3414)_5 \leftrightarrow (0.7744)_{10}$:

0.3414	0	
4	4	$*1/5+4$
1	1.8	$*1/5+1$
4	4.36	$*1/5+4$
3	3.872	$*1/5+3$
0	0.7744	$*1/5+0$

■

(c) $c_B(x)$ unechter, endlicher Bruch:

Bei der Umwandlung eines unechten, endlichen Bruches aus dem B-adischen Zahlsystem ins Dezimalsystem nutzen wir die Rechenschemata aus den Fällen (a) und (b). Wir zerlegen $c_B(x)$ in seinen ganzzahligen und seinen gebrochenen Anteil. Den ganzzahligen Anteil $(b_k \dots b_0)$ wandeln wir gemäß (a) um, den gebrochenen Anteil $(0.b_{-1} \dots b_{-m})$ gemäß (b).

Die Dezimaldarstellung von $c_B(x)$ ergibt sich dann durch die Addition der beiden Ergebnisse.

(B) Umrechnung vom Dezimalsystem in ein B-adisches Zahlsystem:

In diesem Fall nehmen wir an, daß die Dezimaldarstellung $c_{10}(x)$ einer Zahl x gegeben ist. Wir suchen nun eine Darstellung von x zur Basis $B \in \mathbb{N}, B \neq 1$, d.h. $c_B(x)$. Wiederum nehmen wir eine Unterteilung vor und unterscheiden drei Fälle:

(a) x ist natürliche Zahl oder x = 0, d.h. $x \in \mathbb{N}_0$,

(b) x ist positive, rationale Zahl, kleiner als 1 und hat eine endliche Darstellung im Dezimalsystem, d.h. $c_{10}(x)$ ist ein echter, endlicher Bruch, und

(c) x ist positive, rationale Zahl, größer als 1 und hat ebenfalls eine endliche Dezimaldarstellung, d.h. $c_{10}(x)$ ist ein unechter, endlicher Bruch.

(a) $x \in \mathbb{N}_0$:

Im Dezimalsystem hat x dann die Darstellung $c_{10}(x) = (d_h d_{h-1} \dots d_0)_{10}$. Damit gilt:

$$x = \sum_{i=0}^{h} d_i 10^i$$
$$= \sum_{i=0}^{k} b_i B^i \qquad \text{(diese Darstellung wird gesucht)}$$
$$= (\ldots ((b_k B + b_{k-1}) B + b_{k-2}) B \ldots + b_1) B + b_0.$$

Wir erhalten die Ziffern b_i bei b_0 beginnend als Rest bei der sukzessiven ganzzahligen Division von x durch B:

: B	$c_{10}(x)$	Rest
	y_1	b_0
	y_2	b_1
	...	...
	y_k	b_{k-1}
	0	b_k

mit $y_i = c_{10}((\ldots ((b_k B + b_{k-1}) B \ldots + b_{i+1}) B + b_i), y_i \in \mathbb{N}$.

Dabei schreibt man in die linke Spalte des Schemas den ganzzahligen Teil des Ergebnisses der Division, in der rechten Spalte wird der Rest aufgeführt, der von oben nach unten den Koeffizienten $b_0, b_1, \ldots, b_k$ entspricht.

Dann ist $(b_k b_{k-1} \ldots b_0)_B = c_B(x)$ die gesuchte Darstellung. Gegebenenfalls müssen allerdings die b_i durch einelementige Ziffern $c_B(b_i)$ ersetzt werden, etwa im Hexadezimalsystem. Zum Beispiel für $b_i = 13$ wird b_i ersetzt durch $c_{16}(13) =$ D.

(1.28) Beispiel:

Wir konvertieren 2835 vom Dezimal- ins Hexadezimalsystem und 21 vom Dezimal- ins Dualsystem:

$(2835)_{10} \leftrightarrow (B13)_{16}$:

	2835	Rest	
: 16	177	3	
: 16	11	1	
: 16	0	11	$\leftrightarrow$ B

$(21)_{10} \leftrightarrow (10101)_2$:

	21	Rest
:2	10	1
:2	5	0
:2	2	1
:2	1	0
:2	0	1

■

(b) $c_{10}(x)$ echter, endlicher Bruch:

Die Dezimaldarstellung von x hat die Form $c_{10}(x) = (0.d_{-1}d_{-2} \ldots d_{-j})_{10}$. Damit gilt:

$$x = \sum_{i=-j}^{-1} d_i\, 10^i$$

$$= \sum_{i=-m}^{-1} b_i\, B^i \qquad \text{(diese Darstellung wird gesucht)}$$

$$= B^{-1}\,(b_{-1} + B^{-1}\,(b_{-2} + \ldots + B^{-1}\,(b_{-m+1} + B^{-1}\,b_{-m}) \ldots)).$$

Wie an der letzten Darstellung zu sehen ist, erhält man die Koeffizienten $b_{-1}, \ldots, b_{-m}$ durch fortlaufende Multiplikation der Dezimaldarstellung von x mit B. Dabei trennt man die ganzzahligen Anteile der Ergebnisse der Multiplikation (das sind die b_i's) ab und schreibt sie in die linke Tabellenspalte. In die rechte Spalte werden die gebrochenen Anteile der Ergebnisse geschrieben, die dann wieder mit B multipliziert werden:

ganzz. Anteil	$c_{10}(x)$	
b_{-1}	y_1	* B
b_{-2}	y_2	
...	...	
b_{-m}	y_m	

mit $y_i = B^{-1}\,(b_{-i-1} + \ldots + B^{-1}\,(b_{-m+1} + B^{-1}\,b_{-m})\ldots)$, $b_{-i-1} \in \mathbb{N}_0$, $b_{-i-1} < B$ und $0 \leq y_i < 1$ für $i \in \{1, \ldots, m\}$

Dann ist $(0.b_{-1}b_{-2} \ldots b_{-m})_B = c_B(x)$ die gesuchte Darstellung. Auch hier sind die

b_i gegebenenfalls durch einelementige Ziffern $c_B(b_i)$ zu ersetzen.

(1.29) Beispiel:

Wir wandeln die Dezimalzahl 0.7744 ins Fünfersystem um:

$(0.7744)_{10} \leftrightarrow (0.3414)_5$:

ganzz. Anteil	0.7744	
3	0.872	$*5$
4	0.36	$*5$
1	0.8	$*5$
4	0	$*5$

■

Bei dieser Konvertierungsrichtung kann es passieren, daß trotz der vorausgesetzten endlichen Darstellung von x im Dezimalsystem die entsprechende Darstellung im B-adischen Zahlsystem nicht endlich ist. In diesem Fall bricht der Algorithmus nicht ab. Beispielsweise liefert die Konvertierung von $(0.5)_{10}$ ins Fünfersystem die (unendliche) Darstellung $(0.222\ldots)_5$.

(c) $c_{10}(x)$ unechter, endlicher Bruch:

Hier nutzen wir wiederum die Fälle (a) und (b) aus.

$c_{10}(x)$ wird zerlegt in seinen ganzzahligen und in seinen gebrochenen Anteil. Auf den ganzzahligen Anteil wenden wir das Rechenschema aus Fall (a) an, auf den gebrochenen Anteil dasjenige von Fall (b). $c_B(x)$ erhalten wir, indem wir die beiden Ergebnisse addieren.

(C) Umrechnung zwischen beliebigen B-adischen Zahlsystemen:

Dieser Fall ist die Verallgemeinerung der Fälle (A) und (B).

Es liegt nicht mehr der Spezialfall der Umwandlung in das bzw. aus dem Dezimalsystem vor, sondern wir haben zwei Zahlsysteme mit Basiszahlen B_1 und B_2, wobei $B_1, B_2 \in \mathbb{N} \setminus \{1\}, B_1 \neq B_2$. Bei der Umrechnung von $c_{B_1}(x)$ in $c_{B_2}(x)$ kommen zwei Möglichkeiten in Betracht:

(a) „Umweg" über das Dezimalsystem:

In diesem Fall wird $c_{B_1}(x)$ zuerst gemäß Fall (A) in die Dezimaldarstellung $c_{10}(x)$

umgewandelt, diese wiederum rechnen wir gemäß Fall (B) in die B_2-adische Darstellung $c_{B_2}(x)$ um.

Der Vorteil dieses Verfahrens ist, daß es i.a. einfacher ist als das unter (b) beschriebene Verfahren. Auf der anderen Seite sind zwei Rechnungen erforderlich, und zudem kann die notwendige Zwischen - Darstellung im Dezimalsystem die Rechnung unnötig verkomplizieren. Zum letztgenannten Punkt betrachten wir das folgende Beispiel:

(1.30) Beispiel:

Die Umrechnung von $(0.1)_3$ ins Sechsersystem liefert $(0.2)_6$. Dies erfordert bei „direkter Umrechnung" keinen großen Aufwand, da es unmittelbar einsehbar ist.

Bei einem „Umweg" über das Dezimalsystem ergibt sich dagegen das (unendliche) Zwischenergebnis $(0.333\ldots)_{10}$, so daß man bei endlicher Rechnung nur eine Annäherung an das gewünschte Ergebnis erhält. ■

(b) Direkte Umrechnung vom B_1- ins B_2-adische Zahlsystem:

Es liegt die Darstellung $c_{B_1}(x) = (b_k b_{k-1} \ldots b_0)_{B_1}$ vor. Damit gilt:

$$x = \sum_{i=0}^{k} b_i B_1^i$$

$$= (\ldots ((b_k B_1 + b_{k-1}) B_1 + b_{k-2}) B_1 \ldots + b_1) B_1 + b_0$$

$$= \sum_{i=0}^{j} c_i B_2^i \qquad \text{(diese Darstellung wird gesucht)}$$

Um die Darstellung $c_{B_2}(x)$ zu erhalten, müssen die Koeffizienten $c_0, c_1, \ldots, c_j$ berechnet werden. Dies geschieht nach dem unten dargestellten Schema. Als Startwerte schreibt man die umzuwandelnde Darstellung $c_{B_1}(x)$ sowie von oben nach unten die B_2-adischen Darstellungen der Koeffizienten b_k bis b_0 in die linke Spalte der Tabelle (siehe unten). 0 kommt in die rechte Spalte. Nun wird die rechte Seite fortlaufend mit der Darstellung von B_1- im B_2-adischen Zahlsystem $c_{B_2}(B_1)$ multipliziert und die linke Seite hinzuaddiert, bis man am Ende $c_{B_2}(x)$ erhält. Die Rechnung erfolgt im B_2-adischen Zahlsystem.

$c_{B1}(x)$	0	
$c_{B2}(b_k)$	y_0	$* \, c_{B_2}(B_1)$ + „linke Seite“
$c_{B2}(b_{k-1})$	y_1	
...	...	
$c_{B2}(b_0)$	y_k	$= c_{B_2}(x)$

Der Vorteil bei diesem Verfahren ist, daß nur eine Rechnung erforderlich ist. Allerdings muß man dafür in Kauf nehmen, die Rechnung im B_2-adischen Zahlsystem durchzuführen, was fehleranfällig und oft schwierig ist, insbesondere, wenn $c_{B_1}(x)$ eine gebrochene Zahl ist.

(1.31) Beispiel:

Wir konvertieren die Zahl mit der Darstellung $(321)_5$ in das Dualsystem:

$(321)_5 \leftrightarrow (1010110)_2$:

$(321)_5$	0	
11	11	$* (101)_2 + (11)_2$
10	10001	$* (101)_2 + (10)_2$
1	1010110	$* (101)_2 + (1)_2$

↑ Darstellung von 5 im Dualsystem

■

Spezielle Basiszahlen (z:B. der Form 2^k, $k \in \mathbb{N}$) lassen besonders einfache Umrechnungen zu, z.B. bei Konvertierungen der Form $(\ldots)_8 \leftrightarrow (\ldots)_2 \leftrightarrow (\ldots)_{16}$.

(1.32) Beispiel:

Wir rechnen die Zahl mit der Darstellung $(1B9)_{16}$ zuerst in das Dual- und dann in das Oktalsystem um.

Konvertierung in das Dualsystem:
$(1B9)_{16} \leftrightarrow (000110111001)_2$:

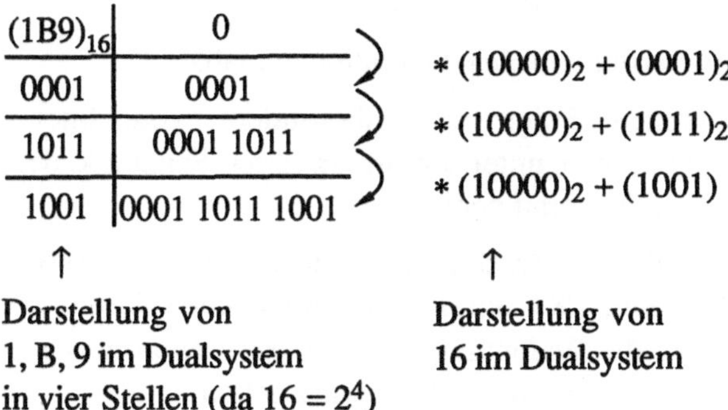

Darstellung von 1, B, 9 im Dualsystem in vier Stellen (da $16 = 2^4$)

Darstellung von 16 im Dualsystem

Bei der Umwandlung vom Hexadezimalsystem in das Dualsystem kann man einfach die Dualdarstellungen der Ziffern der Hexadezimaldarstellung hintereinanderhängen, ohne die obige Rechnung auszuführen.

Zur Umwandlung von $(000110111001)_2$ in das Oktalsystem kann man ähnlich vorgehen. Man teilt die Ziffern der Darstellung in Dreiergruppen ein (da $8 = 2^3$): $(000\ 110\ 111\ 001)_2$. Nun stellt man jede dieser Dreiergrupen im Oktalsystem dar und hängt die Darstellungen hintereinander: $(0671)_8$. ■

1.3 Dualdarstellung ganzer und gebrochener Zahlen

Bei der Darstellung von Zahlen im Rechner wird in der Praxis fast ausschließlich die Dualdarstellung benutzt. Wir beschränken uns deshalb im folgenden auf die Basis $B = 2$. Alle Überlegungen können aber auf beliebige Basiszahlen $B \in \mathbb{N} \setminus \{1\}$ verallgemeinert werden. Als technische Beschränkung wollen wir zudem annehmen, daß der zugrunde liegende Rechner nur n-Bit-Wörter verarbeiten kann (z.B. $n = 16$ oder $n = 32$). Somit muß auch die Zahldarstellung diesem Format genügen, und es lassen sich (nur) 2^n verschiedene Wörter darstellen.

Zur Zahldarstellung stellen sich dann mehrere Fragen:

- Welche Zahlen sollen dargestellt werden: ganze, gebrochene, reelle Zahlen, ein zusammenhängender Bereich?
- Wie können negative Zahlen realisiert werden?

- Wie können gebrochene Zahlen realisiert werden? Wie genau ist die Darstellung, wie groß ist der Rundungsfehler?
- Wie werden die arithmetischen Operationen realisiert?

Bezüglich der letzten Frage ist insbesondere von Interesse, daß die arithmetischen Operationen unter Erhaltung ihrer Semantik definiert werden. Bezogen auf Bild 1.12 ist damit gemeint:

Eine Operation „×", die die Verknüpfung von Zahlen x, y verkörpert, soll derart durch eine Verknüpfung „⊗" auf den entsprechenden Codewörtern c(x), c(y) realisiert werden, daß die Bedeutung beider Operationen übereinstimmt, d.h. es muß die folgende (Homomorphie-) Bedingung gelten:

$$c(x \times y) = c(x) \otimes c(y).$$

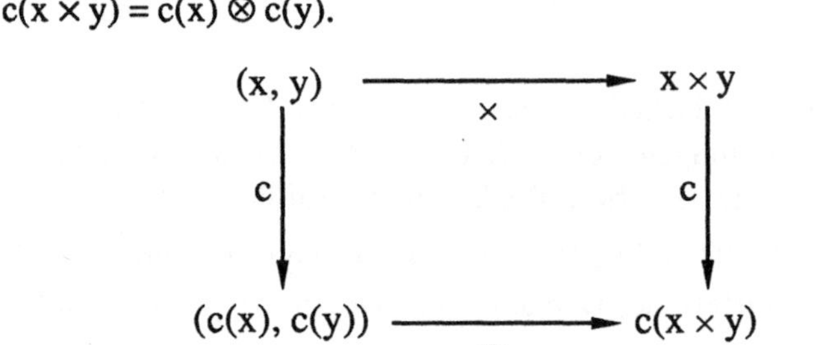

Bild 1.12: Realisierung arithmetischer Operationen

Es stellt sich also die Frage: Wie muß „⊗" aussehen, damit das Diagramm kommutativ ist? Oder anders ausgedrückt: Wie müssen die arithmetischen Operationen realisiert werden, damit das Ergebnis einer Operation korrekt ist?

Im folgenden betrachten wir getrennt voneinander die Darstellung natürlicher, ganzer und reeller Zahlen.

1.3.1 Natürliche Zahlen

Da wir uns bei der Darstellung von Zahlen im Rechner auf n-Bit-Wörter beschränken, können nur die Zahlen $\{0, \ldots, 2^n - 1\}$ dual dargestellt werden, d.h. es wird eine Abbildung $x \mapsto c_{2,n}(x)$, $x \in \{0, \ldots, 2^n - 1\}$, realisiert, wobei $c_{2,n}(x)$ die Darstellung von x im Dualsystem in n Stellen bezeichnen soll (eventuell mit führenden Nullen).

Die arithmetischen Operationen werden genauso ausgeführt wie in der

Schularithmetik für Dezimalzahlen. Dazu betrachten wir das folgende Beispiel. Hier und im folgenden seien die arithmetischen Operationen für Dualzahlen mit $+_2$, $-_2$, $*_2$, $/_2$ bezeichnet.

(1.33) Beispiel:

Es sei n = 5 die Anzahl der zur Verfügung stehenden Stellen.

(a) 17 - 7 = 10:

```
     10001
  -2 00111
     -----
     01010
```

(b) 5 * 3 = 15:

```
00101 *2 00011
--------------
        00101
         00101
        ------
         01111
```

■

Verwendet man die Dualdarstellung für natürliche Zahlen, so ergeben sich u.a. die Probleme, daß die arithmetischen Operationen nicht abgeschlossen sind und daß die Assoziativ- und Distributivgesetze nicht gelten. Beispielsweise gilt: (20 + 5) - 10 = 15, aber 20 + (5 - 10) ergibt einen Überlauf aus dem darstellbaren Zahlbereich, da 5 - 10 = -5 $\notin \mathbb{N}$ gilt und bis jetzt noch keine negativen Zahlen dargestellt werden können.

Mit der Menge der natürlichen Zahlen kommt man also auf Dauer nicht aus. Wir untersuchen deshalb, wie man negative Zahlen geeignet darstellen kann.

1.3.2 Ganze Zahlen

Wir erwarten von einer Darstellung ganzer Zahlen, daß ein Zahlbereich A mit $A = \{x_u, x_u + 1, \ldots, x_o - 1, x_o\} \subset \mathbb{Z}$ mit $x_u < 0 < x_o$ und A maximal, d.h. $|A| = 2^n$, dargestellt werden kann, und daß die Darstellung möglichst symmetrisch zum Nullpunkt ist, d.h. $|x_u| = |x_o|$. Ferner sollen die arithmetischen Operationen auf den codierten Zahlen leicht zu realisieren sein.

Es werden mehrere Möglichkeiten zur Darstellung ganzer Zahlen unterschieden: Vorzeichen-Betrag-Darstellung, Exzeß-q-Darstellung, 2-Komplement-Darstellung und 1-Komplement-Darstellung.

1.3.2.1 Vorzeichen-Betrag-Darstellung

Bei dieser Darstellung zeigt das höchstwertige Bit an, ob es sich um eine positive oder eine negative Zahl handelt (0: positiv, 1: negativ), in den restlichen Bits wird der Betrag der Zahl dual dargestellt. Für die Zahl 0 gibt es demnach zwei Darstellungen, und wir unterscheiden die positive Null (+0) und die negative Null (-0), je nachdem, ob das höchstwertige Bit eine 0 oder eine 1 ist.

(1.34) Definition: (Vorzeichen-Betrag-Darstellung)

Sei $A_{VB,n} = \{-2^{n-1} + 1, \ldots, -0, +0, 1, \ldots, 2^{n-1} - 1\}$. Dann heißt die Codierung $c_{VB,n} : A_{VB,n} \rightarrow \mathbb{B}^n$ mit $c_{VB,n}(x) = v\ c_{2,n-1}(|x|)$, mit $x \in A_{VB,n}$ und

$$v = \begin{cases} 0 & \text{für } x > 0 \\ 1 & \text{für } x < 0 \\ 0/1 & \text{für } x = (+/-)\ 0 \end{cases}$$

Vorzeichen-Betrag-Darstellung (in n Stellen). ■

Da bei der Vorzeichen-Betrag-Darstellung in den letzten n - 1 Stellen der Betrag der Zahl im Dualsystem dargestellt wird und das Vorzeichen nur in die erste Stelle eingeht, gilt:

$$c_{VB,n}(x) = (b_{n-1} \ldots b_1 b_0)_{VB,n} \Rightarrow \quad x = (+/-) \sum_{i=0}^{n-2} b_i\, 2^i \quad \text{für } b_{n-1} = (0/1)$$

Im folgenden bezeichne d wieder die Umkehrfunktion zu c (c ist injektiv): $d_{VB,n}((b_{n-1} \ldots b_1 b_0)_{VB,n}) = x$, d.h. d liefert den Wert einer Vorzeichen-Betrag-codierten Zahl. Ferner wird vereinbart, daß wir die runden Klammern $(\ldots)_{VB,n}$ immer dann weglassen, wenn die entsprechende Codierungsvorschrift aus dem Zusammenhang hervorgeht.

(1.35) Beispiel:

Es sei n = 4 und $c_{VB,4} : \{-7, \ldots, -1, -0, +0, 1, \ldots, 7\} \rightarrow \mathbb{B}^4$ die Vorzeichen-Betrag-Darstellung in vier Stellen. $c_{VB,4}$ realisiert dann die folgende Zuordnung:

x	$c_{VB,4}(x)$	x	$c_{VB,4}(x)$
+0	0000	-0	1000
1	0001	-1	1001
2	0010	-2	1010
3	0011	-3	1011
4	0100	-4	1100

5	0101	-5	1101
6	0110	-6	1110
7	0111	-7	1111

Bild 1.13:Vorzeichen-Betrag-Darstellung in vier Stellen ■

Wie bereits erwähnt hat die Null bei der Vorzeichen-Betrag-Darstellung zwei verschiedene Darstellungen. Um trotzdem bzgl. der Codierung von einer Funktion sprechen zu können, haben wir eine positive und eine negative Null eingeführt.
Eine weitere Eigenschaft der Vorzeichen-Betrag-Darstellung ist, daß die Definitionsmenge $A_{VB,n}$ symmetrisch ist und die Mächtigkeit $|A_{VB,n}| = 2^n - 1$ hat. Die arithmetischen Operationen kann man bei dieser Darstellung nur recht umständlich definieren. Sie erfordern spezielle Vorzeichenrechnungen, und Addition und Subtraktion sind nicht mit einer einzigen Operation durchführbar, d.h. für Operationen dieser Art ist ein aufwendiges Rechenwerk erforderlich.

1.3.2.2 Exzeß-q-Darstellung

Bei der Exzeß-q-Darstellung wird jede darzustellende Zahl x um einen festen „Abstand" q erhöht und dann dual dargestellt. Man fordert, daß die Zahl x + q nicht negativ ist, um die gewöhnliche Dualdarstellung natürlicher Zahlen benutzen zu können. Daraus folgt insbesondere, daß -q die kleinste so darstellbare ganze Zahl ist.

(1.36) Definition: (Exzeß-q-Darstellung)

Sei $A_{Ex\text{-}q,n} = \{-q, \ldots, 0, 1, \ldots, 2^n - 1 - q\}$ für $q \in \mathbb{N}_0$. Dann heißt die Codierung $c_{Ex\text{-}q,n} : A_{Ex\text{-}q,n} \rightarrow \mathbb{B}^n$ mit $c_{Ex\text{-}q,n}(x) = c_{2,n}(x + q)$ und $x \in A_{Ex\text{-}q,n}$, *Exzeß-q-Darstellung* (in n Stellen). ■

Es gilt:

$$c_{Ex\text{-}q,n}(x) = b_{n-1} \ldots b_1 b_0 \quad \Rightarrow \quad x = \sum_{i=0}^{n-1} b_i\, 2^i - q.$$

Daß diese Aussage richtig ist, erkennt man leicht: Bei der Exzeß-q-Darstellung einer Zahl x wird die Zahl x + q dual dargestellt. Somit muß bei der Berechnung des Wertes von x der „Abstand" q wieder subtrahiert werden.

Der gebräuchlichste Wert für q ist $q = 2^{n-1}$. In diesem Fall ist der

Definitionsbereich fast symmetrisch: $A_{Ex\text{-}q,n} = \{-2^{n-1}, \ldots, 0, 1, \ldots, 2^{n-1} - 1\}$.

(1.37) Beispiel:

Es seien $n = 4$, $q = 2^{n-1} = 8$ und $c_{Ex\text{-}q,4} : \{-8, \ldots, 0, 1, \ldots, 7\} \to \mathbb{B}^4$ die Exzeß-q-Darstellung in vier Stellen.

Dann verkörpert $c_{Ex\text{-}q,4}$ die folgende Zuordnung (s. Bild 1.14):

x	$c_{Ex\text{-}q,4}(x)$	x	$c_{Ex\text{-}q,4}(x)$
0	1000		
1	1001	-1	0111
2	1010	-2	0110
3	1011	-3	0101
4	1100	-4	0100
5	1101	-5	0011
6	1110	-6	0010
7	1111	-7	0001
		-8	0000

Bild 1.14: Exzeß-q-Darstellung in vier Stellen (für $q = 8 = 2^3$) ∎

Wir wollen uns jetzt die Arithmetik der Exzeß-q-Darstellung etwas näher anschauen.

Betrachten wir zuerst Addition und Subtraktion: Es bezeichne + die übliche Addition ganzer Zahlen und $+_2$ die Addition im Dualsystem. Analog sollen - und $-_2$ die jeweilige Subtraktion bedeuten. Dann kann die Addition $\oplus$ und die Subtraktion $\ominus$ für Zahlen in Exzeß-q-Darstellung folgendermaßen definiert werden:

$$c_{Ex\text{-}q,n}(x) \oplus c_{Ex\text{-}q,n}(y) ::= c_{Ex\text{-}q,n}(x) +_2 c_{Ex\text{-}q,n}(y) -_2 c_{2,n}(q)$$

$$c_{Ex\text{-}q,n}(x) \ominus c_{Ex\text{-}q,n}(y) ::= c_{Ex\text{-}q,n}(x) -_2 c_{Ex\text{-}q,n}(y) +_2 c_{2,n}(q)$$

Die erforderliche Rechnung kann also im Dualsystem ausgeführt werden, wobei jeweils eine „Korrekturaddition“ notwendig ist.

Die obige Definition wird gerechtfertigt durch die folgenden Zusammenhänge, die wir zu Anfang von Kapitel 1.3 gefordert hatten (vgl. Bild 1.12):

$$\begin{aligned} \mathbf{c_{Ex\text{-}q,n}(x) \oplus c_{Ex\text{-}q,n}(y)} &= c_{Ex\text{-}q,n}(x) +_2 c_{Ex\text{-}q,n}(y) -_2 c_{2,n}(q) \\ &= c_{2,n}(x+q) +_2 c_{2,n}(y+q) -_2 c_{2,n}(q) \end{aligned}$$

$$
\begin{aligned}
&= c_{2,n}(x + y + q)\\
&= \mathbf{c_{Ex\text{-}q,n}(x + y)}
\end{aligned}
$$

$$
\begin{aligned}
\mathbf{c_{Ex\text{-}q,n}(x) \ominus c_{Ex\text{-}q,n}(y)} &= c_{Ex\text{-}q,n}(x) \;-_2\; c_{Ex\text{-}q,n}(y) \;+_2\; c_{2,n}(q)\\
&= c_{2,n}(x + q) \;-_2\; c_{2,n}(y + q) \;+_2\; c_{2,n}(q)\\
&= c_{2,n}(x - y + q)\\
&= \mathbf{c_{Ex\text{-}q,n}(x - y)}
\end{aligned}
$$

Die Multiplikation $\otimes$ für die Exzeß-q-Darstellung kann nur in wesentlich komplizierterer Weise auf die Multiplikation von Dualzahlen zurückgeführt werden (es bezeichne wiederum $*$ bzw. $*_2$ die Multiplikation ganzer Zahlen bzw. die Multiplikation im Dualsystem):

$$
c_{Ex\text{-}q,n}(x) \otimes c_{Ex\text{-}q,n}(y) ::= c_{Ex\text{-}q,n}(x) *_2 c_{Ex\text{-}q,n}(y) \;-_2\; c_{2,n}((x + y - 1) * q + q^2),
$$

denn es gilt in diesem Fall:

$$
\begin{aligned}
&\mathbf{c_{Ex\text{-}q,n}(x) \otimes c_{Ex\text{-}q,n}(y)}\\
&= c_{Ex\text{-}q,n}(x) *_2 c_{Ex\text{-}q,n}(y) \;-_2\; c_{2,n}((x + y - 1) * q + q^2)\\
&= c_{2,n}(x + q) *_2 c_{2,n}(y + q) \;-_2\; c_{2,n}((x + y - 1) * q + q^2)\\
&= c_{2,n}((x + q) * (y + q)) \;-_2\; c_{2,n}((x + y - 1) * q + q^2)\\
&= c_{2,n}(x * y + (x + y) * q + q^2) \;-_2\; c_{2,n}((x + y - 1) * q + q^2)\\
&= c_{2,n}(x * y + q)\\
&= \mathbf{c_{Ex\text{-}q,n}(x * y)}
\end{aligned}
$$

Die Division ist ähnlich aufwendig wie die Multiplikation, wir gehen hier nicht näher darauf ein und halten zusammenfassend fest:

Der dargestellte Zahlbereich $A_{Ex\text{-}q,n} = \{-q, \ldots, 0, 1, \ldots, 2^n - 1 - q\}$ ist bei der Exzeß-q-Darstellung immer unsymmetrisch zum Nullpunkt, im Fall $q = 2^{n-1}$ ist er „fast symmetrisch“ zur Null.

Addition und Subtraktion sind recht einfach möglich, aber ähnlich wie bei der Vorzeichen-Betrag-Darstellung nicht einheitlich realisierbar. Multiplikation und Division sind sehr aufwendig. Aus diesen Gründen wird die Exzeß-q-Darstellung vor allem dann verwendet, wenn der betrachtete Zahlbereich geeignet eingeschränkt ist und nur die Operationen Addition und Subtraktion benötigt werden.

1.3.2.3 2-Komplement-Darstellung

Das Komplement einer Zahl ist ganz allgemein folgendermaßen definiert:

(1.38) Definition: (Komplement einer Zahl)

Es sei $k \in \mathbb{N}, x \in \{0, \ldots, k\}$. Dann ist das *Komplement* der Zahl x zur Zahl k diejenige Zahl $\bar{x}$, für die gilt:

$$x + \bar{x} = k \qquad \text{bzw. gleichwertig} \qquad \bar{x} = k - x . \qquad \blacksquare$$

Die Idee bei Komplementdarstellungen besteht darin, negative Zahlen durch Komplementbildung zu codieren. Falls etwa ein Speicherwort k verschiedene Zustände $0, \ldots, k - 1$ annehmen kann (aufgrund seiner begrenzten Größe), so dienen die Zustände $0, \ldots, k/2-1$ zur Darstellung positiver Zahlen, während die Zustände $k/2, \ldots, k - 1$ für die negativen Zahlen $-k/2, -k/2 + 1 \ldots, -1$ reserviert sind.

Bei der *2-Komplement-Darstellung* $c_{2K,n}$ betrachtet man den speziellen Fall $k = 2^n$. Positive Zahlen $x \in \{0, \ldots, 2^{n-1} - 1\}$ werden durch ihre Dualdarstellung codiert: $c_{2K,n}(x) = c_{2,n}(x)$, während man für negative Zahlen $x \in \{-2^{n-1}, \ldots, -1\}$ die Dualdarstellung der Komplemente zu 2^n bildet: $c_{2K,n}(x) = c_{2,n}(2^n - |x|) = c_{2,n}(2^n + x)$.

Zusammenfassend ergibt sich:

(1.39) Definition: (2-Komplement-Darstellung)

Sei $A_{2K,n} = \{-2^{n-1}, \ldots, 0, 1, \ldots, 2^{n-1} - 1\}$. Dann heißt die Codierung $c_{2K,n} : A_{2K,n} \to \mathbb{B}^n$ mit

$$c_{2K,n}(x) = \begin{cases} c_{2,n}(x) & \text{, falls } 0 \le x < 2^{n-1} \\ c_{2,n}(2^n - |x|) & \text{, falls } -2^{n-1} \le x < 0 \end{cases}$$
$$= \begin{cases} c_{2,n}(x) & \text{, falls } 0 \le x < 2^{n-1} \\ c_{2,n}(2^n + x) & \text{, falls } -2^{n-1} \le x < 0 \end{cases}$$

2-Komplement-Darstellung (in n Stellen). ■

Es gilt:

$$c_{2K,n}(x) = b_{n-1} \ldots b_1 b_0 \quad \Rightarrow \quad x = -b_{n-1} 2^{n-1} + \sum_{i=0}^{n-2} b_i 2^i$$

Diese Aussage wollen wir beweisen und unterscheiden dabei zwei Fälle:

1. Fall: Es sei $x \in \{0, \ldots, 2^{n-1} - 1\}$.

Dann gilt: $c_{2K,n}(x) = c_{2,n}(x)$.

Das heißt: $x = \sum_{i=0}^{n-1} b_i\, 2^i = b_{n-1}\, 2^{n-1} + \sum_{i=0}^{n-2} b_i\, 2^i$.

Wegen $x < 2^{n-1}$ gilt $b_{n-1} = 0$, und somit:

$$x = b_{n-1}\, 2^{n-1} + \sum_{i=0}^{n-2} b_i\, 2^i = -b_{n-1}\, 2^{n-1} + \sum_{i=0}^{n-2} b_i\, 2^i .$$

2. Fall: Es sei $x \in \{-2^{n-1}, \ldots, -1\}$.

Dann gilt: $c_{2K,n}(x) = c_{2,n}(2^n + x)$, wobei $(2^n + x) \in \{2^{n-1}, \ldots, 2^n - 1\}$.

Das heißt: $(2^n + x) = \sum_{i=0}^{n-1} b_i\, 2^i = b_{n-1}\, 2^{n-1} + \sum_{i=0}^{n-2} b_i\, 2^i$

Wegen $(2^n + x) \geq 2^{n-1}$ gilt $b_{n-1} = 1$, und somit:

$$x = -2^n + b_{n-1}\, 2^{n-1} + \sum_{i=0}^{n-2} b_i\, 2^i = 2^{n-1}(-2 + b_{n-1}) + \sum_{i=0}^{n-2} b_i\, 2^i$$

$$= -b_{n-1}\, 2^{n-1} + \sum_{i=0}^{n-2} b_i\, 2^i$$ ■

Das folgende Beispiel veranschaulicht die 2-Komplement-Darstellung.

(1.40) Beispiel:

Es seien $n = 4$ und $c_{2K,4} : \{-8, \ldots, 0, 1, \ldots, 7\} \rightarrow \mathbb{B}^4$ die 2-Komplement-Darstellung in vier Stellen. Dann verkörpert $c_{2K,4}$ die folgende Zuordnung:

x	$c_{2K,4}(x)$	x	$c_{2K,4}(x)$
0	0000		
1	0001	-1	1111
2	0010	-2	1110
3	0011	-3	1101
4	0100	-4	1100
5	0101	-5	1011
6	0110	-6	1010
7	0111	-7	1001
		-8	1000

Bild 1.15: 2-Komplement-Darstellung in vier Stellen

Wir schreiben eine Bitfolge $b_{n-1} \dots b_1 b_0$ wiederum in Klammern $(b_{n-1} \dots b_1 b_0)_{2K,n}$, wenn ausgedrückt werden soll, daß die Folge als 2-Komplement-Darstellung aufzufassen ist.

Wir wollen nun den Wert x der Folge $(1110)_{2K,4}$ berechnen:

$$x = (-1)\, 2^3 + \sum_{i=0}^{4-2} b_i\, 2^i = (-1) * 2^3 + 1 * 2^2 + 1 * 2^1 + 0 * 2^0 = -2. \qquad \blacksquare$$

Eine noch deutlichere Veranschaulichung des letzten Beispiels liefert der folgende „Zahlenring" für n = 4:

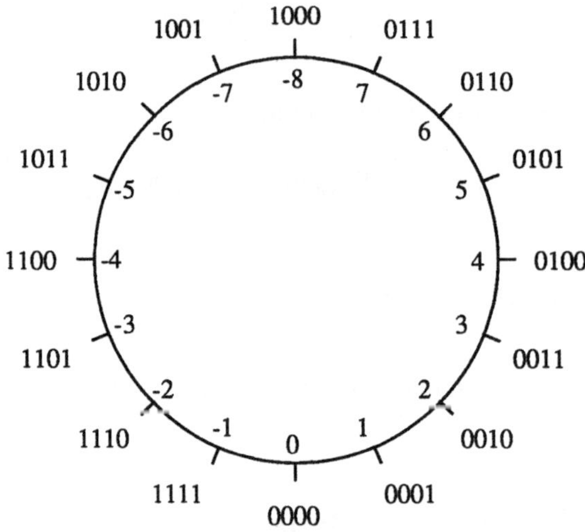

Bild 1.16: Zahlenring für die 2-Komplement-Darstellung

Man kann die Dualdarstellung von $\bar{x}$ sehr leicht aus der Dualdarstellung von x bestimmen. Dazu sei $x \in \{0, \dots, 2^n - 1\}$ mit $c_{2,n}(x) = b_{n-1} \dots b_1 b_0$. Dann gilt:

$$\begin{aligned} c_{2,n}(\bar{x}) &= c_{2,n}(2^n - x) \\ &= c_{2,n}(2^n - 1) -_2 c_{2,n}(x) +_2 c_{2,n}(1) \\ &= (11 \dots 11)_{2,n} -_2 (b_{n-1} \dots b_1 b_0)_{2,n} +_2 (00 \dots 01)_{2,n} \\ &= ((1 - b_{n-1}) \dots (1 - b_1)(1 - b_0))_{2,n} +_2 (00 \dots 01)_{2,n}\,. \end{aligned}$$

Will man also die Dualdarstellung des Komplements $\bar{x}$ bestimmen, so „kippt" man in der Darstellung von x alle Bits und addiert 1 hinzu. Dies entspricht der stellenweisen Komplementbildung zu 1 in allen Stellen außer der letzten, wo das Komplement zu 2 gebildet wird. Man spricht deshalb von der „2-Komplement-Darstellung" (vgl. S. 67: 1-Komlement-Darstellung). Insbesondere erhält man auf diese Weise aus der 2-Komplement-Darstellung einer Zahl $x \in \{-2^{n-1} + 1, \ldots, 2^{n-1} - 1\}$ die entsprechende 2-Komplement-Darstellung von -x.

Die grundlegende Motivation für Komplementdarstellungen aber ist, bei den arithmetischen Operationen allein mit einem Addierwerk auszukommen und die übrigen Operationen auf die Addition zurückführen zu können.

So gilt für die Subtraktion:

$$x - y = x + \bar{y} - k,$$

wobei $\bar{y} = k - y$ wieder das Komplement von y bezeichnen soll. Die rechte Seite der Gleichung ist nur dann nützlich, falls sowohl die Komplementbildung als auch die Subtraktion von k (Reduktion modulo k) sehr einfach ausführbar sind. Im Fall der 2-Komplement-Darstellung erhält man die Darstellung von $\bar{y}$, wie bereits gesehen, durch das Kippen aller Bits und die Addition von 1. Auch die Reduktion modulo k (= 2^n) ist äußerst einfach, da 2^n die Dualdarstellung 100...00 (n + 1 Stellen) hat. Bei einer Beschränkung auf n Stellen sind demnach alle Bits mit 0 besetzt, und es ist keine Subtraktion durchzuführen.

Damit ist eine Subtraktion x - y allein durch die Addition des Komplements realisierbar: $x + \bar{y}$.

Die Multiplikation und die Division lassen sich durch eine (wiederholte) Addition ausdrücken.

Die Addition soll jetzt etwas näher untersucht werden. Dabei wollen wir nachweisen, daß die Addition zweier 2-Komplement-Darstellungen durch die übliche Addition $+_2$ von Dualzahlen realisiert werden kann. Man kann also „rechnen wie gewohnt".

Wir definieren für $x, y \in \{-2^{n-1}, \ldots, 2^{n-1} - 1\}$

$$\begin{aligned} c_{2K,n}(x) \ \oplus \ c_{2K,n}(y) \ &::= \ c_{2K,n}(x) +_2 c_{2K,n}(y) \\ &= \ c_{2,n}(x^*) +_2 c_{2,n}(y^*) \end{aligned}$$

wobei für $z \in \{x, y\}$:

$$z^* ::= \begin{cases} z & \text{, falls } z \geq 0 \\ 2^n - |z| & \text{, falls } z < 0 \end{cases}$$

Wir interessieren uns insbesondere für die Randfälle dieser Operation bezüglich des dargestellten Zahlbereichs. Falls das Ergebnis nicht innerhalb des Zahlbereichs $\{-2^{n-1}, \ldots, 2^{n-1} - 1\}$ dargestellt werden kann, spricht man von einer *Bereichsüberschreitung*.

Falls in der (nicht vorhandenen) (n + 1)-ten Stelle des Ergebnisses eine „1" auftritt, so handelt es sich um einen *Überlauf*. Dieser kann ignoriert werden, und man spricht dann von einer *Reduktion modulo 2^n*.

Um die Korrektheit der obigen Definition zu bestätigen und mögliche Überläufe und Bereichsüberschreitungen zu erkennen, unterscheiden wir drei Fälle bezüglich der möglichen Vorzeichen zweier positiver Zahlen x, y mit $0 \leq x, y < 2^{n-1}$:

(a)
$$\begin{aligned} \mathbf{c_{2K,n}(x) \oplus c_{2K,n}(y)} &= c_{2,n}(x) +_2 c_{2,n}(y) \\ &= c_{2,n}(x+y) \\ &= \begin{cases} \mathbf{c_{2K,n}(x+y)} & \mathbf{, falls\ x+y < 2^{n-1}} \\ \textbf{Bereichsüberschreitung} & \mathbf{, sonst} \end{cases} \end{aligned}$$

(b)
$$\begin{aligned} \mathbf{c_{2K,n}(x) \oplus c_{2K,n}(-y)} &= c_{2,n}(x) +_2 c_{2,n}(2^n - y) \\ &= c_{2,n}(2^n + x - y) \\ &= \begin{cases} c_{2K,n}(x-y) +_2 \underbrace{c_{2,n}(2^n)}_{\text{Überlauf: zu ignorieren}} & \text{, falls } x-y>0 \\ c_{2K,n}(x-y) & \text{, sonst} \end{cases} \\ &= \mathbf{c_{2K,n}(x-y)} \end{aligned}$$

(c)
$$\begin{aligned} \mathbf{c_{2K,n}(-x) \oplus c_{2K,n}(-y)} &= c_{2,n}(2^n - x) +_2 c_{2,n}(2^n - y) \\ &= c_{2,n}(2^n - x - y) +_2 \underbrace{c_{2,n}(2^n)}_{\text{Überlauf: zu ignorieren}} \\ &= \begin{cases} \mathbf{c_{2K,n}(-x-y)} & \mathbf{, falls\ x+y \leq 2^n} \\ \textbf{Bereichsüberschreitung} & \mathbf{, sonst.} \end{cases} \end{aligned}$$

Die Operationen können anhand des Zahlenringes (Bild 1.16) veranschaulicht werden. Der Addition einer positiven Zahl n entsprechen n Schritte gegen den Uhrzeigersinn; bei einer negativen Zahl geht man dagegen n Schritte im Uhrzeigersinn. Beim Überschreiten der „12-Uhr-Marke" liegt eine Bereichsüberschreitung vor.

(1.41) Beispiel:

Es sei n = 4, und wir betrachten die 2-Komplement-Darstellung in vier Stellen.

- $5 + 4 = 9$: Fall (a)
```
     0101
  +2 0100
     1001
```
$= c_{2K,4}(-7) \neq c_{2K,4}(9)$

Da $9 > 2^{n-1} = 8$: Bereichsüberschreitung!

- $2 + (-4) = -2$: Fall (b)
```
     0010
  +2 1100
     1110
```
$= c_{2K,4}(-2)$ korrekt!

- $-4 + (-5) = -9$: Fall (c)
```
     1100
  +2 1011
   1|0111
```
$= c_{2K,4}(7) \neq c_{2K,4}(-9)$

Da $-(-9) = 9 > 2^{n-1} = 8$:
Bereichsüberschreitung (und Überlauf!)

- $-1 + (-2) = -3$: Fall (c)
```
     1111
  +2 1110
   1|1101
```
$= c_{2K,4}(-3)$ korrekt (aber Überlauf)! ■

Bei der praktischen Realisierung der Addition bereiten Überläufe keine Schwierigkeiten, da man sie einfach ignorieren kann. Schwieriger ist es jedoch, Bereichsüberschreitungen zu erkennen (wie z.B. bei der ersten Addition in Beispiel 1.41), um anschließend angemessen – etwa mit einer Fehlermeldung – darauf zu reagieren. Zu diesem Zweck kann man eine *Schutzstelle* einführen, in der das höchstwertige Bit der dargestellten Zahl wiederholt wird:

Für $c_{2K,n}(x) = b_{n-1} \ldots b_1 b_0$ wird definiert: $c_{2KS}(x) = b_{n-1} b_{n-1} \ldots b_1 b_0$. Dies führt zu keiner Änderung des Wertes:

$$\begin{aligned}
x &= -b_{n-1}\, 2^{n-1} + \sum_{i=0}^{n-2} b_i\, 2^i \\
&= -b_{n-1}\, 2^{n-1}\,(2-1) + \sum_{i=0}^{n-2} b_i\, 2^i \\
&= -b_{n-1}\,(2^n - 2^{n-1}) + \sum_{i=0}^{n-2} b_i\, 2^i \\
&= -b_{n-1}\, 2^n + b_{n-1}\, 2^{n-1} + \sum_{i=0}^{n-2} b_i\, 2^i \\
&= -b_{n-1}\, 2^n + \sum_{i=0}^{n-1} b_i\, 2^i
\end{aligned}$$

Eine Addition wird jetzt wie bisher im Dualsystem durchgeführt. Eine

Bereichsüberschreitung liegt dann vor, wenn die beiden führenden Bits, die laut Definition gleich sein müssen, verschieden sind, d.h. wenn das Ergebnis mit 10 oder 01 beginnt.

(1.42) Beispiel:

- $5 + 4 = 9$:

```
     00101
+2   00100
     01001    ⇒ Bereichsüberschreitung!
```

- $2 + (-4) = -2$:

```
     00010
+2   11100
     11110    ⇒ korrektes Ergebnis!
```

■

Zum Abschluß dieses Abschnittes wollen wir die Eigenschaften der 2-Komplement-Darstellung noch einmal zusammenfassen.

Das Komplement einer Zahl wird gebildet, indem alle Bits „gekippt" werden und man 1 dazu addiert. Eine Zahl wird durch Komplementbildung negiert, d.h. sie ändert das Vorzeichen. Der dadurch dargestellte Zahlbereich $A_{2K,n} = \{-2^{n-1}, \ldots, 0, 1, \ldots, 2^{n-1} - 1\}$ ist nicht symmetrisch zum Nullpunkt.
Arithmetische Operationen lassen sich allein durch die Addition ausdrücken, insbesondere kann die Subtraktion durch die Addition des Komplements realisiert werden. Die Addition wird in bekannter Weise im Dualsystem durchgeführt.
Tritt bei einer Addition ein Überlauf auf, so wird dieser durch die Reduktion modulo 2^n ignoriert. Bereichsüberschreitungen kann man dagegen durch Einführung eines weiteren Bits – der sogenannten Schutzstelle – erkennen.

1.3.2.4 1-Komplement-Darstellung

Bei der 1-Komplement-Darstellung dient die Zahl $k = 2^n - 1$ zur Komplementbildung. Wie bei der 2-Komplement-Darstellung wird für positive Zahlen $x \in \{0, \ldots, 2^{n-1} - 1\}$ die Dualdarstellung verwendet: $c_{1K,n}(x) = c_{2,n}(x)$. Dies umfaßt alle Dualzahlen, deren höchstwertiges Bit auf 0 gesetzt ist.
Negative Zahlen $x \in \{-2^{n-1} + 1, \ldots, 0\}$ werden dagegen jeweils durch die Dualdarstellung des Komplements von x codiert:

$$c_{1K,n}(x) = c_{2,n}(2^n - 1 - |x|) = c_{2,n}(2^n - 1 + x).$$

Die Zahl 0 ist ein Sonderfall, sie hat sowohl eine positive als auch eine negative Darstellung.

(1.43) Definition: (1-Komplement-Darstellung)

Sei $A_{1K,n} = \{-2^{n-1} + 1, \ldots, \pm 0, 1, \ldots, 2^{n-1} - 1\}$. Dann heißt die Codierung $c_{1K,n} : A_{1K,n} \rightarrow \mathbb{B}^n$ mit

$$c_{1K,n}(x) = \begin{cases} c_{2,n}(x) & \text{, falls } 0 \leq x < 2^{n-1} \\ c_{2,n}(2^n - 1 - |x|) & \text{, falls } -2^{n-1} \leq x < 0 \end{cases}$$

$$= \begin{cases} c_{2,n}(x) & \text{, falls } 0 \leq x < 2^{n-1} \\ c_{2,n}(2^n - 1 + x) & \text{, falls } -2^{n-1} \leq x < 0 \end{cases}$$

1-Komplement-Darstellung (in n Stellen). ■

Es gilt: $c_{1K,n}(x) = b_{n-1} \ldots b_1 b_0 \Rightarrow x = -b_{n-1}(2^{n-1} - 1) + \sum_{i=0}^{n-2} b_i 2^i$

Der Beweis dieser Aussage verläuft analog zum Beweis der entsprechenden Aussage bei der 2-Komplement-Darstellung.

(1.44) Beispiel:

Es seien $n = 4$ und $c_{1K,4} : \{-7, \ldots, 0, 1, \ldots, 7\} \rightarrow \mathbb{B}^4$ die 1-Komplement-Darstellung in vier Stellen.

Dann gilt die folgende Zuordnung:

x	$c_{1K,4}(x)$	x	$c_{1K,4}(x)$
0	0000	-0	1111
1	0001	-1	1110
2	0010	-2	1101
3	0011	-3	1100
4	0100	-4	1011
5	0101	-5	1010
6	0110	-6	1001
7	0111	-7	1000

Bild 1.17: 1-Komplement-Darstellung in vier Stellen ■

Auch hier hilft der folgende „Zahlenring" bei der Veranschaulichung:

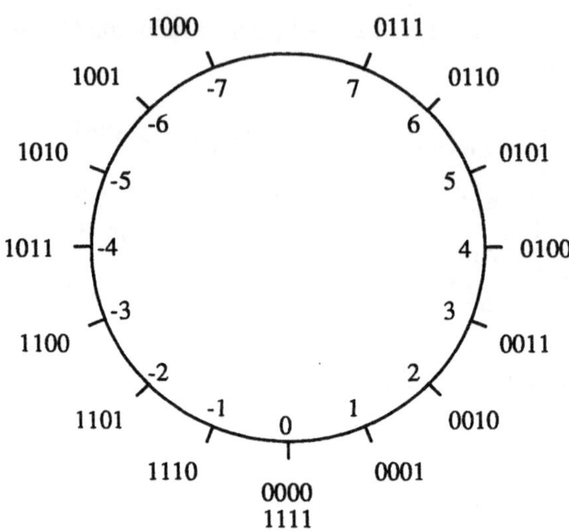

Bild 1.18: Zahlenring für die 1-Komplement-Darstellung

Auch bei der 1-Komplement-Darstellung kann man, in Bezug auf das Komplement $2^n - 1$, sehr einfach aus der Dualdarstellung von x die entsprechende Darstellung von $\overline{x}$ bestimmen.

Dazu sei $x \in \{0, \dots, 2^n - 1\}$ mit $c_{2,n}(x) = b_{n-1} \dots b_1 b_0$. Dann gilt:

$$\begin{aligned} c_{2,n}(\overline{x}) &= c_{2,n}(2^n - 1 - x) \\ &= c_{2,n}(2^n - 1) -_2 c_{2,n}(x) \\ &= (11 \dots 11)_{2,n} -_2 (b_{n-1} \dots b_1 b_0)_{2,n} \\ &= ((1 - b_{n-1}) \dots (1 - b_1)(1 - b_0))_{2,n} . \end{aligned}$$

Beim Übergang x zu $\overline{x}$ braucht man also einfach nur sämtliche Bits zu „kippen". Dies entspricht der stellenweisen Komplementbildung zu 1, einschließlich der letzten Stelle, deshalb der Name „1-Komplement-Darstellung". Dies gilt im besonderen auch dann, wenn man aus der 1-Komplement-Darstellung einer Zahl $x \in \{-2^{n-1} + 1, \dots, 2^{n-1} - 1\}$ die Darstellung von -x bestimmen will.

Auch bei der 1-Komplement-Darstellung lassen sich die arithmetischen Grundoperationen durch die duale Addition ausdrücken, wobei die Subtraktion, wie bei der 2-Komplement-Darstellung, durch die Addition eines Komplements darstellbar ist.

Wir behandeln deshalb nur die Addition: Wir definieren für $x, y \in \{-2^{n-1}+1, \ldots, \pm 0, 1, \ldots, 2^{n-1}-1\}$:

$$c_{1K,n}(x) \oplus c_{1K,n}(y) ::= c_{1K,n}(x) +_2 c_{1K,n}(y) +_2 ü$$
$$= c_{2,n}(x^*) +_2 c_{2,n}(y^*) +_2 ü$$

wobei für $z \in \{x, y\}$:

$$z^* ::= \begin{cases} z & \text{, falls } z \geq 0 \\ 2^n - 1 - |z|) & \text{, falls } z < 0 \end{cases}$$

und $ü = \begin{cases} 1 & \text{, falls die ersten beiden Summanden einen Überlauf liefern} \\ 0 & \text{, sonst.} \end{cases}$

Die notwendige Addition des Überlaufs ü kann folgendermaßen begründet werden: Ein Überlauf bedeutet, daß bei der Addition der beiden Summanden das Ergebnis $(1 b_{n-1} \ldots b_1 b_0)$ erreicht worden ist. In diesem Fall ist eine *Reduktion modulo 2^n - 1* erforderlich, d.h. man bildet:

$$(1 b_{n-1} \ldots b_1 b_0)_{2,n+1} -_2 c_{2,n+1}(2^n - 1)$$
$$= (1 b_{n-1} \ldots b_1 b_0)_{2,n+1} -_2 (011 \ldots 11)_{2,n+1}$$
$$= (1 b_{n-1} \ldots b_1 b_0)_{2,n+1} -_2 (100 \ldots 00)_{2,n+1} +_2 (00 \ldots 01)_{2,n+1}$$
$$= (b_{n-1} \ldots b_1 b_0)_{2,n} +_2 (00 \ldots 01)_{2,n}.$$

Aufgrund von $2^n = 1 \mod (2^n - 1)$ muß also die Zahl 1 zum Ergebnis addiert werden (sogenannter „*Einer-Rücklauf*").

Wie bei der 2-Komplement-Darstellung müssen auch hier bei der Addition Bereichsüberschreitungen berücksichtigt werden. Dies kann wiederum durch die Einführung einer Schutzstelle erreicht werden.

Wir betrachten einige Beispiele zur Addition:

(1.45) Beispiel:

Wir gehen wieder von der 1-Komplement-Darstellung in vier Stellen aus.

- $2 + (-4) = -2$:

```
     0010
  +2 1011
     1101   = c1K,n(-2)   korrekt!
```

- -4 + (-2) = -6 :

```
     1011
  +2 1101
   1|1000
   └────┘      „Einer - Rücklauf“
  +2    1
     1001
```

$= c_{1K,n}(-6)$ korrekt! ∎

Zusammenfassend ergeben sich die folgenden Eigenschaften der 1-Komplement-Darstellung.

Die Darstellung des Zahlbereichs $A_{1K,n} = \{-2^{n-1} + 1, \ldots, \pm 0, 1, \ldots, 2^{n-1} - 1\}$ ist symmetrisch zum Nullpunkt. Dafür sind aber zwei Darstellungen der 0 vorhanden. Das Komplement einer Zahl wird gebildet, indem alle Bits „gekippt“ werden. Durch die Komplementbildung wird eine Zahl negiert.
Wie bei der 2-Komplement-Darstellung lassen sich die arithmetischen Operationen allein durch die Addition ausdrücken, insbesondere kann die Subtraktion durch die Addition des Komplements realisiert werden.
Tritt bei einer Addition ein Überlauf auf, so erfolgt eine Reduktion modulo $2^n - 1$, indem der Überlauf zum Ergebnis addiert wird.

1.3.3 Rationale und reelle Zahlen

Bei der Darstellung von rationalen und reellen Zahlen in n-Bit-Worten stellt sich das Problem, daß Zahlen dieser Art unendlich viele Nachpunktstellen haben können. Beispiele dafür sind die Zahlen 1/3, e, π, $\sqrt{2}$, etc. Solche Zahlen können nur näherungsweise dargestellt werden.

Wir werden in diesem Abschnitt zwei Verfahren zur Darstellung rationaler und reeller Zahlen vorstellen, die Festpunkt- und die Gleitpunktdarstellung, und dabei auch die Genauigkeit der Darstellungen studieren.
Bei der Festpunktdarstellung ist die Anzahl der Nachpunktstellen fest vorgegeben, bei der Gleitpunktdarstellung ist sie flexibel, d.h. die Gleitpunktdarstellung eignet sich besonders für die Darstellung von Zahlenmengen, bei denen die Größenordnung und die Genauigkeit der Darstellung innerhalb eines gewissen Rahmens variieren darf.

1.3.3.1 Festpunktdarstellung

Die Festpunktdarstellung ist eine Zahldarstellung, bei der jede Zahl als Ziffernfolge dargestellt wird, wobei eine feste Anzahl von Stellen als

Nachpunktstellen interpretiert werden.

Dies ist für alle B-adischen Zahlsysteme möglich. Wir betrachten im folgenden lediglich die Dualdarstellung und gehen davon aus, daß jede Zahl in n Stellen dargestellt werden soll, wovon m (< n) Stellen als Nachpunktstellen reserviert sind (s. Bild 1.19).

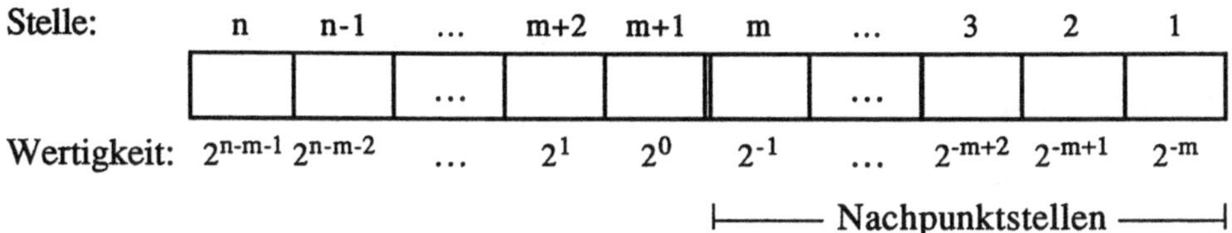

Bild 1.19: Festpunktdarstellung

Man erreicht damit, daß m (duale) Nachpunktstellen einer Zahl exakt angegeben werden können, während Zahlen mit mehr als m Nachpunktstellen auf- bzw. abgerundet werden müssen.
Um die Festpunktdarstellung einer beliebigen Zahl $x \in \mathbb{R}$ zu erhalten, kann man folgendermaßen vorgehen:

- Verschiebe den Punkt der Dualdarstellung um m Stellen, d.h. bilde $x \mapsto f(x) ::= x \cdot 2^m$.
- Falls $c_{2,n}(x)$ höchstens m Nachpunktstellen besitzt, gilt dann: $f(x) \in \mathbb{Z}$. Andernfalls gilt $f(x) \notin \mathbb{Z}$, und es ist zusätzliches Runden erforderlich. Deshalb bildet man $f(x) \mapsto \lfloor f(x) + 0.5 \rfloor$, mit $\lfloor z \rfloor ::= \max \{k \in \mathbb{Z} \mid k \le z\}$, für jedes $z \in \mathbb{R}$ (d.h. $\lfloor z \rfloor$ ist die größte ganze Zahl, die kleiner oder gleich z ist).
- Schließlich codiert man die so erhaltene ganze Zahl durch eine geeignete Darstellungsform, beispielsweise durch die Vorzeichen-Betrag-Darstellung, die Exzeß-q-Darstellung, eine Komplement-Darstellung oder, falls man sich auf positive Zahlen $x \in \mathbb{R} \cup \{0\}$ beschränkt, durch die Dualdarstellung.

Im folgenden werden wir uns zunächst der Einfachheit halber auf die Betrachtung positiver reeller Zahlen mit der Dualdarstellung $c_{2,n}$ beschränken.

(1.46) Definition: (duale Festpunktdarstellung)
Es seien $n, m \in \mathbb{N}$ mit $0 \le m < n$. Dann heißt die Codierung

$FP_{2,n,m} : [0,\ 2^{n-m} - 2^{-(m+1)}) \to \mathbb{B}^n$ mit $FP_{2,n,m}(x) ::= c_{2,n}(\lfloor x * 2^m + 0.5 \rfloor)$

duale Festpunktdarstellung (in n Stellen und m Nachpunktstellen). ■

Analog kann man die Vorzeichen-Betrag-/Exzeß-q-/2-Komplement-/1-Komplement-Festpunktdarstellung definieren (als $FP_{VB,n,m}$, $FP_{Ex\text{-}q,n,m}$, $FP_{2K,n,m}$, $FP_{1K,n,m}$), indem man anstatt $c_{2,n}$ die entsprechende Darstellungsform für ganze Zahlen benutzt. Dabei liegt jeweils ein etwas anderer darstellbarer Zahlbereich zugrunde, und insbesondere können auch negative Zahlen codiert werden.

Zwei Beispiele sollen die Vorgehensweise bei der Umwandlung einer Zahl in die Festpunktdarstellung verdeutlichen.

(1.47) Beispiel:

Es seien n = 8 und m = 4.

(a) $x = 12.75 \leftrightarrow (1100.11)_2$

$$\begin{aligned} FP_{2,8,4}(x) &= c_{2,8}(\lfloor 12.75 * 2^4 + 0.5 \rfloor) \\ &= c_{2,8}(\lfloor 204.5 \rfloor) \\ &= c_{2,8}(204) \\ &= 11001100\,. \end{aligned}$$

Im allgemeinen ist es einfacher, im Dualsystem zu rechnen:

(b) $x = 3.703125 \leftrightarrow (11.101101)_2$

$$\begin{aligned} FP_{2,8,4}(x) &= c_{2,8}(\lfloor (11.101101)_2 *_2 10000)_2 +_2 (0.1)_2 \rfloor) \\ &= c_{2,8}(\lfloor (111011.11)_2 \rfloor) \\ &= 00111011\,. \end{aligned}$$

■

Bei der dualen Festpunktdarstellung wird ein halboffenes Intervall $[0, 2^{n-m} - 2^{-(m+1)})$ auf 2^n verschiedene Codewörter abgebildet. Es gibt demnach 2^n Zahlen in diesem Intervall, die exakt, d.h. ohne daß das Runden der Zahl eine Veränderung bewirkt, codiert werden können. Dies ist genau der Zahlbereich

$$\begin{aligned} A_{FP,2,n,m} &::= \{x \mid 0 \le x < 2^{n-m} - 2^{-(m+1)},\ x * 2^m \in \mathbb{Z}\} \\ &= \{x \mid x = k * 2^{-m},\ k \in \{0, 1, \ldots, 2^n-1\}\}\,. \end{aligned}$$

Aufgrund der letzten Darstellung sieht man, daß es sich bei $A_{FP,2,n,m}$ um eine Zahlenmenge handelt, die, beginnend bei 0, mit der konstanten Schrittweite 2^{-m} aufgezählt werden kann. Ferner gilt:

- Für m = 0: $A_{FP,2,n,m} = \{0, 1, \ldots, 2^n - 1\}$.

- Für $x \in A_{FP,2,n,m}$: $FP_{2,n,m}(x) = c_{2,n}(x * 2^m)$.

Es stellt sich die Frage, wie groß der jeweilige Rundungsfehler bei den übrigen Zahlen $x \notin A_{FP,2,n,m}$ des angegebenen Intervalls ist. Man kann zunächst feststellen, daß es zu jeder Zahl x des Intervalls eine Zahl $x' \in A_{FP,2,n,m}$ gibt, die auf dasselbe Codewort abgebildet wird wie x, also $FP_{2,n,m}(x) = FP_{2,n,m}(x')$. Dies gilt, da $FP_{2,n,m}$ die Menge $A_{FP,2,n,m}$ bijektiv auf $\mathbb{B}^n$ abbildet.

Damit ergibt sich für den *absoluten Fehler* $|x - x'|$ die Abschätzung

$$|x - x'| \leq 1/2 * 2^{-m} = 2^{-(m+1)},$$

da je zwei „benachbarte" Zahlen in $A_{FP,2,n,m}$ den Abstand 2^{-m} haben. Dieser größtmögliche absolute Fehler gilt für alle x gleichmäßig im gesamten darstellbaren Intervall.

Der *relative Fehler* $\frac{|x - x'|}{x}$ ist dagegen stark abhängig von x und für kleine x am größten (x = 0 sei dabei ausgeschlossen), denn es gilt:

$$\frac{|x - x'|}{x} \leq \frac{2^{-(m+1)}}{x}.$$

Im folgenden wollen wir die Arithmetik der Festpunktdarstellung untersuchen. Dabei wollen wir zeigen, daß sich die arithmetischen Grundoperationen für Zahlen in Festpunktdarstellung $FP_{2,n,m}$ auf die Operationen $+_2$, $-_2$, $\cdot_2$, $/_2$ der Dualdarstellung zurückführen lassen.

Zur Vereinfachung setzen wir zunächst $x, y \in A_{FP,2,n,m}$ voraus, um keine Rundungsfehler berücksichtigen zu müssen.

- Für die Addition legen wir fest:
  $FP_{2,n,m}(x) \oplus FP_{2,n,m}(y) ::= FP_{2,n,m}(x) +_2 FP_{2,n,m}(y)$.

  Dies ist durch die folgende Umformung gerechtfertigt. Dabei setzen wir voraus, daß keine Bereichsüberschreitung auftritt, d.h.
  $x + y < 2^{n-m} - 2^{-(m+1)}$):

  $$\begin{aligned} FP_{2,n,m}(x) +_2 FP_{2,n,m}(y) &= c_{2,n}(x * 2^m) +_2 c_{2,n}(y * 2^m) \\ &= c_{2,n}((x + y) * 2^m) \\ &= FP_{2,n,m}(x + y) \end{aligned}$$

- Analog kann die folgende Subtraktionsvorschrift definiert und gerechtfertigt werden:
  $FP_{2,n,m}(x) \ominus FP_{2,n,m}(y) ::= FP_{2,n,m}(x) -_2 FP_{2,n,m}(y)$.

Die Multiplikation und die Division stellen sich als etwas komplizierter heraus.

Wir betrachten noch exemplarisch die Multiplikation. Die Division verläuft ganz ähnlich.

- Für die Multiplikation der Festpunktdarstellung gilt:
  $FP_{2,n,m}(x) \otimes FP_{2,n,m}(y) ::=$
  $$\lfloor (FP_{2,n,m}(x) *_2 FP_{2,n,m}(y)) /_2 c_{2,n}(2^m) +_2 c_{2,n}(0.5) \rfloor$$
  Der Grund für die Division durch 2^m und das anschließende Runden des Ergebnisses liegt darin, daß die duale Multiplikation den Faktor 2^m einmal zuviel beinhaltet:
  $$\begin{aligned} FP_{2,n,m}(x) *_2 FP_{2,n,m}(y) &= c_{2,n}(x * 2^m) *_2 c_{2,n}(y * 2^m) \\ &= c_{2,n}(x * y * 2^m) *_2 c_{2,n}(2^m) \\ &= FP_{2,n,m}(x * y) *_2 c_{2,n}(2^m) \end{aligned}$$

Für diese arithmetischen Operationen ist bisher vorausgesetzt worden, daß $x, y \in A_{FP,2,n,m}$ gilt, d.h., daß x und y exakt darstellbar sind. Es zeigt sich, daß dann im Fall der Addition und Subtraktion auch das Ergebnis exakt ist, während bei der Multiplikation ein Runden des Ergebnisses erforderlich ist.

Für gerundete Argumente $x, y \notin A_{FP,2,n,m}$ sind die Operationen genauso definiert, allerdings können sich Rundungsfehler bei der Ausführung der Operationen vergrößern.

(1.48) Beispiel: (Fehlerfortpflanzung)

Es seien n = 6 und m = 2. Ferner seien
$$x_1 = 1.125 \leftrightarrow (1.001)_2$$
und
$$x_2 = 2 \leftrightarrow (10)_2.$$

Es gilt $FP_{2,6,2}(x_1) = 000101$. Diese Darstellung hat einen Rundungsfehler von 0.125, da sie die exakte Darstellung von $x_1' = 1.25$ ist. Die Zahl x_2 kann dagegen ohne Rundungsfehler dargestellt werden: $FP_{2,6,2}(x_2) = 001000$.

Wir führen jetzt eine Multiplikation durch:
$$\begin{aligned} FP_{2,6,2}(x_1) \otimes FP_{2,6,2}(x_2) &= \lfloor (FP_{2,6,2}(x_1) *_2 FP_{2,6,2}(x_2)) /_2 (100)_2 +_2 (0.1)_2 \rfloor \\ &= \lfloor (000101 *_2 001000) /_2 100 +_2 0.1 \rfloor \\ &= 001010. \end{aligned}$$

Dies ist die exakte Darstellung von y = 2.5. Das Ergebnis der Multiplikation hätte aber $x_1 * x_2 = 2.25$ sein müssen, d.h. der Fehler nach der Ausführung der

Multiplikation beträgt jetzt $|y - x_1 * x_2| = 0.25$. Er hat sich somit verdoppelt. ■

1.3.3.2 Gleitpunktdarstellung

Bei allen bisherigen Darstellungen war die Größenordnung der darzustellenden Zahlen bekannt, und Zahlen außerhalb eines bestimmten vorgegebenen Bereichs konnten nicht mehr dargestellt werden. In technisch - wissenschaftlichen Anwendungsgebieten tauchen aber Zahlen von sehr unterschiedlicher Größenordnung auf, z.B. die Avogadrozahl $L = 6.0225 * 10^{23}$ oder die Planck-Konstante $h = 1.0545 * 10^{-27}$. Man stellt die Zahlen deshalb als *Gleitpunktzahl* dar, d.h. der Dezimalpunkt steht nicht vor einer bestimmten, festen Anzahl von Nachpunktstellen, sondern er ist beliebig verschiebbar. Diesen Begriff wollen wir definieren.

(1.49) Definition: (Gleitpunktzahl)

Sei $B \in \mathbb{N}$, $B \neq 1$ fest gegeben. Dann heißen Zahlen der Form $m * B^e$ *Gleitpunktzahlen* (zur Basis B), wobei $m \in \mathbb{R}$ die *Mantisse* und $e \in \mathbb{Z}$ der *Exponent* genannt wird.
Im Falle $B^{-1} \leq |m| < 1$ spricht man von einer *normierten Gleitpunktzahl.* ■

Im folgenden Abschnitt (A) werden wir einige Eigenschaften von Gleitpunktzahlen untersuchen. Anschließend gehen wir in Abschnitt (B) auf ihre Dualdarstellung ein.

(A) Eigenschaften von Gleitpunktzahlen

Offensichtlich läßt sich jede Zahl auf viele verschiedene Arten als Gleitpunktzahl schreiben. Beispielsweise gilt für die Zahl 13.75 bezüglich der Basis 10:

$$13.75 = 13.75 * 10^0 = 1.375 * 10^1 = 0.1375 * 10^2 = \ldots, \text{etc.}$$

Allgemeiner gilt der folgende Satz:

(1.50) Satz:

Es seien $B \in \mathbb{N} \setminus \{1\}$ und $x \in \mathbb{R} \setminus \{0\}$. Dann gilt:

(a) x ist durch unendlich viele Gleitpunktzahlen der Form $x = m * B^e$ darstellbar.

(b) x kann auf genau eine Weise als normierte Gleitpunktzahl $x = m_0 * B^{e_0}$ geschrieben werden.

Beweis:

Es sei $x \in \mathbb{R} \setminus \{0\}$. Dann gibt es eine eindeutig bestimmte Zahl $j \in \mathbb{Z}$ mit $B^j \leq |x| < B^{j+1}$ ($j = \lfloor \log_B |x| \rfloor$).

Setze $e_0 ::= j + 1$ und $m_0 ::= x * B^{-(j+1)}$. Dann folgt $x = m_0 * B^{e_0}$ und $B^{-1} \leq |m_0| < 1$, und man hat die gewünschte Darstellung als normierte Gleitpunktzahl.

Alle weiteren Darstellungen haben die Form $(m_0 * B^{-i}) * B^{(e_0+i)}$ für alle $i \in \mathbb{Z}$. Dies sind unendlich viele, und nur für $i = 0$ ist die Darstellung normiert. ■

Die Eindeutigkeit der Schreibweise einer Zahl als normierte Gleitpunktzahl ist der Grund für die folgende Definition.

(1.51) Definition: (normierte Gleitpunktdarstellung)

Es seien $B \in \mathbb{N} \setminus \{1\}$ fest und $x \in \mathbb{R} \setminus \{0\}$ gegeben. Ist $x = m * B^e$ mit $B^{-1} \leq |m| < 1$ und $e \in \mathbb{Z}$, so heißt

$$c_{nGP,B}(x) ::= (m, e)$$

die *normierte Gleitpunktdarstellung* (nGP-Darstellung) von x zur Basis B.

Die Umkehrfunktion dazu lautet

$$d_{nGP,B} : [B^{-1}, 1) \times \mathbb{Z} \to \mathbb{R} \setminus \{0\} \text{ mit } d_{nGP,B}(m, e) ::= m * B^e.$$ ■

Bei der nGP - Darstellung einer Zahl beschränken wir uns also auf die Angabe der Mantisse und des Exponenten.

Als nächstes untersuchen wir die Arithmetik von Zahlen in der nGP-Darstellung. Dazu seien $x_1 = m_1 * B^{e_1}$, $x_2 = m_2 * B^{e_2}$ mit $B^{-1} \leq m_1, m_2 < 1$. Um zu viele Fallunterscheidungen zu vermeiden, seien x_1, x_2 positiv.

- Für den Vergleich von Zahlen gilt:

  $x_1 < x_2 \quad \Leftrightarrow \quad (e_1 < e_2)$ oder $(e_1 = e_2$ und $m_1 < m_2)$.

  $x_1 = x_2 \quad \Leftrightarrow \quad e_1 = e_2$ und $m_1 = m_2$.

Im folgenden sei o.B.d.A. $x_1 \geq x_2$ und damit $e_1 \geq e_2$, andernfalls sind beide

Zahlen zu vertauschen.

- Die Addition von Zahlen in nGP-Darstellung wird definiert als:

$$(m_1, e_1) \oplus (m_2, e_2) ::= \begin{cases} (m_1 + m_2 * B^{e_2-e_1}, e_1), \text{ falls } m_1 + m_2 * B^{e_2-e_1} < 1 \\ ((m_1 + m_2 * B^{e_2-e_1}) * B^{-1}, e_1 + 1), \text{ sonst} \end{cases}$$

  Es handelt sich jeweils um die nGP-Darstellung der Summe beider Zahlen, denn es gilt:

  im ersten Fall: $B^{-1} \leq m_1 < m_1 + m_2 * B^{e_2-e_1} < 1$ und

  $(m_1 + m_2 * B^{e_2-e_1}) * B^{e_1} = m_1 * B^{e_1} + m_2 * B^{e_2}$.

  im zweiten Fall: $1 \leq m_1 + m_2 * B^{e_2-e_1} < 2 \leq B$,

  da $m_1 < 1$ und $m_2 * B^{e_2-e_1} < 1$,

  somit: $B^{-1} \leq (m_1 + m_2 * B^{e_2-e_1}) * B^{-1} < 1$

  und $(m_1 + m_2 * B^{e_2-e_1}) * B^{-1} * B^{e_1+1} = m_1 * B^{e_1} + m_2 * B^{e_2}$.

- Die Multiplikation wird definiert als:

$$(m_1, e_1) \otimes (m_2, e_2) ::= \begin{cases} (m_1 * m_2, e_1 + e_2) & \text{, falls } m_1 * m_2 \geq B^{-1} \\ (m_1 * m_2 * B, e_1 + e_2 - 1) & \text{, sonst} \end{cases}$$

  Auch hier ist das Ergebnis in beiden Fällen korrekt und eine nGP-Darstellung.

Die Subtraktion und die Division sind sehr ähnlich. Wir überlassen sie dem Leser als Übung.

(B) Dualdarstellung normierter Gleitpunktzahlen

Unser Ziel ist es, normierte Gleitpunktzahlen zur Basis 2 in n-Bit-Worten darzustellen. Aus Abschnitt (A) wissen wir bereits, daß jedes $x \in \mathbb{R}$, $x \neq 0$, eine eindeutige Darstellung der Form $x = m_0 * 2^{e_0}$ mit $0.5 \leq |m_0| < 1$ hat (vgl. Satz 1.50). Jede solche Darstellung bestimmt das zugehörige $x \in \mathbb{R}$ eindeutig.
Deshalb genügt es, das Paar (m_0, e_0) in geeigneter Weise zu codieren.

Dabei gehen wir davon aus, daß k Bits für die Darstellung von m_0 und j Bits für die Darstellung von e_0 verwendet werden, mit $j, k > 0$ und $j + k = n$ (vgl. Bild 1.20).

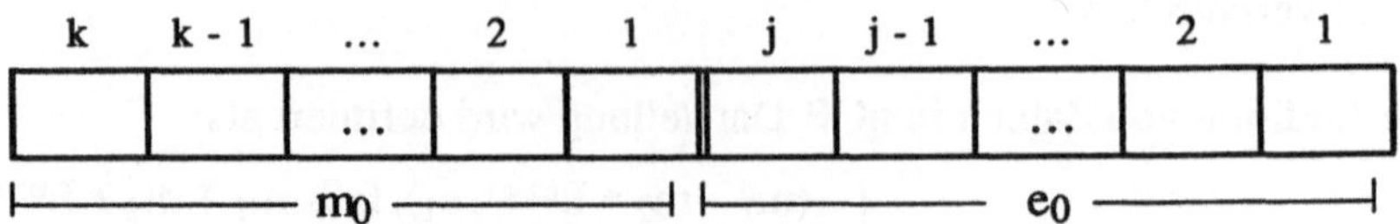

Bild 1.20: Darstellung von Gleitpunktzahlen mit n-Bit-Worten

Gesucht ist also eine geeignete Codierung

$$GP_{k,j} : \mathbb{R} \setminus \{0\} \to \mathbb{B}^n$$

mit

$$GP_{k,j}(x) = c_M(m_0)\, c_E(e_0) \text{ und } |c_M(m_0)| = k \text{ sowie } |c_E(e_0)| = j.$$

Da m_0 die Form $+/-(0.d_{-1}d_{-2} \ldots)_{10}$ hat, wählt man für c_M eine Festpunktdarstellung mit k - 1 (oder k) Nachpunktstellen. Eventuell muß m_0 gerundet werden, falls m_0 mehr als k - 1 Nachpunktstellen hat. Üblich ist die 2K-Festpunktdarstellung mit k - 1 Nachpunktstellen, d.h.

$$c_M(m_0) = FP_{2K,k,k-1}(m_0) = c_{2K,k}(\lfloor m_0 * 2^{k-1} + 0.5 \rfloor).$$

Für c_E wählt man eine Darstellungsform für ganze Zahlen – wegen $e_0 \in \mathbb{Z}$. Üblicherweise nimmt man die Exzeß-2^{j-1}-Darstellung, da - wie oben unter (A) gezeigt - für die Exponenten nur Addition und Subtraktion eine Rolle spielen, d.h.

$$c_E(e_0) = c_{Ex\text{-}2^{j-1},j}(e_0) = c_{2,j}(2^{j-1} + e_0).$$

Man nennt dies auch die *Charakteristik von x*.

Wir wollen nun anhand eines Beispiels die Vorgehensweise bei der Codierung von Gleitpunktzahlen erläutern.

(1.52) Beispiel:

Wir nehmen n = 16 an, mit k = 10 Stellen für die Mantisse und j = 6 Stellen für den Exponenten.

Für c_M und c_E wählen wir $c_M = FP_{2K,10,9}$ und $c_E = c_{Ex\text{-}32,6}$.

(a) Betrachte $x = 36.375 = (100100.011)_2$
$$= (0.100100011)_2 * 2^6 =:: m_0 * 2^{e_0}$$

$$\begin{aligned} c_M(m_0) &= c_{2K,10}(\lfloor (0.100100011)_2 * 2^9 + (0.1)_2 \rfloor) \\ &= c_{2K,10}(\lfloor (100100011)_2 +_2 (0.1)_2 \rfloor) \\ &= 0100100011 \end{aligned}$$

$$c_E(e_0) = c_{Ex\text{-}32,6}(6)$$

$= (100000)_2 +_2 (110)_2$
$= 100110$

Insgesamt ergibt sich für die Gleitpunktdarstellung von x:

$GP_{10,6}(x) = c_M(m_0)\, c_E(e_0) =$ | 0100100011 | 100110 |

(b) Betrachte $x = -\ 102.78125 = -(1100110.11001)_2$
$= -\ (0.110011011001)_2 * 2^7 =:: m_0 * 2^{e_0}$

$c_M(m_0) = c_{2K,10}(\lfloor -\ (0.110011011001)_2 * 2^9 + (0.1)_2 \rfloor)$
$= c_{2K,10}(-\lfloor (0.110011011001)_2 * 2^9 + (0.1)_2 \rfloor)$
$= c_{2K,10}(-\lfloor (110011011.001)_2 +_2 (0.1)_2 \rfloor)$
$= c_{2K,10}(-\ (110011011)_2)$
$= 1001100100 +_2 0000000001$ (Kippen aller Bits und Addition von 1)
$= 1001100101$

$c_E(e_0) = c_{Ex\text{-}32,6}(7)$
$= (100000)_2 +_2 (111)_2$
$= 100111$

Insgesamt ergibt sich für die Gleitpunktdarstellung von x:

$GP_{10,6}(x) = c_M(m_0)\, c_E(e_0) =$ | 1001100101 | 100111 |

■

Zum Abschluß dieses Abschnitts wollen wir auf den darstellbaren Zahlbereich und die Genauigkeit bei der nGP-Darstellung eingehen. Zur Vereinfachung untersuchen wir nur positive Zahlen $x \in \mathbb{R}^+$ und nehmen wiederum an, daß die Mantisse in 2-Komplement-Festpunktdarstellung mit k - 1 Nachpunktstellen und der Exponent in Exzeß-2^{j-1}-Darstellung codiert werden, d.h.

$c_M = FP_{2K,k,k-1}$ und $c_E = c_{Ex\text{-}2^{j-1},j}$.

Die möglichen Zustände, die das n-Bit-Wort annehmen kann, sind in Bild 1.21 dargestellt.

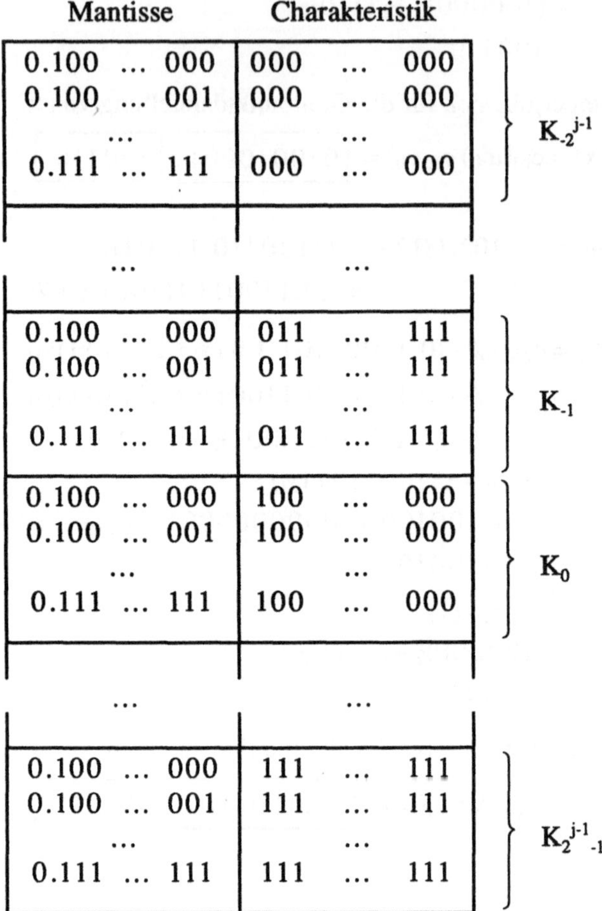

Bild 1.21: Mögliche n-Bit-Wörter bei der nGP-Darstellung

Das höchstwertige Bit ist jeweils 0, da wir nur positive Zahlen betrachten. Zahlen mit gleicher Charakteristik e sind jeweils zu einer Klasse K_e zusammengefaßt.

Wir können für jede Klasse K_e (e fest) feststellen:

- Die *kleinste Zahl* σ_e der Klasse K_e ist

$$\sigma_e = (0.1)_2 * 2^e = 2^{e-1}.$$

- Die *Differenz* δ_e zweier aufeinanderfolgender Zahlen aus K_e ist

$$\delta_e = (0.00 \dots 01)_2 * 2^e = 2^{-k+1} * 2^e = 2^{e-k+1}.$$

- Die *größte Zahl* T_e der Klasse K_e ist

$$T_e = (0.111 \ldots 11)_2 * 2^e = (1 - 2^{-k+1}) * 2^e = 2^e - 2^{e-k+1} = \sigma_{e+1} - \delta_e.$$

Ferner gilt:

- Die *kleinste darstellbare Zahl* ist

$$\text{Min} = \sigma_{-2^{j-1}} = 2^{-2^{j-1}-1}.$$

- Die *größte darstellbare Zahl* ist

$$\text{Max} = \sigma_{2^{j-1}} - \delta_{2^{j-1}-1} = 2^{2^{j-1}-1} * (1 - 2^{-k+1}).$$

(1.53) Beispiel:

Im Fall von k = 10 Stellen für die Mantisse und j = 6 Stellen für die Charakteristik (was in der Realität viel zu wenig ist) erhält man:

als kleinste Zahl $\text{Min} = 2^{-2^{6-1}-1} = 2^{-33}$

und als größte Zahl $\text{Max} = 2^{2^{6-1}-1} (1 - 2^{-9}) \approx 2^{31}$. ■

Man kann feststellen, daß bei der nGP-Darstellung ein wesentlich größeres Zahlenintervall dargestellt werden kann als bei der Festpunktdarstellung. Da die Anzahl der Codewörter bei beiden Darstellungen gleich ist, sind die Rundungsfehler (für „große" Zahlen) bei der nGP-Darstellung wesentlich größer. Dieser Sachverhalt wird durch Bild 1.22 veranschaulicht. Die Abstände zwischen den Zahlen verdoppeln sich, wenn e um 1 anwächst.

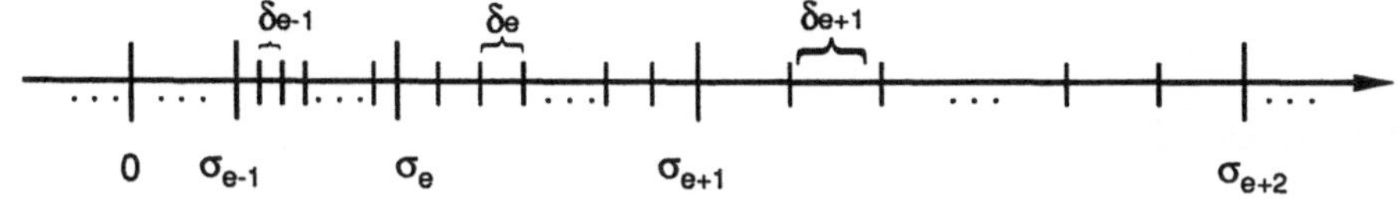

Bild 1.22: Normierte Gleitpunktzahlen auf dem Zahlenstrahl

Im Hinblick auf die Genauigkeit der Darstellung kann man im einzelnen feststellen:

- Die Menge $A_{GP,k,j}$ der exakt darstellbaren Zahlen beinhaltet alle Zahlen x, deren Mantissen bei der Codierung nicht gerundet werden. Sie sind in Bild 1.22 als Striche gekennzeichnet.

- Alle übrigen Zahlen x mit $0 < x < 2^{j-1}$ sind nur ungenau, d.h. mit einem Rundungsfehler, darstellbar.
- Zu jeder Zahl x mit $0 < x < 2^{j-1}$ gibt es genau ein $e \in \{-2^{j-1}, \ldots, 2^{j-1} - 1\}$, so daß $\sigma_e \leq x < \sigma_{e+1}$ gilt. Außerdem existiert genau eine Zahl $x' \in A_{GP,k,j}$ mit $GP_{k,j}(x) = GP_{k,j}(x')$.

Daraus kann man folgern:

- Der *absolute Fehler* $|x - x'|$ genügt der Abschätzung
$$|x - x'| \leq \frac{1}{2}\, \delta_e.$$
Er ist abhängig von e und kann deshalb sehr groß werden.
- Der *relative Fehler* $\frac{|x - x'|}{x}$ kann abgeschätzt werden durch
$$\frac{|x - x'|}{x} \leq \frac{1}{2}\frac{\delta_e}{\sigma_e} = \frac{1}{2}\frac{2^{e-k+1}}{2^{e-1}} = 2^{-k+1}.$$
Er ist gleichbleibend im ganzen darstellbaren Intervall.

Aufgrund dieser Rundungsfehler, die sich durch arithmetische Operationen noch verstärken können, sind Gleitpunktzahlen „vorsichtig" zu interpretieren.

Beispielsweise ist ein häufiger Programmierfehler von Anfängern, daß Gleitpunktzahlen auf Gleichheit getestet werden (etwa als Abbruchbedingung einer Schleife) oder daß ein Wert daraufhin überprüft wird, ob er mit der Zahl Null übereinstimmt. Die Gleichheit tritt nach Rundungen i.a. nicht ein, und auch der Wert Null wird i.a. nicht angenommen. Deshalb sollte man derartige Abfragen nicht als „x = y?" bzw. „x = 0?" programmieren, sondern mit einer sehr kleinen Zahl ε als „$|x - y| < \varepsilon$?" bzw. „$|x| < \varepsilon$?".

Aufgaben zu 1.1 bis 1.3:

1. Zu jeder Codierung kann man einen *Code-Baum* angeben, der folgenden Bedingungen genügt:
   - Jede Kante ist mit genau einem Zeichen des Zielalphabets markiert.
   - Verschiedene Sohnkanten eines Knotens sind mit verschiedenen Zeichen markiert.
   - Ein Knoten wird genau dann mit einem der zu codierenden Wörter markiert, wenn die Zeichenfolge der Kanten von der Wurzel bis zu diesem Knoten das Codewort des zu codierenden Wortes ergibt.
   - Jedes Blatt ist mit einem der zu codierenden Wörter beschriftet.

(a) Konstruieren Sie jeweils den Code-Baum für
  (i) die Morsecodierung (vgl. Beispiel 1.6(a)),
  (ii) die Zählcodierung (vgl. Beispiel 1.6(b)).
(b) Charakterisieren sie die folgenden Eigenschaften einer Codierung c durch äquivalente Eigenschaften des Code-Baumes.
  (i) c ist Blockcodierung.
  (ii) c ist Chiffrierung.
  (iii) c ist Binärcodierung.
  (iv) c ist injektiv.
  (v) c genügt der Fano - Bedingung.

2. Beweisen Sie die folgenden Aussagen für eine Codierung $c : A \to B^*$ (vgl. Satz 1.11).
   (a) c^* injektiv $\Rightarrow$ c injektiv.
   (b) Ist c injektiv, so folgt i.a. nicht, daß c^* injektiv ist.
   (c) c injektiv und c erfüllt die Fano-Bedingung $\Rightarrow$ c^* injektiv.

   Ist die Aussage (c) umkehrbar, d.h. folgt aus der Injektivität von c^* immer, daß c die Fano-Bedingung erfüllt?

3. Geben Sie notwendige und hinreichende Kriterien dafür an, daß die natürliche Fortsetzung einer Blockcodierung c decodierbar ist.

4. Zeigen Sie, daß der Hammingabstand h (vgl. Definition 1.12(a)) eine Metrik auf c(A) ist, d.h., daß die folgenden Gesetze für alle $x, y, z \in c(A)$ erfüllt sind:

   (a) $h(x, y) \geq 0$ und $(h(x, y) = 0 \Leftrightarrow x = y)$
   (b) $h(x, y) = h(y, x)$
   (c) $h(x, y) + h(y, z) \geq h(x, z)$

5. Gegeben sei der folgende Code für die Ziffern 0, 1, 2 und 3:

   $c(0) = 1001$
   $c(1) = 0000$
   $c(2) = 1111$
   $c(3) = 0110$.

   Wie viele Fehler sind erkennbar, wie viele sind korrigierbar?

6. Gibt es eine 4-Bit-Codierung für Dezimalziffern, die 1-Fehler-erkennbar oder sogar 1-Fehler-korrigierbar ist?

7. Gibt es eine 4-Bit-Codierung für die Menge {0,...,7}, die 1-Fehler-erkennbar ist? Begründen Sie Ihre Antwort und geben Sie gegebenenfalls eine solche Codierung an.

8. Gegeben seien folgende Codierungen mit den zugehörigen Wahrscheinlichkeitsfunktionen. Berechnen Sie jeweils eine optimale Codierung mit dem Algorithmus von Huffman.
   (a) $c : \{a, b, c, d, e, f\} \rightarrow \mathbb{B}^*$ und $p : \{a, b, c, d, e, f\} \rightarrow [0, 1]$ mit

x	a	b	c	d	e	f
p(x)	0.4	0.15	0.2	0.1	0.1	0.05

   (b) $c : \{0,\ldots,7\} \rightarrow \mathbb{B}^*$ und $p: \{0,\ldots,7\} \rightarrow [0, 1]$ mit

x	0	1	2	3	4	5	6	7
p(x)	0.32	0.2	0.1	0.1	0.03	0.15	0.07	0.03

9. Weisen Sie nach, daß die Huffman-Codierung die man durch den Algorithmus 1.17 erhält, immer
   (a) injektiv ist,
   (b) die Fano-Bedingung erfüllt.

10. Wie kann man sofort Codierungen angeben, die optimal sind, wenn die Voraussetzungen zur Definition der Optimalität in Definition 1.16 abgeschwächt werden
    (a) durch Weglassen der Injektivitätsbedingung,
    (b) durch Weglassen der Fano-Bedingung.

11. Ergänzen Sie die folgende Tabelle um die fehlenden Zahldarstellungen. Benutzen Sie für Ihre Rechnungen den Horner-Algorithmus.

Basis:	2	8	10
1. Zahl			15.6875
2. Zahl		257.54	
3. Zahl	0.11011		

12. Führen Sie eine korrekte Addition für die BCD-Codierungen der Dezimalzahlen 3617 und 5438 durch.

13. Codieren Sie die Dezimalzahlen -17 und 5 jeweils in 6 Stellen in
    (a) Vorzeichen-Betrag-Darstellung
    (b) Exzeß-32-Darstellung
    (c) 2-Komplement-Darstellung
    (d) 1-Komplement-Darstellung.

14. Codieren Sie die Zahlen $x = (0.0625)_{10}$ und $y = (0.7B)_{16} * 16^{-1}$ in
    (a) 2-Komplement-Festpunktdarstellung mit 16 Stellen, davon 10 Nachpunktstellen
    (b) Gleitpunktdarstellung mit 16 Stellen, wobei 10 Stellen für die Mantisse in Vorzeichen-Betrag-Festpunktdarstellung (9 Nachpunktstellen) und 6 Stellen für den Exponenten in Exzeß-32-Darstellung verwendet werden sollen.

15. Beweisen Sie die in Abschnitt 1.3.3.2 (A) gemachten Aussagen über den Vergleich von normierten Gleitpunktzahlen:
    (a) $x_1 < x_2 \quad \Leftrightarrow \quad (e_1 < e_2)$ oder $(e_1 = e_2$ und $m_1 < m_2)$
    (b) $x_1 = x_2 \quad \Leftrightarrow \quad (e_1 = e_2$ und $m_1 = m_2)$

16. Ein Computer codiert reelle Zahlen durch folgende Gleitpunktdarstellung. Er benutzt insgesamt 32 Stellen (Bits) und verwendet für die Mantisse in 2-Komplement-Festpunktdarstellung 22 Stellen, wobei 21 auf Nachpunktstellen entfallen, und für den Exponenten in Exceß-2^9-Darstellung 10 Stellen.
    (a) Welches ist die kleinste positive exakt darstellbare Zahl?
    (b) Welches ist die größte exakt darstellbare Zahl?
    (c) In welchem Intervall bewegt sich der absolute Fehler bei der Darstellung positiver Zahlen?
    (d) Wie groß kann der relative Fehler werden?

2 Boolesche und Schaltalgebra, grundlegende Schaltungen

Wir wissen aus dem letzten Kapitel, wie Zeichen, Ziffern und Zahlen im Computer über der Menge $\mathbb{B} = \{0,1\}$ dargestellt werden. Auch wie man die codierten Zahlen, also die binäre Information, theoretisch verknüpft, haben wir studiert. Aber die Realisation dieser binären Operationen im Rechner haben wir bei unseren Betrachtungen bis jetzt ausgespart. Damit wollen wir uns in diesem Kapitel beschäftigen.

Bevor mit Ausführungen über die technische Realisation begonnen werden kann, müssen gewisse Grundlagen geschaffen werden. Deshalb beschäftigen wir uns in den ersten beiden Teilkapiteln mit der (mathematischen) Definition einer Booleschen Algebra und dort herrschenden Sachverhalten. Außerdem betrachten wir eine spezielle Boolesche Algebra, die nur zwei Elemente hat, mit ihren Gesetzmäßigkeiten: die Schaltalgebra. Diese liefert uns die konkrete Grundlage für Ausführungen über die elektronische Realisierung elementarer binärer Operatoren und von Verknüpfungsschaltungen. Dabei wollen wir zuerst grundlegende Schaltungen, z.B. Schaltwerke zur Speicherung oder für die Arithmetik, studieren und anschließend kurz auf die physikalische Realisierung – etwa durch Dioden oder Transistoren – eingehen.

Aber beginnen wir mit dem Studium der Booleschen Algebra!

2.1 Boolesche Algebra

Entwickelt wurde die Boolesche Algebra im Jahre 1854 von George Boole. Die erste vollständige formale Definition einer Booleschen Algebra gab Huntington im Jahre 1904, indem er die algebraische Struktur festlegte und gewisse, für die Algebra verbindliche, Gesetzmäßigkeiten angab.

2.1.1 Definition einer Booleschen Algebra

Für die folgende Definition benötigen wir den Begriff der „algebraischen Struktur“. Darunter verstehen wir eine (beliebige) Menge mit auf ihr definierten Verknüpfungen, deren Ergebnisse wieder in dieser Menge liegen.

(2.1) Definition: (Boolesche Algebra)

Eine *Boolesche Algebra* ist eine algebraische Struktur $(M; \cdot, +, ')$ bestehend aus

(a) einer Menge M mit mindestens zwei Elementen, d.h. $|M| \geq 2$

(b) den zweistelligen Verknüpfungen

$\cdot \quad : M \times M \to M; \ (a, b) \mapsto a \cdot b$ (*Boolesches Produkt*)

$+ \quad : M \times M \to M; \ (a, b) \mapsto a + b$ (*Boolesche Summe*)

und der einstelligen Verknüpfung

$' \quad : M \to M; \quad a \mapsto a'$ (*Boolesches Komplement*) ,

die den folgenden Axiomen genügen:

(BA1) *Kommutativgesetze*, d.h. „·“und „+“ sind kommutativ:

(K·) $\forall\, a, b \in M: \ a \cdot b = b \cdot a$

(K+) $\forall\, a, b \in M: \ a + b = b + a$

(BA2) *Distributivgesetze*, d.h. „·“ und „+“ sind wechselseitig distributiv übereinander:

(D·) $\forall\, a, b, c \in M: \ a \cdot (b + c) = (a \cdot b) + (a \cdot c)$

(D+) $\forall\, a, b, c \in M: \ a + (b \cdot c) = (a + b) \cdot (a + c)$

(BA3) *Existenz neutraler Elemente* 0 und 1:

$\exists\, 1 \in M \quad \forall\, a \in M: \ a \cdot 1 = a$

$\exists\, 0 \in M \quad \forall\, a \in M: \ a + 0 = a$

(BA4) *Komplementgesetze*, d.h. a' ist zu a komplementär in der folgenden Weise:

(C·) $\forall\, a \in M: \ a \cdot a' = 0$

(C+) $\forall\, a \in M: \ a + a' = 1$ ■

Wie oben schon erwähnt wurde, hat Huntington erstmals eine Boolesche Algebra formal festgelegt. Deshalb nennt man die Axiome (BA1) bis (BA4) auch die *Huntingtonschen Axiome*.

Für im folgenden zu beweisende Sätze ist der nächste Satz wichtig, da mit Hilfe des in ihm formulierten Prinzips spätere Beweise vereinfacht werden können.

(2.2) Satz: (Dualitätsprinzip)

Zu jeder aus (BA1) bis (BA4) herleitbaren Formel existiert eine *„duale"* Formel, die ebenfalls gilt. Sie entsteht durch Vertauschung von $(\cdot)$ und $(+)$ und von 1 und 0.

Beweis:

Da die einzelnen Aussagen der Axiome (BA1) bis (BA4) dual zueinander sind, gibt es zu jeder Herleitung einer Formel F auch die duale Herleitung, deren Ergebnis die zu F duale Formel ist. ■

Für die Herleitung weiterer Sätze bedeutet dies, daß mit dem Beweis einer Formel auch die dazu duale Formel bewiesen ist. Diese Tatsache werden wir sogleich im Beweis des folgenden Satzes ausnützen.

(2.3) Satz:

$\forall\, a \in M\colon\; a \cdot 0 = 0$
$\forall\, a \in M\colon\; a + 1 = 1$

Beweis:

Wir werden nur die zweite Aussage beweisen, die erste ist dann nach Satz 2.2 auch bewiesen.

$$1 \overset{C+}{=} a + a' \overset{BA3}{=} a + (a' \cdot 1) \overset{D+}{=} (a + a') \cdot (a + 1) \overset{C\cdot}{=} 1 \cdot (a + 1) \overset{K\cdot}{=} (a + 1) \cdot 1 \overset{BA3}{=} a + 1$$ ■

Betrachtet man das Axiom (BA3) und den eben formulierten Satz, so erkennt man, daß sich beide Aussagen mit der Addition und Multiplikation von Elementen der Menge M mit den neutralen Elementen befassen. Wir fassen sie deshalb zusammen:

(2.4) Bemerkung:

Die Gesetze von Axiom (BA3) und Satz 2.3 bezeichnet man auch als *0-1-Gesetze.*

(N·) $\forall\, a \in M\colon\; a \cdot 1 = a \qquad a \cdot 0 = 0$
(N+) $\forall\, a \in M\colon\; a + 1 = 1 \qquad a + 0 = a$ ■

Bevor wir ein (sehr verbreitetes) Beispiel für eine Boolesche Algebra formulieren wollen, führen wir noch weitere Gesetze an, die neben den Huntingtonschen Axiomen für die Elemente einer Booleschen Algebra gelten.

(2.5) Weitere Gesetze:

(a) (EK) *Das Boolesche Komplement ist eindeutig.*

(b) *Idempotenzgesetze*, d.h. ein Element a aus M bleibt bzgl. der Addition und der Multiplikation mit sich selbst unverändert:
(I·) $\forall a \in M\colon\ a \cdot a = a$
(I+) $\forall a \in M\colon\ a + a = a$

(c) *Absorptionsgesetze*:
(Ab·) $\forall a, b \in M\colon\ a \cdot (a + b) = a$
(Ab+) $\forall a, b \in M\colon\ a + (a \cdot b) = a$

(d) *Kürzungsregeln*: Sie erklären, wann man Aussagen über die Gleichheit zweier Elemente aus M machen kann:
(Kü·) $\forall a, b, c \in M\colon\ (\, a \cdot b = a \cdot c \text{ und } a' \cdot b = a' \cdot c\,) \Rightarrow b = c$
(Kü+) $\forall a, b, c \in M\colon\ (\, a + b = a + c \text{ und } a' + b = a' + c\,) \Rightarrow b = c$

(e) *Assoziativgesetze*, d.h. Klammern können „verschoben" werden:
(A·) $\forall a, b, c \in M\colon\ a \cdot (b \cdot c) = (a \cdot b) \cdot c$
(A+) $\forall a, b, c \in M\colon\ a + (b + c) = (a + b) + c$

(f) *DeMorgansche Regeln*: Sie befassen sich mit der Komplementbildung von Klammerausdrücken: Das Komplement wird nach innen gezogen und „+" mit „·" vertauscht:
(M·) $\forall a, b \in M\colon\ (a \cdot b)' = a' + b'$
(M+) $\forall a, b \in M\colon\ (a + b)' = a' \cdot b'$

(g) *Doppeltes Boolesches Komplement*: Durch die zweimalige Komplementbildung erhält man wieder das ursprüngliche Element:
(KK) $\forall a \in M\colon\ a'' = a$

(h) *Die neutralen Elemente sind wechselseitig komplementär*:
(K0) $0' = 1$
(K1) $1' = 0$

Aus der letzten Aussage läßt sich mit Hilfe von Aussage (a) die Eindeutigkeit der neutralen Elemente ablesen.

Wir wollen nun diese Gesetze beweisen.

Beweis:

(a) (EK) Wir nehmen an, es existiere ein Element $a^* \in M$, $a^* \neq a'$, für das gilt: $a \cdot a^* = 0$ und $a + a^* = 0$. Wir formen um:

$$a^* \overset{N\cdot}{=} a^* \cdot 1 \overset{C+}{=} a^* \cdot (a+a') \overset{D\cdot}{=} (a^* \cdot a) + (a^* \cdot a') \overset{K\cdot}{=} (a \cdot a^*) + (a' \cdot a^*)$$
$$\overset{C\cdot}{=} 0 + (a' \cdot a^*) \overset{C\cdot}{=} (a \cdot a') + (a' \cdot a^*) \overset{K\cdot}{=} (a' \cdot a) + (a' \cdot a^*)$$
$$\overset{D\cdot}{=} a' \cdot (a + a^*) \overset{C+}{=} a' \cdot 1 \overset{N\cdot}{=} a'$$

Dies stellt einen Widerspruch zu unserer Annahme $a^* \neq a'$ dar, wir müssen die Annahme also fallenlassen: Es gibt nur ein Element aus M, für das die Eigenschaften (C·) und (C+) gelten.

(b) (I·) $\quad a \overset{N\cdot}{=} a \cdot 1 \overset{C+}{=} a \cdot (a+a') \overset{D\cdot}{=} (a \cdot a) + (a \cdot a') \overset{C\cdot}{=} (a \cdot a) + 0 \overset{N+}{=} a \cdot a$

(c) (Ab·) $\quad a \overset{N+}{=} a + 0 \overset{N\cdot}{=} a + (b \cdot 0) \overset{D+}{=} (a+b) \cdot (a+0) \overset{N+}{=} (a+b) \cdot a \overset{K\cdot}{=} a \cdot (a+b)$

(d) (Kü·) $\quad b \overset{N\cdot}{=} b \cdot 1 \overset{C+}{=} b \cdot (a+a') \overset{D\cdot}{=} (b \cdot a) + (b \cdot a') \overset{K\cdot}{=} (a \cdot b) + (a' \cdot b)$

$$\overset{\text{Vorauss.}}{=} (a \cdot c) + (a' \cdot c) \overset{K\cdot}{=} (c \cdot a) + (c \cdot a') \overset{D\cdot}{=} c \cdot (a + a') \overset{C+}{=} c \cdot 1 \overset{N\cdot}{=} c$$

(e) (A·) Dieses Gesetz beweisen wir mit Hilfe von Gesetz (Kü+). Wenn wir zeigen können, daß $a + (a \cdot (b \cdot c)) = a + ((a \cdot b) \cdot c)$

und $a' + (a \cdot (b \cdot c)) = a' + ((a \cdot b) \cdot c)$,

dann gilt $a \cdot (b \cdot c) = (a \cdot b) \cdot c$.

$$a + (a \cdot (b \cdot c)) \overset{Ab+}{=} a \overset{Ab\cdot}{=} a \cdot (a + c) \overset{Ab+}{=} (a + (a \cdot b)) \cdot (a + c)$$
$$\overset{D+}{=} a + ((a \cdot b) \cdot c)$$

$$a' + (a \cdot (b \cdot c)) \overset{D+}{=} (a' + a) \cdot (a' + (b \cdot c)) \overset{K+}{=} (a + a') \cdot (a' + (b \cdot c))$$
$$\overset{C+}{=} 1 \cdot (a' + (b \cdot c)) \overset{K\cdot}{=} (a' + (b \cdot c)) \cdot 1 \overset{N\cdot}{=} a' + (b \cdot c)$$
$$\overset{D+}{=} (a' + b) \cdot (a' + c) \overset{N\cdot}{=} ((a' + b) \cdot 1) \cdot (a' + c)$$
$$\overset{C+}{=} ((a' + b) \cdot (a + a')) \cdot (a' + c)$$
$$\overset{K+}{=} ((a' + b) \cdot (a' + a)) \cdot (a' + c)$$
$$\overset{D+}{=} (a' + (b \cdot a)) \cdot (a' + c) \overset{D+}{=} a' + ((b \cdot a) \cdot c)$$
$$\overset{K\cdot}{=} a' + ((a \cdot b) \cdot c)$$
$$\overset{Kü+}{\Rightarrow} a \cdot (b \cdot c) = (a \cdot b) \cdot c$$

(f) (M·) $\quad (a \cdot b) \cdot (a' + b') \overset{D\cdot}{=} ((a \cdot b) \cdot a') + ((a \cdot b) \cdot b')$

$$\overset{K\cdot}{=}((b\cdot a)\cdot a')+((a\cdot b)\cdot b')$$

$$\overset{A\cdot}{=}(b\cdot a\cdot a'))+(a\cdot(b\cdot b'))$$

$$\overset{C\cdot}{=}(b\cdot 0)+(a\cdot 0)\overset{N\cdot}{=}0+0\overset{N+}{=}0$$

(g) (KK) $\quad 0\overset{C\cdot}{=}a\cdot a' \overset{K\cdot}{=} a'\cdot a \overset{EK}{\Rightarrow} (a')' = a'' = a$

(h) (K1) $\quad 1\cdot 0\overset{N\cdot}{=}0$ (denn $1\in M$) $\overset{EK}{\Rightarrow} 1' = 0$

Wegen des Dualitätsprinzips sind auch die jeweils anderen Aussagen der Gesetze bewiesen. ■

Nun soll ein bekanntes Beispiel diese doch sehr abstrakten Aussagen veranschaulichen.

(2.6) Beispiel:

Wir formulieren eine Mengenalgebra als Boolesche Algebra.

Sei eine Menge $M = \{a, b, c, \ldots\}$ gegeben, und sei ferner P(M) die Potenzmenge von M, d.h. $P(M) = \{m \mid m \subseteq M\}$

$$= \{\varnothing, \{a\}, \{b\}, \ldots, \{a, b\}, \{a, c\}, \ldots, \{a, b, c\}, \ldots\ldots, M\}.$$

Wir ersetzen die Verknüpfungen

  durch $\cap$ (Mengendurchschnitt),
+ durch $\cup$ (Mengenvereinigung),
' durch $\overline{}$ (Komplementärmenge: $\overline{m} ::= M \setminus m,\ m \in P(M)$).

Dann gilt für beliebige Elemente $m_1, m_2, m_3 \in P(M)$

das Kommutativgesetz: $m_1 \cap m_2 = m_2 \cap m_1,\ m_1 \cup m_2 = m_2 \cup m_1,$
das Distributivgesetz: $m_1 \cap (m_2 \cup m_3) = (m_1 \cap m_2) \cup (m_1 \cap m_3)$
$m_1 \cup (m_2 \cap m_3) = (m_1 \cup m_2) \cap (m_1 \cup m_3)$.

Es existieren neutrale Elemente, und zwar
M ist Neutralelement bzgl. $\cap$, d.h. M ist Einselement,
$\varnothing$ ist Neutralelement bzgl. $\cup$, d.h. $\varnothing$ ist Nullelement.

Mit diesen neutralen Elementen gelten die Komplementgesetze $m_1 \cap \overline{m_1} = \varnothing$
$m_1 \cup \overline{m_1} = M.$

Damit sind die Axiome (BA1) bis (BA4) erfüllt, und $(P(M); \cap, \cup, \overline{})$ ist eine Boolesche Algebra. ■

Nachdem wir nun die Theorie der Booleschen Algebra kennengelernt haben, soll im nächsten Abschnitt unser Begriffskatalog um *Boolesche Funktion* und *Boolescher Term* erweitert werden. Außerdem werden wir uns mit *Normalformen* von Booleschen Termen beschäftigen.

2.1.2 Normalformen

2.1.2.1 Boolesche Funktionen und Boolesche Terme

Im folgenden wollen wir uns auf eine zweielementige Boolesche Algebra beschränken, der die uns schon bekannte Menge $M = \mathbb{B} = \{0,1\}$ zugrundeliegt. Wir treffen die folgenden sprachlichen Vereinbarungen:
Die Elemente 0 und 1 nennt man *Boolesche Konstanten*, und wir werden *Boolesche Variablen* mit Wertebereich $\mathbb{B}$ verwenden. Ordnen wir den Booleschen Variablen a, b, c, ... konkrete Werte zu, so nennen wir dies *Belegung* der Booleschen Variablen a, b, c, ...
Des weiteren vereinbaren wir Vorrangregeln zur Abkürzung der Schreibweise:
Es hat Vorrang () vor ' vor · vor +. Bei der Hintereinanderausführung gleicher Verknüpfungen werden diese von links nach rechts abgearbeitet. Wenn keine Verwechslungen mit anderen Variablen möglich sind, kann „·“ weggelassen werden, d.h $a \cdot b$ kann auch kürzer geschrieben werden als ab.
Diese Vorrangregeln illustriert das folgende Beispiel.

(2.7) Beispiel:

$$a + (b \cdot c) = a + b \cdot c = a + b\,c$$
$$(a \cdot b') + (c \cdot d)' = a\,b' + (c\,d)'$$
$$(a + b) \cdot (a + c) = (a + b)\,(a + c)$$ ■

(2.8) Definition: (Boolesche Funktion)

Eine Abbildung $f : \mathbb{B}^n \rightarrow \mathbb{B}$ heißt *Boolesche Funktion.* ■

Eine Boolesche Funktion kann durch eine 2^n-zeilige Tabelle, die sogenannte *Wertetabelle*, vollständig beschrieben werden. Auf der linken Seite der Wertetabelle finden sich alle 2^n möglichen verschiedenen Belegungen der Booleschen Variablen $a_1, a_2, \ldots, a_n$. Die zugehörigen Funktionswerte stehen auf der rechten Seite der Wertetabelle.

(2.9) Beispiel:

Sei $f : \mathbb{B}^3 \to \mathbb{B}$, und seien a_1, a_2, a_3 Boolesche Variablen.

a_1	a_2	a_3	$f(a_1, a_2, a_3)$
0	0	0	-
0	0	1	-
0	1	0	-
0	1	1	-
1	0	0	-
1	0	1	-
1	1	0	-
1	1	1	-

Für die Funktionswerte kann je Zeile 0 oder 1 gewählt werden, nebenstehend repräsentiert durch „-". Anschließend ist f vollständig definiert.

■

Da es 2^n verschiedene Belegungen der Booleschen Variablen $a_1, \ldots, a_n$ bei einer Booleschen Funktion $f : \mathbb{B}^n \to \mathbb{B}$ gibt und für jeden Funktionswert 0 oder 1 möglich ist, existieren 2^{2^n} verschiedene Funktionen $f : \mathbb{B}^n \to \mathbb{B}$.

(2.10) Definition: (Boolescher Term)

Sei $V = \{a_1, a_2, \ldots, a_n\}$ eine Menge von Booleschen Variablen, $S = \{0, 1, \cdot, +, ', (,)\}$ eine Menge von Symbolen und $V \cap S = \emptyset$.

Dann definieren wir:

(a) Jede Konstante 0 und 1 und jede Variable a_i ist *Boolescher Term*.

(b) Sind A und B Boolesche Terme, so auch A', $(A \cdot B)$ und $(A + B)$.

(c) Nur Zeichenreihen, die sich mit (a) und (b) in endlich vielen Schritten konstruieren lassen sowie deren „Abkürzungen" gemäß den Vorrangregeln (siehe oben) sind Boolesche Terme. ■

(2.11) Beispiel:

Im folgenden werden wir mit Hilfe der Bildungsregeln aus Definition 2.10 zeigen, daß der Term $(d + e') \cdot (d + f)'$ ein Boolescher Term ist, wenn d, e, und f Boolesche Variablen sind.

$$d, e, f \in V \overset{(a)}{\Rightarrow} d, e, f \text{ sind Boolesche Terme}$$

$\overset{(b)}{\Rightarrow} d, e', f$ sind Boolesche Terme

$\overset{(b)}{\Rightarrow} (d+e'), (d+f)$ sind Boolesche Terme

$\overset{(b),(c)}{\Rightarrow} (d+e')\cdot(d+f)'$ ist Boolescher Term ■

Wir werden im folgenden zwei Boolesche Terme nur dann *gleich* nennen, wenn sie zeichenweise übereinstimmen, sonst *verschieden.* Es handelt sich hierbei also um eine *syntaktische Gleichheit.*

Dagegen definieren wir:

(2.12) Definition: (Äquivalenz Boolescher Terme)

Zwei Boolesche Terme A, B sind *äquivalent*, geschrieben A = B, wenn sie bei gleicher Belegung von gemeinsamen Variablen stets das gleiche Resultat haben. (*„semantische Gleichheit“*) ■

(2.13) Beispiel: (Gleichheit, Verschiedenheit, Äquivalenz)

a + b und a + b sind gleich.
(a + b) und (b + a) sind verschieden, ebenso wie 0 und 1 oder a · a und a.

Äquivalente Boolesche Terme sind
$(a' + c')' + a'\,b' = (a + b)' + (a \cdot c) = a'\,b' + a\,c$.

Das heißt also: Alle Terme, die wir durch Anwendung der Rechengesetze aus Abschnitt 2.1.1 auf einen vorgegebenen Booleschen Term erhalten, sind äquivalent.

Die Äquivalenz Boolescher Terme überprüft man entweder, indem man nachvollzieht, welche Gesetze bei der Umformung angewendet wurden, und indem man die Richtigkeit der Anwendung überprüft, oder man beweist die Äquivalenz mit Hilfe einer Wertetabelle. Für den obigen Fall lautet die Tabelle wie folgt:

a	b	c	(a'+c')'+a'b'	(a+b)'+(ac)	a'b'+ac
0	0	0	1	1	1
0	0	1	1	1	1
0	1	0	0	0	0
0	1	1	0	0	0

a	b	c	(a'+c')'+a'b'	(a+b)'+(ac)	a'b'+ac
1	0	0	0	0	0
1	0	1	1	1	1
1	1	0	0	0	0
1	1	1	1	1	1

Stimmen die Terme für alle Belegungen der Booleschen Variablen überein, so sind die Terme äquivalent. ■

Offenbar sind zwei Boolesche Terme insbesondere dann äquivalent, wenn sie gleich sind.

Betrachten wir den Zusammenhang zwischen Booleschem Term und Boolescher Funktion, so stellen wir fest, daß ein Boolescher Term mit n verschiedenen Variablen genau eine n-stellige Boolesche Funktion darstellt. Umgekehrt gibt es jedoch für eine Boolesche Funktion mehrere verschiedene, äquivalente Boolesche Terme. Denn da ein Boolescher Term eine Boolesche Funktion darstellt und Boolesche Terme äquivalent sind, wenn sie bei gleicher Belegung der Variablen dasselbe Ergebnis haben, erzeugen äquivalente Boolesche Terme dieselbe Boolesche Funktion (siehe auch nochmals die Wertetabelle in Beispiel 2.13).

Zur einfacheren Handhabung von Booleschen Funktionen, z.B. in Algorithmen, wäre es sinnvoll, wenn es Standarddarstellungen von Booleschen Funktionen durch Boolesche Terme gäbe. Mit diesem Problem, der Suche nach sogenannten Normalformen, beschäftigen wir uns in den folgenden Abschnitten.

2.1.2.2 Disjunktive und konjunktive Normalformen

(2.14) Definition: (Konjunktionsterm, Disjunktionsterm, Normalform)

(a) Seien $a_1, a_2, \ldots, a_n$ paarweise verschiedene Boolesche Variablen und $x_i = a_i$ oder $x_i = a_i'$ für $i = 1,\ldots,n$.
Dann nennt man
das Boolesche Produkt $x_1 \cdot x_2 \cdot \ldots \cdot x_n$ auch n-stelligen *Konjunktionsterm*,
die Boolesche Summe $x_1 + x_2 + \ldots + x_n$ auch n-stelligen *Disjunktionsterm.*

(b) Die Boolesche Konstante 1 heißt 0-stelliger Konjunktionsterm,
die Boolesche Konstante 0 heißt 0-stelliger Disjunktionsterm.

(c) Seien $K_1, K_2, \ldots, K_m$ paarweise verschiedene Konjunktionsterme und $D_1, D_2, \ldots, D_k$ paarweise verschiedene Disjunktionsterme.
Dann heißt der Boolesche Term
$K_1 + K_2 + \ldots + K_m$ *disjunktive Normalform (DN),*
$D_1 \cdot D_2 \cdot \ldots \cdot D_k$ *konjunktive Normalform (KN),*
wobei die K_i, D_j verschiedenstellig sein können ($i = 1,\ldots,m$, $j = 1,\ldots,k$).
Man sagt dann: Ein Boolescher Term „ist in … Normalform". ■

Zur Verdeutlichung dieser Definition diene

(2.15) Beispiel: (DN, KN)

Seien a, b, c Boolesche Variablen, Dann sind a b c', a c und a' c Konjunktionsterme, und der Boolesche Term a b c' + a c + a' c ist in disjunktiver Normalform.
Ebenso in DN ist a' b c + a b' c + a b c' + a' b' c + a b' c' + a' b c' + a' b' c'.

Da a + b + c', a + c und a + b' + c Disjunktionsterme sind, ist der Boolesche Term (a + b + c') (a + c) (a + b' + c) in konjunktiver Normalform.
(a' + b' + c') (a' + b + c') (a' + b' + c) (a + b + c') ist ebenfalls in KN.

Weder in KN noch in DN ist der Boolesche Term (a c') (b + c), da a c' ein Konjunktionsterm und b + c ein Disjunktionsterm ist. ■

Wir haben nun eine Definition für Normalformen. Aber ob sich auch wirklich jeder Boolesche Term in eine solche Normalform bringen läßt, wissen wir noch nicht. Eine Antwort auf diese Frage gibt der nächste Satz.

(2.16) Satz:

Zu jedem Booleschen Term A gibt es eine zu A äquivalente disjunktive sowie auch eine zu A äquivalente konjunktive Normalform. Beide sind i.a. nicht eindeutig.

Beweis:

„i.a. nicht eindeutig": Um diese Aussage zu beweisen, genügt es, ein Beispiel anzugeben, bei dem zu einem Booleschen Term mehrere DN's bzw. KN's existieren.
Sei z.B. $f: \mathbb{B}^4 \to \mathbb{B}$; $(a,b,c,d) \to b(c' + ad)$.
b (c' + a d) = b c' + a b d = b c' + a b c d = a' b c' + a b c' + a b c d = …

Dies sind alles verschiedene, äquivalente DN's.
b (c' + a d) = b (c' + a) (c' + d) = (b + a) (b + a') (c' + a) (c' + d) = ...
Dies sind alles verschiedene, äquivalente KN's.
„es gibt eine“: Diese Aussage läßt sich durch Angabe eines Algorithmus beweisen. Damit wir später einfach darauf verweisen können, gliedern wir unseren Algorithmus aus dem Beweis aus und geben ihm eine eigene Nummer - 2.17. ■

(2.17) Algorithmus zur Herstellung der DN bzw. KN eines Terms:

(a) Wende die DeMorganschen Regeln auf den Booleschen Term an, bis nur noch einzelne Variablen negiert vorkommen.

(b) Wende das Distributivgesetz (D·) bzw (D+),
das 0-1-Gesetz (N·) bzw. (N+),
das Idempotenzgesetz (I·) bzw. (I+),
das Absorptionsgesetz (Ab·) bzw. (Ab+),
das Komplementgesetz (C ·) bzw. (C+)
an, letzteres jedoch nur zwischen Variablen, die schon durch · bzw. + miteinander verknüpft sind.

(c) Fasse mehrfach auftretende Konjunktionsterme bzw. Disjunktionsterme zusammen und lasse 0 bzw. 1 weg. ■

Begründen läßt sich der beschriebene Algorithmus etwa wie folgt:

Das Auflösen aller negierten Klammerausdrücke nach DeMorgan ist notwendig, da in KN (DN) negierte Disjunktionen (Konjunktionen) nicht zulässig sind, bzw. das Distributivgesetz nicht auf negierte Ausdrücke angewendet werden kann.

Sinn des Distributivgesetzes, im folgenden (D+) bezüglich KN, ist, durch das „Hineinziehen“ von Disjunktionen in konjugierte Klammerausdrücke, Konjunktionsterme „aufzubrechen“ und in Disjunktionsterme umzuwandeln $(a+(b\cdot c)=(a+b)\cdot(a+c))$. Idempotenzgesetz und Komplementgesetz dienen lediglich der Vereinfachung der Terme.

(2.18) Beispiel: (KN und DN)

(a) f: $\mathbb{B}^4 \rightarrow \mathbb{B}$; f(a, b, c, d) = ((a b c d') + (a b c'))' + (a b c d')'
Gesucht ist die KN von f(a, b, c, d), d.h. $D_1 \cdot D_2 \cdot \ldots \cdot D_k$.

$$f(a,b,c,d) \overset{M+}{=} ((abcd')' \cdot (abc')') + (abcd')'$$

$$\overset{M\cdot}{=} ((a'+b'+c'+d)\cdot(a'+b'+c)) + (a'+b'+c'+d)$$

$$\overset{Ab+}{=} (a' + b' + c' + d)$$

In diesem speziellen Fall ist also die KN gleich der DN.

(b) f: $\mathbb{B}^4 \to \mathbb{B}$; f(a, b, c, d) := (a b (c d)' + (a b)' c d)' + (a' + b')
Gesucht ist die DN von f(a, b, c, d), d.h. $K_1 + K_2 + \ldots + K_m$.

$$f(a,b,c,d) \overset{M+}{=} ((ab(cd)')' \cdot ((ab)' cd)') + a' + b'$$

$$\overset{M\cdot}{=} ((a' + b' + cd) \cdot (ab + c' + d')) + a' + b'$$

$$\overset{D\cdot}{=} (a' + b' + cd) \cdot ab + (a' + b' + cd) \cdot c' + (a' + b' + cd) \cdot d' + a' + b'$$

$$\overset{D\cdot}{=} aba' + abb' + abcd + a'c' + b'c' + cdc' + a'd' + b'd' + cdd' + a' + b'$$

$$\overset{K\cdot}{=} abcd + a'c' + b'c' + a'd' + b'd' + a' + b'$$ ■

2.1.2.3 Kanonisch disjunktive und kanonisch konjunktive Normalformen

Normalformen für Boolesche Terme haben wir nun gefunden. Diese sind aber im allgemeinen nicht eindeutig. Zur Erleichterung der Arbeit mit Booleschen Termen und Funktionen ist eine spezielle, eindeutig bestimmte Normalform wünschenswert. Diese gibt es tatsächlich; sie ist in der folgenden Definition festgelegt.

(2.19) Definition: (kanonische Normalform, Min - und Maxterm)

Seien $a_1, a_2, \ldots, a_n$ paarweise verschiedene Boolesche Variablen.
Eine disjunktive Normalform $K_1 + K_2 + \ldots + K_m$ bzw. eine konjunktive Normalform $D_1 \cdot D_2 \cdot \ldots \cdot D_k$ heißt *ausgezeichnet* oder *kanonisch* (*kDN* bzw. *kKN*)

:⇔ jeder Konjunktionsterm bzw. Disjunktionsterm enthält alle Variablen.

Die K_i bzw. D_j werden dann auch als *Minterme* bzw. *Maxterme* oder Vollkonjunktion bzw. Volldisjunktion bezeichnet. ■

Für die Herleitung der kanonischen Normalformen aus einem gegebenen Term wollen wir in drei Abschnitten vorgehen. Als Vorbereitung für die Abschnitte (B) und (C) beschäftigen wir uns mit

(A) Eigenschaften von Mintermen und Maxtermen,

dann folgen

(B) Algorithmus zur Herstellung der kDN bzw. kKN einer Booleschen Funktion aus der Wertetabelle.

(C) Algorithmus zur Herstellung der kDN bzw. kKN eines Terms A.

(A) Eigenschaften von Mintermen und Maxtermen:

Seien $a_1, a_2,\ldots, a_n$ Boolesche Variablen und $\alpha_1, \alpha_2,\ldots, \alpha_n$ sowie $\beta_1, \beta_2,\ldots, \beta_n$ zwei Belegungen für die Variablen.

Sei $K = K(a_1, a_2,\ldots, a_n) = x_1 \cdot x_2 \cdot \ldots \cdot x_n$ ein Minterm,
$D = D(a_1, a_2,\ldots, a_n) = x_1 + x_2 + \ldots + x_n$ ein Maxterm,
wobei $x_i = x_i(a_i) = a_i$ oder a_i' für alle $i = 1,\ldots,n$.

Dann gilt:

$$K(\alpha_1, \alpha_2,\ldots, \alpha_n) = 1 \iff x_i(\alpha_i) = 1 \text{ für } i = 1,\ldots, n$$

$$\iff \alpha_i = \begin{cases} 1 & \text{falls } x_i = a_i \\ 0 & \text{falls } x_i = a_i' \end{cases} \quad \text{für } i = 1,\ldots, n$$

$$D(\beta_1, \beta_2,\ldots, \beta_n) = 0 \iff x_i(\beta_i) = 0 \text{ für } i = 1,\ldots, n$$

$$\iff \beta_i = \begin{cases} 1 & \text{falls } x_i = a_i \\ 0 & \text{falls } x_i = a_i' \end{cases} \quad \text{für } i = 1,\ldots, n$$

In Worten bedeutet dies: Genau dann hat der Minterm den Wert 1, wenn alle Faktoren des Booleschen Produkts 1 sind.
Der Maxterm ist genau dann 0, wenn alle Summanden der Booleschen Summe 0 sind.

Man erkennt, daß genau eine Belegung $\alpha_1, \alpha_2,\ldots, \alpha_n$ bzw. $\beta_1, \beta_2,\ldots, \beta_n$ existiert, sodaß $K(\alpha_1, \alpha_2,\ldots, \alpha_n) = 1$ bzw. $D(\beta_1, \beta_2,\ldots, \beta_n) = 0$.
Umgekehrt gibt es zu einer Belegung $\alpha_1, \alpha_2,\ldots, \alpha_n$ genau einen Minterm K mit $K(\alpha_1, \alpha_2,\ldots, \alpha_n) = 1$ bzw. genau einen Maxterm D mit $D(\alpha_1, \alpha_2,\ldots, \alpha_n) = 0$.

Definiert man für eine Variable a und eine Belegung ε von a

$$a^{\varepsilon} = \begin{cases} a & \text{falls } \varepsilon = 1 \\ a' & \text{falls } \varepsilon = 0 \end{cases}$$

so gilt:

$$K(\alpha_1, \alpha_2,\ldots, \alpha_n) = 1 \iff K = a_1^{\alpha_1} \cdot a_2^{\alpha_2} \cdot \ldots \cdot a_n^{\alpha_n}$$

$$D(\alpha_1, \alpha_2,\ldots, \alpha_n) = 0 \iff D = a_1^{1-\alpha_1} + a_2^{1-\alpha_2} + \ldots + a_n^{1-\alpha_n}.$$

(B) Algorithmus zur Herstellung der kDN bzw. kKN einer Booleschen Funktion aus der Wertetabelle:

(2.20) Algorithmus:

Voraussetzung ist, daß die Boolesche Funktion $f : \mathbb{B}^n \rightarrow \mathbb{B}$ vollständig definiert ist.

(a) Bestimme zu f die Wertetabelle.

(b) Bestimme zu allen Belegungen $\alpha_i = (\alpha_{i1}, \alpha_{i2}, \ldots, \alpha_{in})$ $(i = 0, \ldots, 2^n\text{-}1)$ den
Minterm $K_i = a_1^{\alpha_{i1}} \cdot a_2^{\alpha_{i2}} \cdot \ldots \cdot a_n^{\alpha_{in}}$, falls $f(\alpha_i) = 1$,
den Maxterm $D_i = (a_1^{1-\alpha_{i1}} + a_2^{1-\alpha_{i2}} + \ldots + a_n^{1-\alpha_{in}})$, falls $f(\alpha_i) = 0$.
Das heißt in Worten:
Wenn der Funktionswert der Belegung 1 ist, dann wird ein Minterm gebildet, und zwar mit der Variablen a_i, wenn die Belegung $\alpha_i(a_i) = 1$ ist, und mit a_i', wenn die Belegung $\alpha_i(a_i) = 0$ ist.
Ist der Funktionswert 0, so wird ein Maxterm gebildet, und zwar mit der Variablen a_i, wenn die Belegung $\alpha_i(a_i) = 0$ ist, und mit a_i', wenn die Belegung $\alpha_i(a_i) = 1$ ist.

(c) Bilde die kDN durch die Disjunktion aller so erhaltenen Minterme bzw. bilde die kKN durch die Konjunktion aller so erhaltenen Maxterme. ■

(2.21) Beispiel:

Sei n = 3 und f = f(a, b, c) gegeben durch die Wertetabelle (d.h. Schritt (a) entfällt). Gesucht sind kDN und kKN von f.

a	b	c	f(a,b,c)	Minterme	Maxterme
0	0	0	0		a + b + c
0	0	1	0		a + b + c'
0	1	0	1	a' b c'	
0	1	1	1	a' b c	
1	0	0	0		a' + b + c
1	0	1	1	a b' c	
1	1	0	0		a' + b' + c
1	1	1	1	a b c	

Damit ist f(a, b, c) = a' b c' + a' b c + a b' c + a b c (kDN)
= (a + b + c) (a + b + c') (a' + b + c) (a' + b' + c) (kKN) ▪

Kommen wir nun zur Eindeutigkeit von kanonisch disjunktiven und kanonisch konjunktiven Normalformen.

(2.22) Satz: (Normalformentheorem; Hauptsatz der Booleschen Algebra)

Seien $a_1, a_2, \ldots, a_n$ paarweise verschiedene Boolesche Variablen und $\alpha_i = (\alpha_{i1}, \alpha_{i2}, \ldots, \alpha_{in})$ alle möglichen Belegungen der Variablen ($i = 0, \ldots, 2^n-1$).

Dann gibt es zu jedem Term $A(a_1, a_2, \ldots, a_n)$ eine zu A äquivalente kDN bzw. kKN. Diese ist eindeutig bestimmt durch:

kDN: $$\sum_{\alpha_i :\, A(\alpha_i)=1} a_1^{\alpha_{i1}} \cdot a_2^{\alpha_{i2}} \cdot \ldots \cdot a_n^{\alpha_{in}}$$ bzw.

kKN: $$\prod_{\alpha_i :\, A(\alpha_i)=0} \left(a_1^{1-\alpha_{i1}} + a_2^{1-\alpha_{i2}} + \ldots + a_n^{1-\alpha_{in}}\right).$$ ▪

(C) Algorithmus zur Herstellung der kDN bzw. kKN eines Terms A:

(2.23) Algorithmus:

(a) Bilde eine zu A äquivalente DN bzw. KN.

(b) Liegt bereits kDN bzw. kKN vor, weiter bei (e).

(c) Wähle einen Konjunktionsterm K bzw. Disjunktionsterm D von A und eine Variable a, die nicht darin vorkommt, aus.
Ersetze K durch K · 1 = K · (a + a') bzw. D durch D + 0 = D + (a · a') und wende das Distributivgesetz (D·) bzw. (D+) an.
Das heißt K bzw. D wird ersetzt durch Ka + Ka' bzw. (D + a) (D + a').

(d) Fasse gleiche Terme mit dem Idempotenzgesetz zusammen.
Weiter bei (b).

(e) Fertig. ▪

Zu diesem Algorithmus wollen wir ein Beispiel angeben.

(2.24) Beispiel: (kanonisch disjunktive Normalform)

f: $\mathbb{B}^3 \to \mathbb{B}$; f(a, b, c) := (a' + b) c' + (a c)' (b + c)'
Gesucht ist die kDN von f(a, b, c).

$$f(a,b,c) \overset{(a)}{=} a'c' + bc' + (a' + c')b'c'$$

$$\overset{(a)}{=} a'c' + bc' + a'b'c' + b'c'$$

$$\overset{(c)}{=} a'c'(b + b') + bc'(a + a') + a'b'c' + b'c'(a + a')$$

$$\overset{(c)}{=} a'bc' + a'c'b' + abc' + a'bc' + a'b'c' + ab'c' + a'b'c'$$

$$\overset{(d)}{=} a'bc' + a'c'b' + abc' + ab'c'$$ ■

Die kanonisch disjunktive Normalform einer gegebenen Booleschen Funktion f ist besonders wichtig, da sie als Grundlage von Verfahren zur Gewinnung möglichst „kurzer" Boolescher Terme zu f verwendet wird.
Als Beispiele für solche Verfahren seien hier für algorithmische Verfahren das Verfahren von Quine-McCluskey und für graphische Verfahren das Verfahren von Karnaugh-Veitch und die Kreisgraph-Methode nach Händler genannt. Wegen des hohen Aufwandes bei diesen exakten Verfahren werden oft auch nur heuristische Regeln angegeben.
Die praktische Bedeutung möglichst kurzer Boolescher Terme ist die Minimierung des späteren technischen Realisierungaufwandes und damit der Kosten bei der Erstellung von Schaltungen.

Im nächsten Abschnitt wollen wir das Verfahren von Quine-McCluskey vorstellen, da dies das einzige Verfahren der oben genannten ist, das für Funktionen mit vielen Variablen geeignet ist. Graphische Verfahren versagen oft schon bei mehr als sechs Variablen, oder der Aufwand bei der Bestimmung einer Minimalform eines Booleschen Terms wird dann unangemessen hoch.

2.1.2.4 Vereinfachungsverfahren (Quine-McCluskey)

Wir suchen möglichst kurze Darstellungsformen für eine Boolesche Funktion. Was heißt aber in diesem Zusammenhang „kurz"? Wir benötigen eine Definition, die die Länge eines Booleschen Terms festlegt.

(2.25) Definition: (Länge eines Booleschen Terms)

Sei A ein Boolescher Term in disjunktiver Normalform. Dann definiert die

Funktion L: Menge aller Booleschen Terme → ℕ die *Länge* von A durch L(A) ::= Anzahl der Variablenzeichen in A. ■

Unser Ziel ist nun, einen Booleschen Term als Darstellungsform einer Booleschen Funktion zu finden, der bzgl. aller anderen Booleschen Terme, die auch die Boolesche Funktion darstellen, minimale Länge hat. Wir definieren:

(2.26) Definition: (disjunktive Minimalform)

Eine disjunktive Normalform A einer Booleschen Funktion f heißt *disjunktive Minimalform (DM)* bzgl. der Längenfunktion L, wenn es für f keine andere äquivalente DN A' gibt, für die gilt: L(A') < L(A). ■

Bevor wir fortfahren, rufen wir uns noch einmal die Axiome (BA2) und (BA4) der Booleschen Algebra ins Gedächtnis, genauer das Distributivgesetz (D·) und das Komplementgesetz (C+). Wendet man diese beiden Gesetze z.B. auf den Term $a \cdot b + a \cdot b'$ an, so erhält man $a \cdot b + a \cdot b' = a \cdot (b + b') = a$, also eine Vereinfachung des Terms. Diese Regel – wir wollen sie „*Regel (*)*" nennen – spielt eine Rolle bei der nächsten Definition.

Außerdem wollen wir an eine Schreibweise erinnern:

Für eine Variable a und eine Belegung ε von a ist

$$a^{\varepsilon} = \begin{cases} a & \text{falls } \varepsilon = 1 \\ a' & \text{falls } \varepsilon = 0 \end{cases}$$

(2.27) Definition: (Primimplikant)

Ein Minterm $K = a_1^{\alpha_1} \cdot a_2^{\alpha_2} \cdot \ldots \cdot a_n^{\alpha_n}$ mit $\alpha_i \in \{0,1\}$ einer Booleschen Funktion in kDN heißt *Primimplikant*, wenn in der kDN kein anderer Minterm K' existiert, mit dem sich K gemäß der oben genannten Regel (*) zusammenfassen läßt. ■

Mit diesen Voraussetzungen – den Definitionen 2.25 bis 2.27 – gilt folgender wichtige Satz, den wir ohne Beweis angeben wollen.

(2.28) Satz:

Zu jeder Booleschen Funktion f gibt es mindestens eine DM, die die Disjunktion der Primimplikanten von f ist. ■

Damit können wir nun zum Quine-McCluskey-Verfahren an sich kommen.

(2.29) Quine-McCluskey-Verfahren:

Gegeben ist eine Boolesche Funktion f: $\mathbb{B}^n \rightarrow \mathbb{B}$ durch den Booleschen Term A. Gesucht wird die disjunktive Minimalform A^* von f.
A^* wird wie folgt ermittelt:

(a) Man bestimme ausgehend von A die kDN von f.

(b) Man bestimme die Primimplikanten von f.
Dazu teilt man die Minterme der kDN in Klassen K_i ein, sodaß eine Klasse K_i alle Minterme enthält, die i negierte Variablen enthalten.
Es werden nun lauter Paare von Mintermen betrachtet, die in benachbarten Klassen liegen, und diese Paare werden – wenn möglich – gemäß der Regel (*) zu einem einfacheren Term zusammengefaßt. Ist dieser Schritt beendet, so kennzeichnet man diejenigen Minterme, die ein- oder mehrmals an der Bildung eines um eine Variable kürzeren Terms beteiligt waren.
Die erhaltenen kürzeren Terme (es können doppelte auftreten!) werden ebenfalls wie oben in Klassen eingeteilt, ihrerseits paarweise betrachtet, wenn möglich vereinfacht und am Ende dieses Schrittes gekennzeichnet.
So fährt man fort, bis keine weitere Verschmelzung von Termen mehr möglich ist.
Die nicht gekennzeichneten Minterme und kürzere Terme sind die gesuchten Primimplikanten.

(c) Nun bestimmt man die *wesentlichen* Primimplikanten, d.h. die Primimplikanten, die als einzige Überdeckung eines der Minterme notwendig sind bei der Bildung der DM.
Dazu stellt man eine Matrix auf, deren Spalten durch die Minterme und deren Zeilen durch die ermittelten Primimplikanten gebildet werden. Die Elemente a_{ij} der Matrix werden genau dann 1 gesetzt, wenn der i-te Primimplikant den j-ten Minterm enthält, d.h. – anders gesagt – wenn der j-te Minterm an der Bildung des i-ten Primimplikanten beteiligt war, und sonst 0. Alle Spalten, in denen nur eine 1 auftritt, bedeuten einen wesentlichen Primimplikanten in der entsprechenden Zeile.

(d) Durch Weglassen der wesentlichen Primimplikanten und der von ihnen überdeckten Minterme ergibt sich eine Restmatrix, die anzeigt, welche Primimplikanten welche Minterme enthalten.

(e) Die DM von f wird nun gebildet durch Disjunktion der wesentlichen Primimplikanten und der Primimplikanten, die die restlichen Minterme überdecken sowie von minimaler Länge sind.

Dieser zweite Teil der DM, der aus den unwesentlichen Primimplikanten gebildet wird, ist im allgemeinen nicht eindeutig bestimmt, da es mehrere Verknüpfungen der Primimplikanten geben kann, die die gleiche Länge haben. ■

Bevor wir ein Beispiel für dieses Verfahren angeben, wollen wir vereinbaren, wie die in der kDN einer Booleschen Funktion auftretenden Minterme durchnumeriert werden, damit wir leichter überprüfen können, welche Minterme an der Bildung eines Primimplikanten beteiligt sind. Für die Numerierung setzen wir anstelle jeder nichtnegierten Variablen im Minterm eine 1, anstelle jeder negierten eine 0 und erhalten so eine Dualzahl. Die entsprechende Dezimalzahl stellt dann die Nummer des Minterms dar.

(2.30) Beispiel: (Quine-McCluskey-Verfahren)

Gegeben sei eine Boolesche Funktion $f : \mathbb{B}^4 \to \mathbb{B}$ durch den Booleschen Term A. A liege bereits in kDN vor.

$$A = f(a, b, c, d) = a\,b\,c\,d + a\,b'\,c\,d + a\,b\,c\,d' + a'\,b'\,c\,d + a'\,b\,c\,d' + a\,b'\,c'\,d + a'\,b'\,c'\,d + a'\,b'\,c'\,d'.$$

Kommen wir nun zu Schritt (b) des McCluskey-Verfahrens: Wir versehen die Minterme mit Nummern, teilen sie in Klassen ein und bestimmen die Primimplikanten.

Klassen	Minterme	Nummern
K_0	a b c d	$(1111)_2 = 15$
K_1	a b' c d a b c d'	$(1011)_2 = 11$ $(1110)_2 = 14$

$\Rightarrow$

Verkürzung	Nummern der beteiligten Minterme
a c d a b c	15, 11 15, 14
b' c d a b' d b c d'	11, 3 11, 9 14, 6

Klassen	Minterme	Nummern
K_2	a' b' c d a' b c d' a b' c' d	$(0011)_2 = 3$ $(0110)_2 = 6$ $(1001)_2 = 9$
K_3	a' b' c' d	$(0001)_2 = 1$
K_4	a' b' c' d'	$(0000)_2 = 0$

Verkürzung	Nummern der beteiligten Minterme
a' b' d b' c' d	3, 1 9, 1
a' b' c'	1, 0

Auch die dreistelligen Terme werden soweit wie möglich verkürzt, und ihre zugehörigen Nummern werden notiert:

$\Longrightarrow$

Verkürzung	Nummern der beteiligten Minterme
b' d	(11, 3), (9, 1)
b' d	(11, 9), (3, 1)

Nun ist keine weitere Verkürzung mehr möglich, und wir erhalten als Primimplikanten die nichtgekennzeichneten Terme:
a c d, a b c, b c d', a' b' c', b' d.

Jetzt bilden wir die Matrix aus Schritt (c) zur Ermittlung der wesentlichen Primimplikanten.

Primimplikanten	a b c d *(#15)*	a b'c d *(#11)*	a b c d' *(#14)*	a'b'c d *(#3)*	a'b c d' *(#6)*	a b'c'd *(#9)*	a'b'c'd *(#1)*	a'b'c'd' *(#0)*
a c d	1	1	0	0	0	0	0	0
a b c	1	0	1	0	0	0	0	0
b c d'	0	0	1	0	1	0	0	0
a' b' c'	0	0	0	0	0	0	1	1
b' d	0	1	0	1	0	1	1	0
Spalten mit nur einer 1				↑	↑	↑		↑

Die Spalten mit nur einer 1 verweisen auf die Primimplikanten b' d , b c d' und a' b' c'. Diese sind also wesentlich, und sie überdecken die Minterme mit den Nummern 0, 1, 3, 6, 9, 11 und 14.

Damit ergibt sich in Schritt (d) die Restmatrix

	abcd
a c d	1
a b c	1

Jetzt können wir mit Schritt (e) die disjunktive Minimalform von f angeben:

$A^* = b'\,d + bcd' + a'\,b'\,c' + \begin{cases} acd \\ abc \end{cases}$, wobei es beliebig ist, ob wir a c d oder a b c verwenden, da beide den Minterm a b c d enthalten und beide die gleiche Länge haben. ■

Mit diesem Abschnitt wollen wir unsere Ausführungen über die Boolesche Algebra beenden und im folgenden Abschnitt eine spezielle Boolesche Algebra, die Schaltalgebra, betrachten.

2.2 Schaltalgebra

Um die Boolesche Algebra auf konkrete Problemstellungen anwenden zu können, entwirft man sogenannte Modelle. Man spricht in diesem Zusammenhang von einem Modell eines formalen Systems (hier: der Booleschen Algebra), wenn dessen Objekten und Verknüpfungen eine inhaltliche Bedeutung gegeben werden kann, die dann in der Regel abhängig vom jeweiligen Problem ist.

(2.31) Beispiel: (Modelle einer Booleschen Algebra)

(a) Erinnern wir uns an Beispiel 2.6:
Wir haben dort eine Mengenalgebra (M; $\cap$, $\cup$, $\overline{\ }$) angegeben, wobei:
M = P(X) mit P(X) = Potenzmenge einer nichtleeren Menge X,
$\cap$ Boolesches Produkt mit der Bedeutung Mengendurchschnitt,
$\cup$ Boolesche Summe mit der Bedeutung Mengenvereinigung und
$\overline{\ }$ Boolesches Komplement mit der Bedeutung Komplementärmenge.
Damit ist (M; $\cap$, $\cup$, $\overline{\ }$) eine Boolesche Algebra, und die *Mengenalgebra* kann als Modell-Beispiel für eine Boolesche Algebra angeführt werden, da

den Objekten und Verknüpfungen eine inhaltliche Bedeutung wie oben angegeben zugewiesen wurde.

(b) Auch die *Aussagenlogik* (M; $\wedge$, $\vee$, $\bar{\ }$) ist ein Modell der Booleschen Algebra. Denn (M; $\wedge$, $\vee$, $\bar{\ }$) ist mit M = {W, F}, $\wedge$ als Booleschem Produkt, $\vee$ als Boolescher Summe und $\bar{\ }$ als Booleschem Komplement eine Boolesche Algebra. Den Elementen von M wird dabei die Bedeutung „wahr" und „falsch" zugewiesen, $\wedge$ bedeutet „und", $\vee$ „oder" und $\bar{\ }$ „nicht".

(c) Ein weiteres Modell für die Boolesche Algebra ist die *Schaltalgebra*, die wir in den folgenden Abschnitten näher betrachten werden. ■

2.2.1 Schaltalgebra als Modell einer zweielementigen Booleschen Algebra

Bei der Schaltalgebra enthält die Menge M nur zwei Elemente. Wie diese Elemente aussehen und wie die Verknüpfungen bezeichnet werden bzw. was sie bedeuten, beschreiben wir in den folgenden Abschnitten.

2.2.1.1 Elemente in der Schaltalgebra

Die Booleschen Elemente einer Schaltalgebra sind *Schaltzustände bistabiler Schaltelemente*. Unter bistabilen Schaltelementen versteht man z.B. Schalter, Relais, Dioden, Transistoren etc. (vgl. Kapitel 2.4), d.h. elektronische Schaltgeräte, die genau zwei stabile Schaltzustände haben: Entweder sie sind offen oder geschlossen (nichtleitend oder leitend etc.). Diesen zwei Zuständen werden die sogenannten *Schaltwerte* bzw. *Leitwerte* 0 und 1 zugeordnet. 0 und 1 nennt man auch *Schaltkonstanten*.

M hat somit die Form M = $\mathbb{B}$ = {0,1}.

Dargestellt werden die Zustände der Schaltelemente mit Symbolen der Schaltertechnik:

Schaltelement	Schaltzustand	Schaltwert
(Schaltersymbol offen)	offen	0
(Schaltersymbol geschlossen)	geschlossen	1

Bild 2.1: Symbole der Schaltertechnik für 0 und 1

Wir wollen nun einige Begriffe, die wir im weiteren benötigen werden, definieren.

(2.32) Definition: (Schaltvariable, binäre Schaltfunktion, Schaltung)

(a) Eine Variable, die nur endlich viele Werte annehmen kann, heißt *Schaltvariable.*
Eine Schaltvariable heißt *binär*, wenn sie genau zwei Werte annehmen kann.

(b) Seien $a_1, \ldots, a_n \in \mathbb{B}$ binäre Schaltvariablen.
Dann heißt die Abbildung $f : \mathbb{B}^n \to \mathbb{B}$ mit $(a_1, \ldots, a_n) \mapsto f(a_1, \ldots, a_n)$ *binäre Schaltfunktion.*

(c) Die technische Realisierung einer binären Schaltfunktion bezeichnet man als *Schaltung.* ■

Als Schaltung haben die Schaltkonstanten folgende Darstellung (vgl. Bild 2.1):

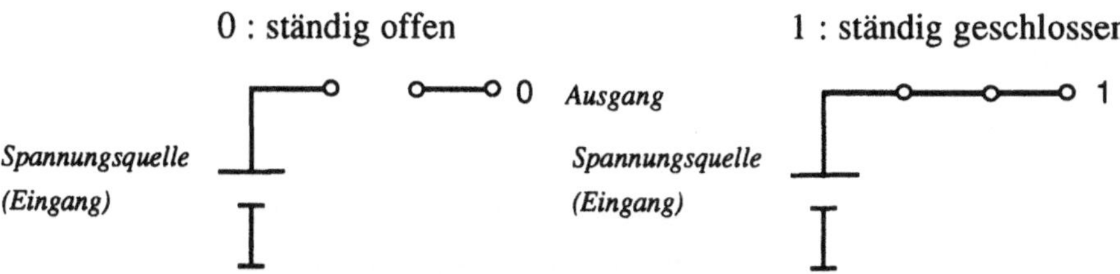

Bild 2.2: Darstellung der Schaltungen für 0 und 1

2.2.1.2 Verknüpfungen in der Schaltalgebra

Für die Verknüpfungszeichen $\cdot$, $+$, $'$ schreiben wir in der Schaltalgebra $\wedge$, $\vee$, $\bar{\ }$.
Des weiteren legen wir für das folgende fest:
Eine Schaltvariable hat den Wert 0 bzw. 1 genau dann, wenn der Schalter oben bzw. unten ist.

Das Boolesche Produkt wird dann realisiert durch eine *Reihenschaltung*:

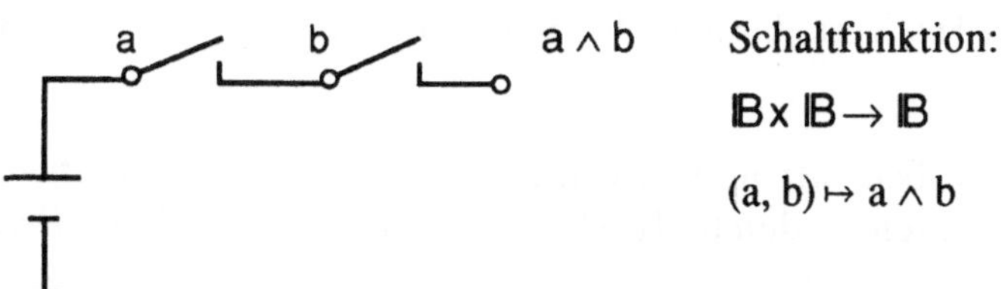

Bild 2.3: Darstellung der Reihenschaltung

Eine *Parallelschaltung* realisiert die Boolesche Summe:

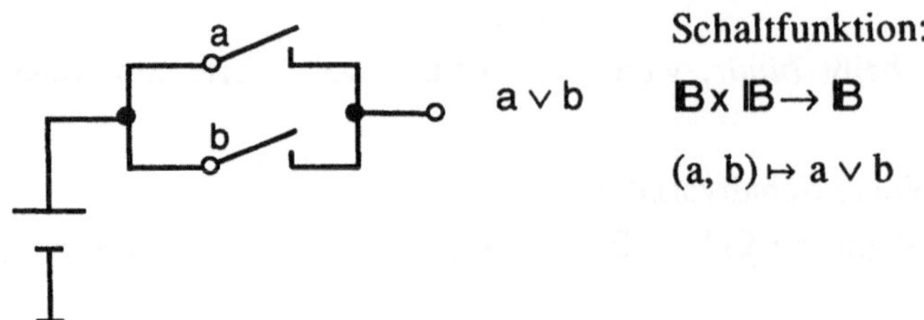

Bild 2.4: Darstellung der Parallelschaltung

Das Boolesche Komplement wird durch die *Ruhekontaktschaltung* realisiert:

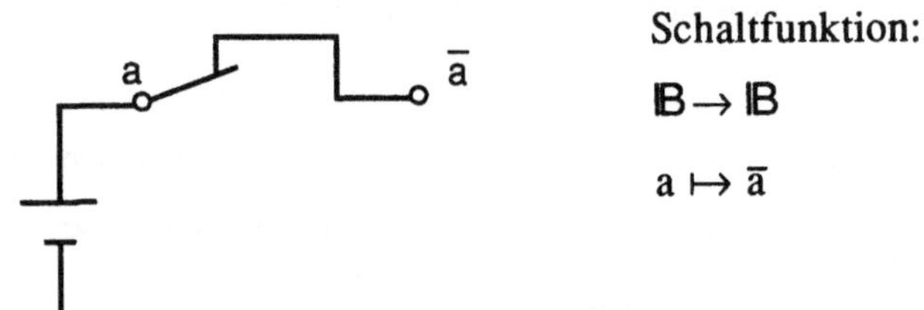

Bild 2.5: Darstellung der Ruhekontaktschaltung

Die Schaltfunktionen werden gemäß folgender Definition benannt.

(2.33) Definition: (Konjunktion, Disjunktion, Negation)

(a) Die zweistellige Verknüpfung $\mathbb{B} \times \mathbb{B} \to \mathbb{B}$ mit $(a, b) \mapsto a \wedge b$
heißt *Konjunktion* (UND-Verknüpfung) der Schaltvariablen a und b.
$a \wedge b = 1 \quad \Leftrightarrow \quad a = 1$ und $b = 1$.

(b) Die zweistellige Verknüpfung $\mathbb{B} \times \mathbb{B} \to \mathbb{B}$ mit $(a, b) \mapsto a \vee b$
heißt *Disjunktion* (ODER-Verknüpfung) der Schaltvariablen a und b.
$a \vee b = 1 \quad \Leftrightarrow \quad a = 1$ oder $b = 1$.

(c) Die einstellige Verknüpfung $\mathbb{B} \to \mathbb{B}$ mit $a \mapsto \bar{a}$
heißt *Negation* (NICHT-Verknüpfung) der Schaltvariablen a. ■

Boolesche Funktionen haben wir in Wertetabellen umgesetzt. Entsprechend werden auch Schaltfunktionen durch Tabellen, sogenannte *Schalttabellen*, dargestellt.

a	b	a ∧ b
0	0	0
0	1	0
1	0	0
1	1	1

a	b	a ∨ b
0	0	0
0	1	1
1	0	1
1	1	1

a	$\bar{a}$
0	1
1	0

Aus den Schalttabellen läßt sich ablesen:

(a) Konjunktion und Disjunktion sind kommutativ, d.h.
$\forall\, a, b \in \mathbb{B}: a \wedge b = b \wedge a \quad \text{und} \quad a \vee b = b \vee a$

(b) 1 ist Neutralelement der Konjunktion, d.h.
$\forall\, a \in \mathbb{B}: \quad a \wedge 1 = a$

(c) 0 ist Neutralelement der Disjunktion, d.h.
$\forall\, a \in \mathbb{B}: \quad a \vee 0 = a$

(d) Für verschiedene Schaltwerte gilt:
$\forall\, a \in \mathbb{B}: \quad a \wedge \bar{a} = 0 \quad \text{und} \quad a \vee \bar{a} = 1$

Damit sind die Axiome (BA1), (BA3) und (BA4) für eine Boolesche Algebra erfüllt (vgl. Definition 2.1).

Betrachtet man die folgende Schalttabelle, so erkennt man, daß auch die wechselseitige Distributivität, d.h. Axiom (BA2), gilt.

a	b	c	a∧(b∨c)	(a∧b)∨(a∧c)	a∨(b∧c)	(a∨b)∧(a∨c)
0	0	0	0	0	0	0
0	0	1	0	0	0	0
0	1	0	0	0	0	0
0	1	1	0	0	1	1
1	0	0	0	0	1	1
1	0	1	1	1	1	1
1	1	0	1	1	1	1
1	1	1	1	1	1	1

Diese Tabelle ist vollständig, da es nicht mehr als diese acht dreistelligen Kombinationen von Elementen aus $\mathbb{B}$ gibt. Wir können deshalb allgemein formulieren:

$$\forall\, a, b, c \in \mathbb{B}: \quad a \wedge (b \vee c) = (a \wedge b) \vee (a \wedge c) \quad \text{und}$$
$$a \vee (b \wedge c) = (a \vee b) \wedge (a \vee c).$$

Die Verknüpfungen Konjunktion, Disjunktion und Negation gemäß Definition 2.27 erfüllen also das Axiomensystem einer Booleschen Algebra. Somit können wir nun den folgenden Satz angeben.

(2.34) Satz:

Die algebraische Struktur $(\mathbb{B}\ ;\ \wedge, \vee, \bar{\ })$, genannt *Schaltalgebra*, ist eine Boolesche Algebra. ∎

2.2.2 Verknüpfungsbasen

Wie die nachfolgende Schalttabelle zeigt, ist die kanonische Normalform einer Schaltfunktion oft sehr lang, wenn sie mit den Operatoren $\wedge$, $\vee$ und $\bar{\ }$ dargestellt wird. Fragen wir uns deshalb, ob Schaltfunktionen auch mit weniger oder mit anderen Operatoren dargestellt werden können.

Betrachten wir aber zunächst alle 16 möglichen zweistelligen Schaltfunktionen.

a b	0 0 1 1 0 1 0 1	Darstellung in kDN	Funktionsname
f_0	0 0 0 0	0	Nullfunktion
f_1	0 0 0 1	$a \wedge b$	Konjunktion; AND
f_2	0 0 1 0	$a \wedge \bar{b}$	
f_3	0 0 1 1	$(a \wedge \bar{b}) \vee (a \wedge b)$	
f_4	0 1 0 0	$\bar{a} \wedge b$	
f_5	0 1 0 1	$(\bar{a} \wedge b) \vee (a \wedge b)$	
f_6	0 1 1 0	$(\bar{a} \wedge b) \vee (a \wedge \bar{b})$	Antivalenz; EXOR
f_7	0 1 1 1	$(\bar{a} \wedge b) \vee (a \wedge \bar{b}) \vee (a \wedge b)$	Disjunktion; OR
f_8	1 0 0 0	$(\bar{a} \wedge \bar{b})$	Peirce-Funktion; NOR
f_9	1 0 0 1	$(\bar{a} \wedge \bar{b}) \vee (a \wedge b)$	Äquivalenz
f_{10}	1 0 1 0	$(\bar{a} \wedge \bar{b}) \vee (a \wedge \bar{b})$	
f_{11}	1 0 1 1	$(\bar{a} \wedge \bar{b}) \vee (a \wedge \bar{b}) \vee (a \wedge b)$	Implikation $a \leftarrow b$

a b	0011 0101	Darstellung in kDN	Funktionsname
f_{12}	1100	$(\bar{a} \wedge \bar{b}) \vee (\bar{a} \wedge b)$	
f_{13}	1101	$(\bar{a} \wedge \bar{b}) \vee (\bar{a} \wedge b) \vee (a \wedge b)$	Implikation $a \rightarrow b$
f_{14}	1110	$(\bar{a} \wedge \bar{b}) \vee (\bar{a} \wedge b) \vee (a \wedge \bar{b})$	Sheffer-Funktion; NAND
f_{15}	1111	$(\bar{a} \wedge \bar{b}) \vee (\bar{a} \wedge b) \vee (a \wedge \bar{b}) \vee (a \wedge b)$	Einsfunktion

Frage: Mit welchen Verknüpfungen kommt man aus, um alle Funktionen f_0 bis f_{15} darstellen zu können? Bevor wir diese Frage beantworten, definieren wir den Begriff der Verknüpfungsbasis.

(2.35) Definition: (Verknüpfungsbasis)

Eine Menge V von Verknüpfungen heißt *Verknüpfungsbasis* für eine Funktionenmenge F, wenn sich jede Funktion $f \in F$ mit Verknüpfungen $v \in V$ darstellen läßt. ∎

(2.36) Beispiel:

In unserem Fall, d.h. in der obenstehenden Tabelle, ist
$F = \{f_i \mid f_i : \mathbb{B} \times \mathbb{B} \rightarrow \mathbb{B} (i = 0,\ldots,15)\}$ und

$V = \{\wedge, \vee, \bar{\ }\}$. ∎

In der Tabelle haben u.a. zwei Funktionen spezielle Namen erhalten, nämlich f_8 und f_{14}. Sie heißen Peirce- bzw. Sheffer-Funktion oder auch NOR- bzw. NAND-Funktion. Da es auch eine eigene Symbolik für diese Funktionen gibt, wollen wir alles in einer Definition zusammenfassen.

(2.37) Definition: (NOR- und NAND-Funktion)

(a) Die *NOR-Funktion* ist die Negation der Disjunktion (N**OT** **OR**).

$$\text{NOR}: \mathbb{B} \times \mathbb{B} \rightarrow \mathbb{B}$$
$$(a,b) \mapsto \text{NOR}(a,b) = \overline{a \vee b} = a \downarrow b.$$

(b) Die *NAND-Funktion* ist die Negation der Konjunktion (NOT **AND**).

$$\text{NAND}: \mathbb{B} \times \mathbb{B} \rightarrow \mathbb{B}$$
$$(a,b) \mapsto \text{NAND}(a,b) = \overline{a \wedge b} = a | b.$$ ∎

Ausgehend von dieser Definition können wir den folgenden Satz formulieren, der eine erste Antwort auf die oben gestellte Frage gibt.

(2.38) Satz:

$V_1 = \{\downarrow\}$ und $V_2 = \{|\}$ sind Verknüpfungsbasen für F.

Beweis:

Wir wollen nur für V_1 zeigen, daß es sich um eine Verknüpfungsbasis für F handelt. Mit Hilfe des Dualitätsprinzips folgt aber dann sofort, daß auch V_2 eine Verknüpfungsbasis für F ist.
Zu beweisen ist, daß sich jede Funktion $f \in F$ durch die NOR-Funktion darstellen läßt. Da alle diese Funktionen mit Hilfe der Verknüpfungen $\wedge, \vee, \overline{}$ gebildet werden, müssen wir nur zeigen, daß diese Verknüpfungen durch die NOR-Funktion dargestellt werden können.

„$\overline{}$“: $\bar{a} = \overline{a \vee a} = a \downarrow a.$

„$\wedge$“: $a \wedge b = \overline{\overline{a \wedge b}} = \overline{\bar{a} \vee \bar{b}} = \bar{a} \downarrow \bar{b} = (a \downarrow a) \downarrow (b \downarrow b).$

„$\vee$“: $a \vee b = (a \vee b) \wedge (a \vee b) = \overline{\overline{(a \vee b) \wedge (a \vee b)}} = \overline{\overline{a \vee b} \vee \overline{a \vee b}}$

$= (a \downarrow b) \downarrow (a \downarrow b).$

Damit wäre also bewiesen, daß sich alle Funktionen $f \in F$ durch die NOR- bzw. die NAND-Funktion darstellen lassen. ■

(2.39) Satz:

$V_1 = \{\wedge, \overline{}\}$ und $V_2 = \{\vee, \overline{}\}$ sind Verknüpfungsbasen für F.

Beweis:

Da man alle Funktionen durch die NOR-Funktion darstellen kann (Satz 2.38) und diese aus den Verknüpfungen $\vee$ und $\overline{}$ besteht, ist gezeigt, daß $\{\vee, \overline{}\}$ eine Verknüpfungsbasis für F ist. Analoges gilt für $\{\wedge, \overline{}\}$ mit Hilfe der NAND-Funktion. ■

Wir fassen noch einmal zusammen: Als Verknüpfungsbasen haben wir gefunden:

$\{\wedge, \vee, \overline{}\}$	(AND, OR, NOT),
$\{\wedge, \overline{}\}$	(AND, NOT),
$\{\vee, \overline{}\}$	(OR, NOT),
$\{\downarrow\}$	(NOR),
$\{|\}$	(NAND).

Eine Verknüpfung ist somit zur Darstellung aller zweistelligen Schaltfunktionen ausreichend.

Dadurch ergibt sich eine vereinfachte technische Realisierung, da für eine Schaltfunktion nur ein Verknüpfungsglied gebaut werden muß. Der Nachteil dabei ist aber, daß bei der Benutzung von nur einer Verknüpfung der Schaltfunktionsterm in der Regel länger ist, als wenn man mehrere Verknüpfungen benutzt, und deshalb eine erhöhte Anzahl von Verknüpfungsgliedern braucht.

2.3 Grundlegende Schaltungen

Mit den in den vorigen Teilkapiteln geschaffenen theoretischen Grundlagen können wir jetzt mit der Betrachtung der technischen Realisierung der Verknüpfungen aus der Schaltalgebra beginnen. Darauf aufbauend wird es uns auch gelingen, Schaltungen für elementare Operationen wie Addition und Multiplikation oder für das Speichern von Zeichen anzugeben. Bevor wir jedoch dieses Ziel im Abschnitt 2.3.3 über Schaltwerke erreicht haben, müssen Schaltgatter und Schaltnetze behandelt werden.

2.3.1 Schaltgatter

Beginnen wir mit der Definition des Begriffes Schaltgatter:

(2.40) Definition: (Schaltgatter)

Eine Schaltung zur Realisierung spezieller (ausgezeichneter) schaltalgebraischer Verknüpfungen nennt man *Schaltgatter* oder auch digitales Verarbeitungsglied oder einfach Gatter. ■

Für die Schaltgatter gibt es eine feste Symbolik, seit 1976 ist sie festgelegt durch die deutsche Industrienorm DIN 40700.

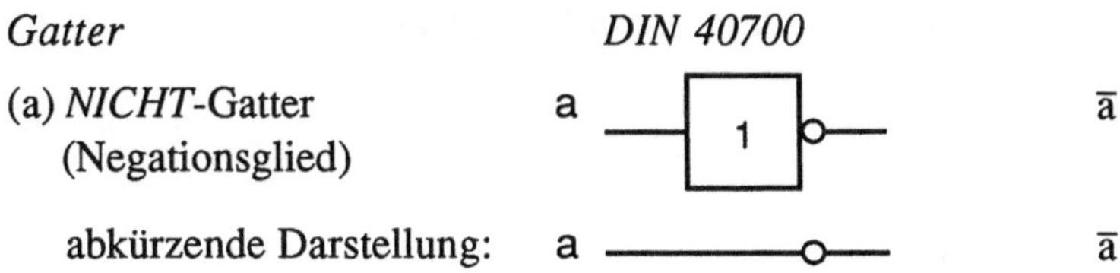

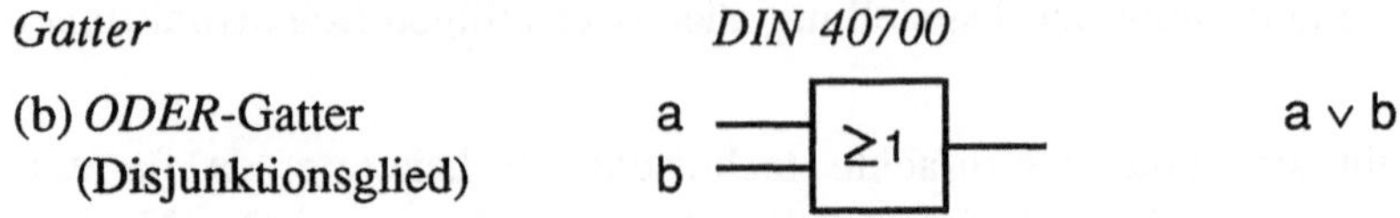

$a \vee b$

Die Symbolik „≥ 1“ in der DIN-Darstellung wurde gewählt, da am Ausgang 1 anliegt, wenn an mindestens einem Eingang 1 anliegt.

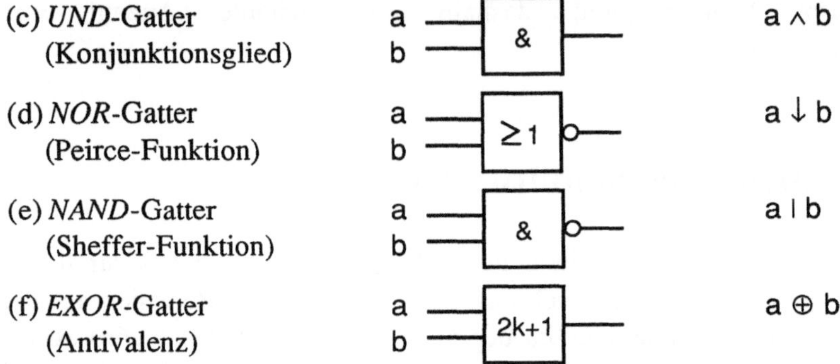

Die Schreibweise „2k + 1“ in der DIN-Symbolik als Darstellungsmöglichkeit für ungerade Zahlen bedeutet: Am Ausgang liegt 1 an, falls bei einer ungeraden Anzahl von Eingängen 1 anliegt.

$a \oplus b = (\bar{a} \wedge b) \vee (a \wedge \bar{b})$ (siehe Abschnitt 2.2.2)

Ausführlich müßte die Schaltung also so aussehen:

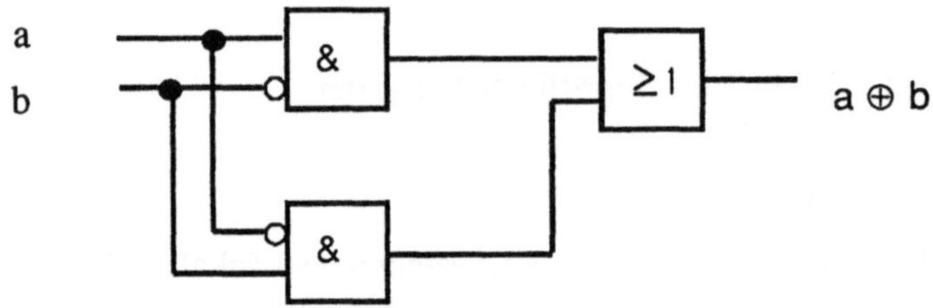

Bild 2.6: Darstellung von Schaltgattern

Will man mehr als zwei Variablen durch ODER verknüpfen, so wählt man folgende Symbolik für ein *ODER-Gatter mit n Eingängen*:

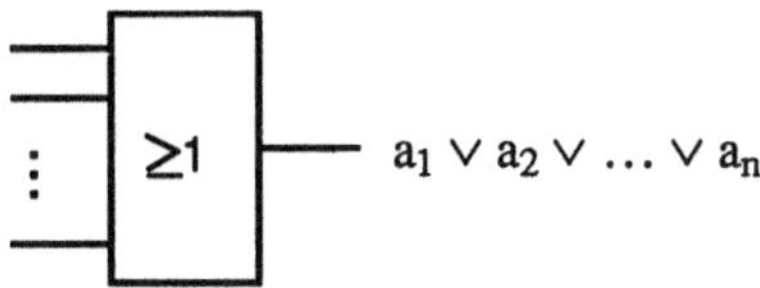

UND-, NOR- und NAND-Gatter mit n Eingängen werden in entsprechender Weise dargestellt.

2.3.2 Schaltnetze

Mit einem Schaltgatter allein kann man viele Operationen, z.B. die Addition, noch nicht realisieren. Dies ist nur möglich, wenn man mehrere Schaltgatter geeignet zusammenfaßt zu einer größeren Einheit. Deshalb definieren wir:

(2.41) Definition: (Schaltnetz)

Ein *Schaltnetz* F ist die technische Realisierung einer Abbildung

$$f: \quad \mathbb{B}^n \to \mathbb{B}^m$$
$$a ::= (a_1, a_2, \ldots, a_n) \quad \mapsto \quad f(a) = (f_1(a), f_2(a), \ldots, f_m(a)) \ .$$

Dabei sind die a_i Schaltzustände an den Eingängen von F ($i = 1,\ldots,n$),
f_j Schaltfunktionen und
$f_j(a)$ Schaltzustände an den Ausgängen von F ($j = 1,\ldots,m$).

Anschaulich bedeutet dies:

a: a_1, a_2, …, a_n → F → $f_1(a)$, $f_2(a)$, …, $f_m(a)$: f(a)

■

Die Abbildung f ist i.a. eine Zusammenfassung von mehreren Schaltfunktionen, im Falle $m = 1$ ist f selbst eine Schaltfunktion und F eine Schaltung.

Da bei einem Schaltnetz die Schaltzustände an den Ausgängen nur abhängig sind von den Schaltzuständen an den Eingängen, nennt man das Schaltverhalten eines Schaltnetzes auch *kombinatorisch*.

(2.42) Beispiel: (Schaltnetze)

(a) Alle Schaltgatter sind Schaltnetze. Hier tritt der Spezialfall m = 1 auf.

(b) Der sogenannte *Halbaddierer* (HA) ist ein Schaltnetz.

Er berechnet die Summe zweier Dualziffern a und b, wobei der Wert einer Dualziffer gerade dem Schaltwert entspricht. Das Ergebnis der Addition wird dargestellt in zwei Dualziffern: s bezeichnet die Summe modulo 2 und ü den Übertrag, der bei der Addition zweier Dualziffern auftreten kann.
Wir erhalten die Schalttabelle:

a	0 0 1 1	
b	0 1 0 1	
ü	0 0 0 1	$ü(a, b) = a \wedge b$
s	0 1 1 0	$s(a, b) = a \oplus b$

Das Schaltnetz „Halbaddierer" realisiert damit die Abbildung

$$f: \quad \mathbb{B}^2 \to \mathbb{B}^2$$
$$(a, b) \mapsto f(a, b) = (ü(a, b), s(a, b)) \ .$$

Der Halbaddierer besteht also einerseits aus einem UND-Gatter, andererseits aus einem EXOR-Gatter. Er ist wie folgt aufgebaut und hat das rechts stehende Symbol:

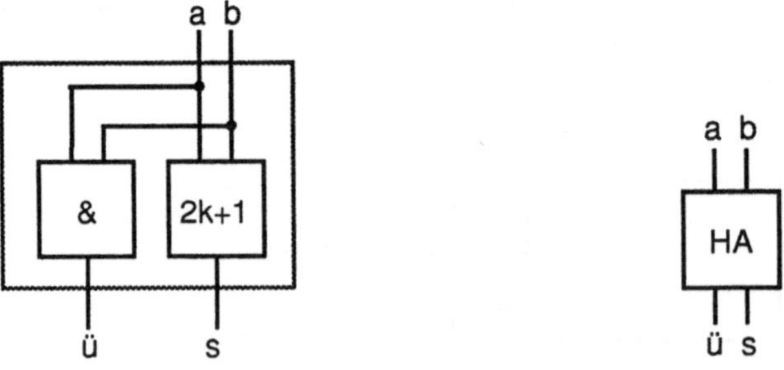

(c) Auch der sogenannte *Volladdierer* (VA) ist ein Schaltnetz. Er stellt insofern eine Erweiterung des Halbaddierers dar, als er die Summe zweier Dualziffern a und b unter Berücksichtigung eines Übertrags aus der vorigen Stelle berechnet. Die Summe wird in zwei Dualziffern s und ü' dargestellt.
Die Schalttabelle lautet:

a	0 0 0 0 1 1 1 1
b	0 0 1 1 0 0 1 1
ü	0 1 0 1 0 1 0 1
ü'	0 0 0 1 0 1 1 1
s	0 1 1 0 1 0 0 1

$$ü'(a, b, ü) = (a \wedge b) \vee (a \wedge ü) \vee (b \wedge ü)$$
$$s(a, b, ü) = (a \oplus b) \oplus ü$$

Die Schaltfunktion des Volladdierers ist also $f: \mathbb{B}^3 \to \mathbb{B}^2$, wobei f die Komponenten ü' und s hat.

Wir erhalten dann als Aufbau eines Volladdierers die folgende (linke) Darstellung, als Symbolik die Darstellung rechts:

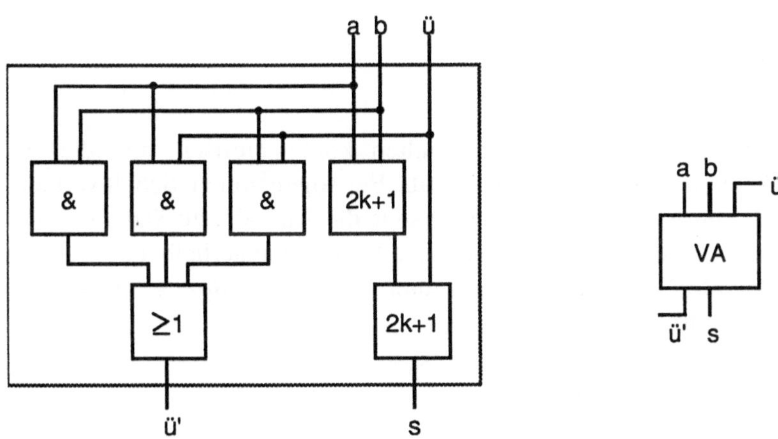

(d) Durch Zusammenfassung eines Halbaddierers und mehrerer Volladdierer erhält man einen *Addierer mit durchlaufendem Übertrag*, der zur Berechnung der Summe $(ü_{n-1}\ s_{n-1}\ s_{n-2}\ \dots\ s_1\ s_0)$ zweier n-stelliger Dualzahlen $a = (a_{n-1}\ a_{n2} \dots a_1\ a_0)$ und $b = (b_{n-1}\ b_{n-2} \dots b_1\ b_0)$ dient.
Die Summe von a_0 und b_0 wird von einem Halbaddierer berechnet, da bei dieser Stelle (noch) keine Rücksicht auf einen etwaigen Übertrag aus der vorigen Stelle (die es ja nicht gibt) genommen werden muß. Das Ergebnis s_0 gibt die niedrigstwertige Stelle der Gesamtsumme von a und b an, der Übertrag $ü_0$ zusammen mit a_1 und b_1 wird als Eingangswert für den ersten Volladdierer verwendet. Dieser liefert als Ergebnisse s_1 und $ü_1$, wobei der Übertrag wiederum Eingangswert des nächsten Volladdierers ist … .

Der letzte Volladdierer in dieser Kette berechnet die Komponente s_{n-1} der Gesamtsumme sowie einen Übertrag $ü_{n-1}$, der als höchstwertige Stelle in das Endergebnis eingeht.

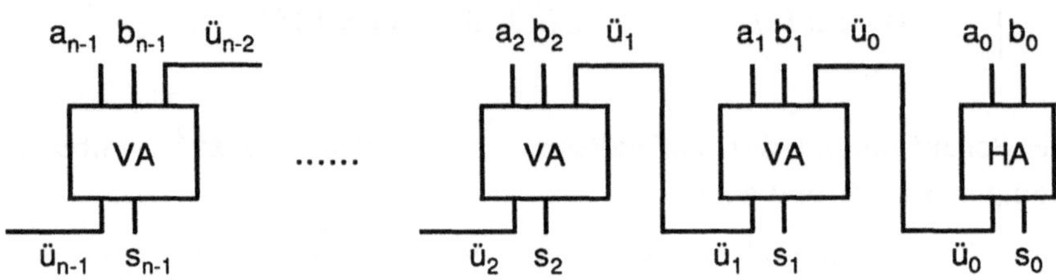

■

2.3.3 Schaltwerke

Bei Schaltnetzen ist das Schaltverhalten kombinatorisch, d.h. die Ausgabe hängt nur von der aktuellen Eingabe ab. Bei sogenannten Schaltwerken, die in diesem Abschnitt betrachtet werden, hängt die Ausgabe zusätzlich von endlich vielen vorausgegangenen Eingaben ab. Dafür ist innerhalb des Schaltwerkes ein „Gedächtnis“ in Form sogenannter *innerer Zustände* notwendig (vgl. „endliche Automaten“).

(2.43) Definition: (Schaltwerk)

Ein *Schaltwerk* F ist die technische Realisierung zweier Abbildungen f und g mit

$f: \quad \mathbb{B}^n \times \mathbb{B}^r \to \mathbb{B}^m$

$(a, z) ::= ((a_1, a_2, \ldots, a_n), (z_1, z_2, \ldots, z_r)) \mapsto f(a, z) = (f_1(a, z), f_2(a, z), \ldots, f_m(a, z))$

und

$g: \quad \mathbb{B}^n \times \mathbb{B}^r \to \mathbb{B}^r$

$(a, z) \mapsto g(a, z) = (g_1(a, z), g_2(a, z), \ldots, g_r(a, z))$.

Dabei sind die
a_i Schaltzustände an den Eingängen von F $(i = 1, \ldots, n)$,
z_j innere Zustände $(j = 1, \ldots, r)$,
f_k, g_j Schaltfunktionen $(k = 1, \ldots, m , j = 1, \ldots, r)$,
$f_k(a, z)$ Schaltzustände an den Ausgängen von F $(k = 1, \ldots, m)$
$g_j(a, z)$ neue (rückzuführende) innere Zustände $(j = 1, \ldots, r)$. ■

Die Grundeinheiten eines Schaltwerkes sind ein Schaltnetz, die Realisation der Abbildung f, und *Verzögerungsglieder* τ, die zur Rückführung spezieller, den inneren Zustand darstellender Schaltnetzausgänge dienen. Diese Rückführung geschieht mit einer gewissen Verzögerung um die Zeit τ, um falsche Ergebnisse nicht zuzulassen (vgl. dazu die folgende Definition).

Anschaulich bedeutet dies:

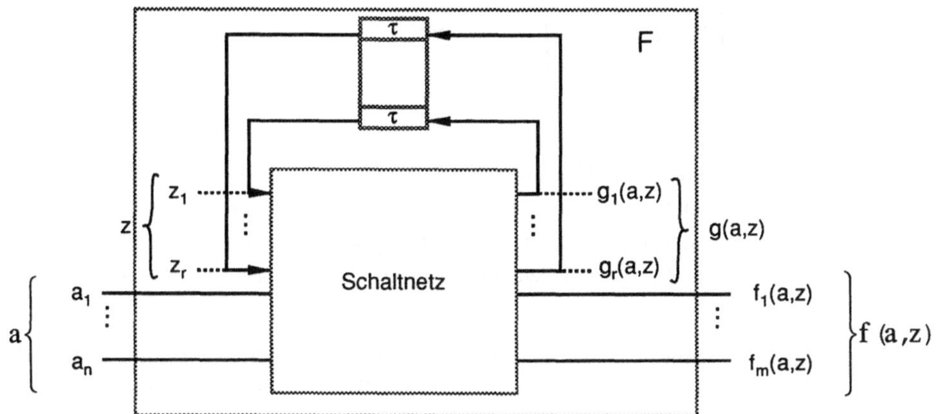

Bild 2.7: Struktur eines Schaltwerks

Wir wollen erwähnen, daß das Vezögerungsglied τ bei Rückführungen nicht immer eingezeichnet wird.

Da die Schaltzustände an den Ausgängen eines Schaltwerkes nicht nur von denen an den Eingängen abhängen, sondern auch von inneren Zuständen, bezeichnet man das Schaltverhalten eines Schaltwerkes als *sequentiell.*

Wozu ein Verzögerungsglied in einem Schaltwerk nötig ist, zeigt die folgende Definition.

(2.44) Definition: (Stabilität, Instabilität)

Den Zustand eines Schaltwerkes bezeichnet man als

(a) *stabil*, falls $g(a, z) = z$,

(b) *instabil*, falls $g(a, z) \neq z$.
In diesem Fall ist ein Verzögerungsglied τ notwendig, damit die (verschiedenen) inneren Zustände zum richtigen Zeitpunkt rückgeführt werden. ■

Als Beispiele wollen wir nun einige einfache Schaltwerke angeben und auch den Zustand der Schaltwerke untersuchen.

(2.45) Beispiel: (einfache Schaltwerke)

(a)

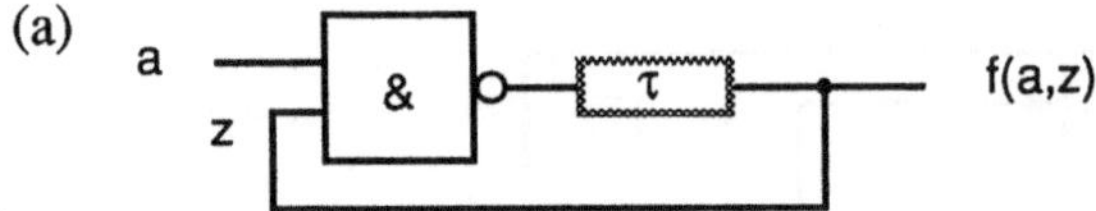

Ist der innere Zustand zu Beginn z = 1, so ergibt sich bei einer ständigen Eingabe von a = 1 der Ausgangszustand f(a, z) = 0, der als neuer innerer Zustand rückgeführt wird. Bei erneuter Eingabe von a = 1 ist der nächste Ausgangszustand f(a, z) = 1, womit wieder die Ausgangslage hergestellt wäre.

Ist bei einer ständigen Eingabe von a = 1 der anfängliche innere Zustand z = 0, so ändert dies an dem oben festgestellten dauernden Wechsel der Ausgangszustände nichts, abgesehen davon, daß der erste Ausgangszustand f(a, z) = 1 ist.

Wir erhalten also bei einer ständigen Eingabe von a = 1 die Ausgangszustände f(a, z) = … 0 | 1 | 0 | 1 | 0 | 1 … und somit g(a, z) ≠ z. Der Zustand des Schaltwerks ist instabil.

Bei einer ständigen Eingabe von a = 0 erhalten wir immer f(a, z) = 1 und g(a, z) = z, der Zustand des Schaltwerkes ist stabil.

(b)

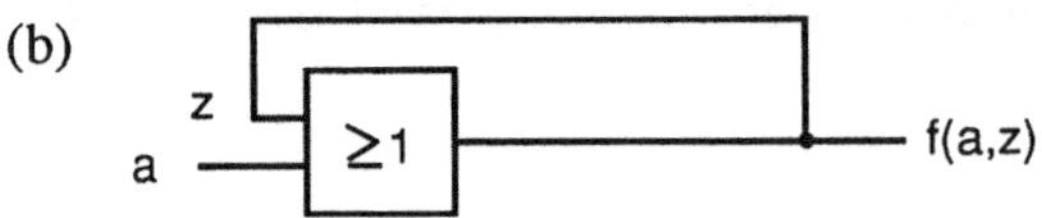

Falls bei diesem Schaltwerk einmal a = 1 eingegeben wird, ist der Ausgangszustand immer f(a, z) = 1, d.h. die Schaltung „merkt sich", daß einmal die 1 eingegeben wurde. ■

Bei solch einfachen Schaltwerken läßt sich die Verzögerung der Rückführung um die Zeit τ recht gut verfolgen, schwierig wird aber die Beschreibung und Verfolgung des zeitlichen Signalverlaufes bei größeren und komplizierteren

Schaltwerken. Zu beachten ist dabei nicht nur die Verzögerungszeit τ, sondern auch die Laufzeit der Signale durch das Schaltwerk und die Dauer des Wechsels $0 \rightarrow 1$ und $1 \rightarrow 0$, der technisch nicht schlagartig möglich ist.

Um dennoch auch größere Schaltwerke „überblicken" zu können, gibt man dem Schaltwerk von außen einen bestimmten zeitlichen Rhythmus vor und erhält damit ein sogenanntes synchrones Schaltwerk, das wir uns im nächsten Abschnitt näher anschauen wollen.

2.3.3.1 Synchrone Schaltwerke

Bei einem synchronen Schaltwerk betrachtet man nur diskrete Zeitpunkte, sogenannte *Taktzeitpunkte*, $t = 0, \tau, 2\tau, \ldots$. Die Zeitspanne τ nennt man *Taktzeit*. Zustandsänderungen erfolgen ausgelöst durch ein Taktsignal (oder einfach: *Takt*) ausschließlich zu den Taktzeitpunkten.
Die Festlegung der Taktzeit τ erfolgt nach der Bestimmung der maximalen Schaltzeit. Die Schaltzeit t_s gibt an, wie lange ein Schaltnetz braucht, um aus einer Eingangsinformation a den Ausgangszustand f(a) zu ermitteln. Beträgt t_s höchstens t_{max} Zeiteinheiten, so wählt man $\tau \geq t_{max}$. t_s braucht dann nicht weiter berücksichtigt zu werden.

Es liegt somit folgende Situation vor:
Wir betrachten die Taktzeitpunkte $t = 0, \tau, 2\tau, \ldots$.

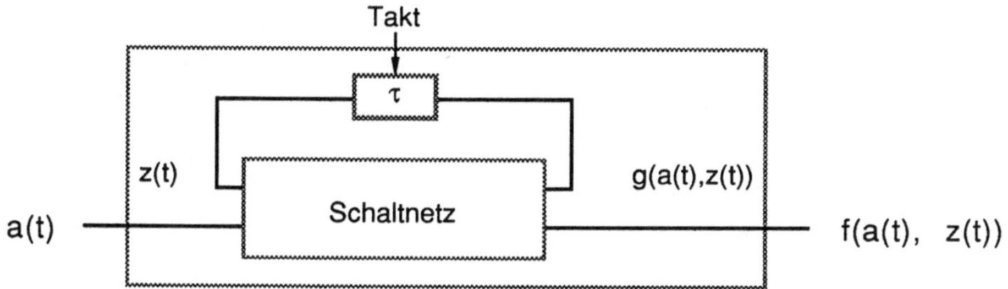

Bild 2.8: synchrones Schaltwerk

Die Eingänge a(t) sind frei wählbar. Bei den inneren Zuständen ist nur der erste Zustand z(0) frei wählbar, die übrigen werden über die Funktion g ermittelt: $z(t + \tau) = g(a(t), z(t))$. Der neue innere Zustand z(t) erscheint erst beim Taktsignal am Ausgang von τ. Die Ausgangszustände ergeben sich über die Funktion f(a(t), z(t)).

In den beiden nächsten Abschnitten wollen wir Schaltwerke für die beiden häufigsten Aufgaben eines Rechners betrachten, Schaltwerke für die Speicherung und Schaltwerke für die Arithmetik.

2.3.3.2 Schaltwerke zur Speicherung: Flipflops und Register

Ein Schaltwerk, das eine Schaltvariable speichern soll, hat folgende Bedingungen zu erfüllen:

(FF1) *Speicherung*
Das Schaltwerk muß mindestens zwei stabile Zustände haben (damit zwei verschiedene Werte – 0 und 1 – gespeichert werden können).

(FF2) *Einschreiben in den Speicher*
Das Schaltwerk muß eine definierte Einstellung durch Eingangssignale gestatten.

(FF3) *Auslesen aus dem Speicher*
Der Speicherinhalt muß in negierter oder nichtnegierter Form an den Schaltwerksausgängen zur Verfügung stehen.

(2.46) Definition: (Flipflop)

Ein Schaltwerk mit den Eigenschaften (FF1) bis (FF3) heißt *Flipflop*. ■

Da es mehrere Möglichkeiten gibt, die Speicherung einer Schaltvariablen durch ein Schaltwerk zu realisieren, werden wir eine Unterteilung in weitere Teilabschnitte vornehmen:

(A) Das asynchrone RS-Flipflop,
(B) Das synchrone RS-Flipflop,
(C) Das synchrone JK-Flipflop,
(D) Das RS-MS-Flipflop,
(E) Register.

(A) Das asynchrone RS-Flipflop:

Das asynchrone RS-Flipflop ist ein Schaltwerk, mit dem durch den Eingang s, die *Setzleitung*, eine 1 gesetzt werden kann („S“ steht für set oder setzen), durch den Eingang r, die *Rücksetzleitung*, der Ausgang q auf 0 zurückgesetzt werden kann („R“ steht für reset oder rücksetzen) und mit dem diese beiden Zustände gespeichert werden können.

Am Schaltbild des Flipflops erkennt man, daß es einen inneren Zustand q^* gibt, der nichts anderes ist als der rückgeführte Ausgang q.

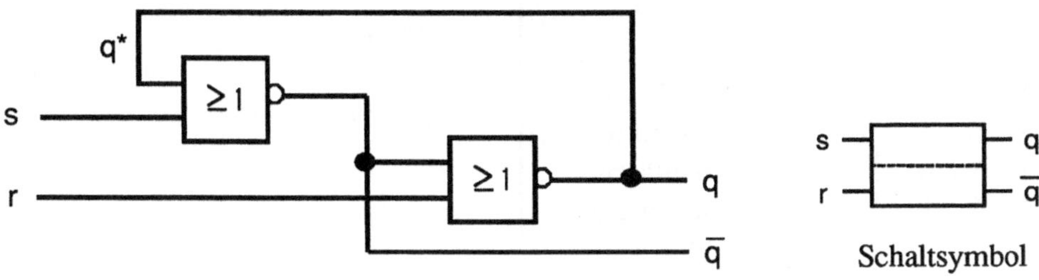

Bild 2.9: asynchrones RS-Flipflop

Wie gehen wir nun vor, wenn wir z.B. eine 1 speichern wollen?

Wir nehmen zunächst an, daß zu Beginn unserer Betrachtungen an beiden Eingängen 0 anliegt. Um am Ausgang q die gewünschte 1 zu erhalten, müssen wir am Eingang s („set") einen Impuls geben, so daß hier 1 anliegt. Unabhängig von q^* liegt dann hinter dem ersten NOR-Gatter eine 0 an, die zusammen mit $r = 0$ eine 1 hinter dem zweiten NOR-Gatter erzeugt. Die dadurch entstehende Rückführung $q^* = 1$ ändert nichts am Signal hinter dem ersten NOR-Gatter, somit ist der Zustand $q = 1$ stabil. Setzen wir nun $s = 0$, bleibt der Ausgangszustand $q = 1$ aufgrund der Rückführung $q^* = 1$ weiterhin erhalten.

Bevor wir die Schalttabelle angeben, betrachten wir den Fall, daß an den Eingängen $r = s = 1$ anliegt. Von der Bedeutung der Eingänge her ($s = 1$ heißt „auf 1 setzen", $r = 1$ bedeutet „auf 0 zurücksetzen") gibt diese Kombination keinen Sinn und ist somit unzulässig. Wird diese Eingabe aber auch durch das Schaltwerk als unzulässig gekennzeichnet?

Wir erhalten (oberes NOR-Gatter in Bild 2.9) $q = \overline{r \vee \overline{q}} = \overline{1 \vee \overline{q}} = 0$.

Betrachten wir das untere NOR-Gatter, so erhalten wir für $\overline{q}$ ebenfalls 0, insgesamt einen undefinierten Zustand und $r = s = 1$ als unzulässige Eingabe.

Die Schalttabelle lautet nun:

r	s	q*	q	Zustand	
0	0	0	0	stabil	„0“ gespeichert
0	0	1	1	stabil	„1“ gespeichert
0	1	0	1	instabil (q*≠ q)	„1” gesetzt
0	1	1	1	stabil	
1	0	0	0	stabil	„0” rückgesetzt
1	0	1	0	instabil (q*≠ q)	
1	1	0	-	unzulässig	
1	1	1	-	unzulässig	

Diese Schalttabelle für das asynchrone RS-Flipflop erfüllt die Eigenschaften (FF1) bis (FF3).

Die Schaltfunktion für das asynchrone RS-Flipflop ist:
$q = \overline{\overline{s \vee q^*} \vee r} = (s \vee q^*) \wedge \bar{r} = s \wedge \bar{r} \vee q^* \wedge \bar{r}$.
Da r = s = 1 unzulässig ist, kann man abkürzen: $q = s \vee q^* \wedge \bar{r}$.

(B) Das synchrone RS-Flipflop:

Das synchrone RS-Flipflop unterscheidet sich vom asynchronen RS-Flipflop nur dadurch, daß jetzt ein Takt t hinzugenommen wird: Eine Information kann nur in den Speicher übernommen werden, wenn t = 1.

Schaltbild und Schaltsymbol sehen dann wie folgt aus:

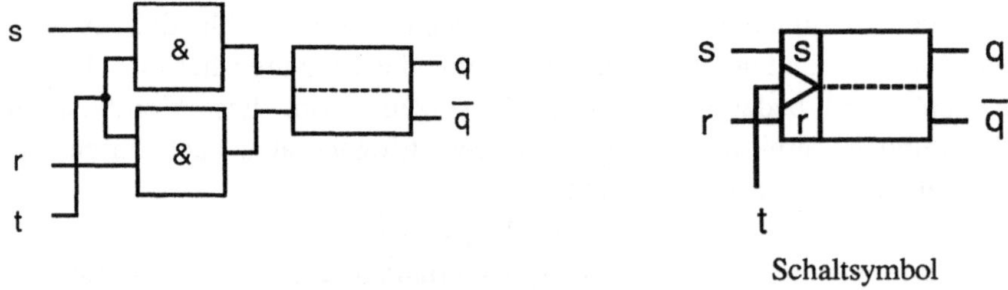

Schaltsymbol

Bild 2.10: synchrones RS-Flipflop

(C) Das synchrone JK-Flipflop:

Auch das JK-Flipflop ist ähnlich wie das RS-Flipflop. Im Gegensatz zum RS-Flipflop, bei dem die Eingangskombination r = s = 1 unzulässig ist, ist beim JK-Flipflop die Eingangskombination j = k = 1 erlaubt. Diese Kombination bewirkt, daß der augenblickliche Ausgangszustand q negiert wird (falls zusätzlich t = 1). Man nennt dies *„triggern“*.

Das synchrone JK-Flipflop besteht aus einem asynchronen RS-Flipflop und zwei vorgeschalteten UND-Gattern, wobei eines j, $\overline{q}^*$ und t, das andere k, q^* und t als Eingänge hat.

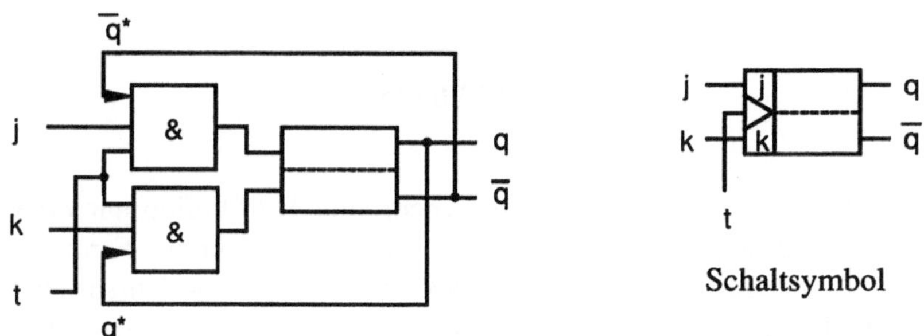

Bild 2.11: synchrones JK-Flipflop

Die Schaltfunktion des JK-Flipflops lautet:
$q = ((j \wedge \overline{q}^*) \vee q^*) \wedge (\overline{k \wedge q^*}) = (j \vee q^*) \wedge (\overline{k} \vee \overline{q}^*)$,
und die zugehörige Schalttabelle sieht dann so aus:

t	j	k	q*	q	Zustand	
1	0	0	0	0	stabil	„0“ speichern
1	0	0	1	1	stabil	„1“ speichern
1	0	1	0	0	stabil	} „0” rücksetzen
1	0	1	1	0	instabil	
1	1	0	0	1	instabil	} „1” setzen
1	1	0	1	1	stabil	
1	1	1	0	1	instabil	} triggern
1	1	1	1	0	instabil	

(D) Das RS-MS-Flipflop:

Beim RS-MS-Flipflop werden zwei synchrone RS-Flipflops zusammengeschaltet und mit demselben Takt versehen. Das eine Flipflop dient als Vorspeicher („Master“), das andere als Hauptspeicher („Slave“).

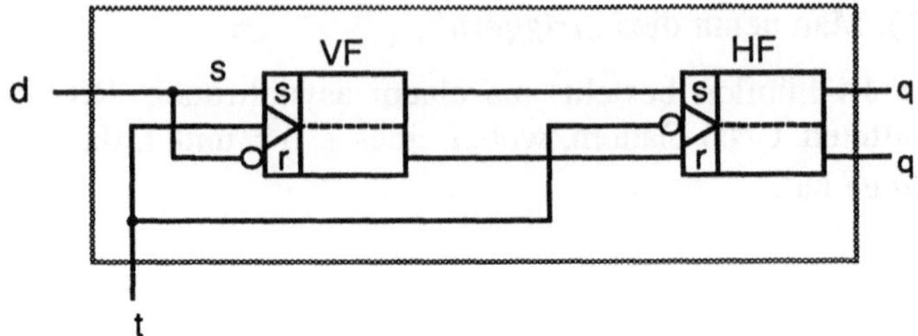

Bild 2.12: RS-MS-Flipflop

Das RS-MS-Flipflop hat im Gegensatz zum synchronen RS-Flipflop nur einen Eingang d (von: **d**elay, Verzögerung), der in nichtnegierter Form am Setzeingang und in negierter Form am Rücksetzeingang des Vorspeicher-Flipflops (VF) vorliegt. Das Hauptspeicher-Flipflop (HF) hat als Eingänge gerade die Ausgänge des Vorspeicher-Flipflops.

Ist t = 1, so sind die Eingänge von HF gesperrt, und d wird in VF übernommen. In t = 0 übernimmt HF den Schaltzustand von VF, dessen Eingänge nun gesperrt sind. Ein Einschreiben in den Speicher ist also nur möglich, wenn t = 1. Erst wenn anschließend wieder t = 0 ist, kann aus dem Speicher ausgelesen werden.

Oft werden MS-Flipflops nur mit einem q-Ausgang versehen. Das Schaltsymbol für Flipflops mit dieser Eigenschaft ist:

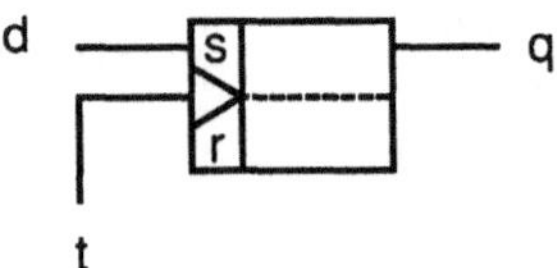

(E) Register:

Ein Register ist eine geordnete Menge von synchronen Flipflops mit derselben Taktleitung.

Operationen, die mit einem Register bestehend aus n Flipflops durchgeführt werden können, sind:

(a) *Auf-0-setzen* einzelner oder aller Flipflops
(b) *Auf-1-setzen* einzelner oder aller Flipflops
(c) *Invertieren* einzelner oder aller Flipflops.

Diese Operationen können entweder parallel realisiert werden, d.h. die entsprechenden Flipflops werden gleichzeitig angesprochen, oder seriell unter Verwendung von Schiebeoperationen. Da bei der parallelen Realisierung der technische Aufwand sehr hoch ist, weil man sehr viele Anschlüsse (pins) benötigt, verwendet man meistens Schiebeoperationen.

(d) *Schieben* (shift):
Wir unterscheiden dabei (q_i : Ausgang von Flipflop i):
   (1) *Rechtsshift*, bei dem nach der Ausführung gilt: $q_i = q_{i-1}$ $(i = 2,\ldots,n)$
   (2) *zyklischer Rechtsshift*, wenn zusätzlich $q_1 = q_n$ ist
   (3) *Linksshift*, bei dem nach der Ausführung gilt: $q_i = q_{i+1}$ $(i = 1,\ldots,n\text{-}1)$
   (4) *zyklischer Linksshift*, wenn zusätzlich $q_n = q_1$ ist.

(2.47) Beispiel: (Schieberegister)

Wir konstruieren ein Schieberegister für einen Rechtsshift, das aus n RS-MS-Flipflops besteht. Das erste Flipflop hat als Eingangsleitungen den Takt und den Eingang e, das zweite den Takt und den Ausgang des ersten als Eingang ... . Das letzte Flipflop schließlich hat die Eingänge Takt und den Ausgang des vorletzten Flipflops. Anzumerken ist hier, daß die Taktleitung häufig nicht eingezeichnet ist, da innerhalb eines Schaltwerks meist mit demselben Takt gearbeitet wird.

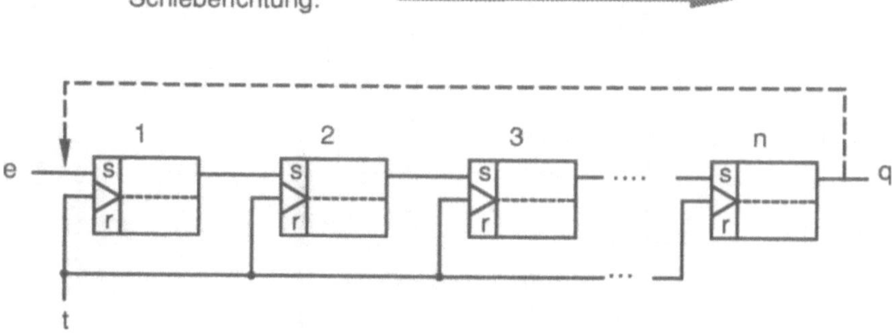

Falls der gestrichelte Pfeil ebenfalls eine Leitung darstellt, so liegt ein zyklisches Schieberegister vor, da der Ausgang q des n-ten Flipflops als Eingang des ersten Flipflops verwendet wird.

Jedes Flipflop des Registers kann auch zusätzlich eine q-Leitung nach außen haben, wir sprechen dann von einem Schieberegister mit Parallelausgabe.

Als Kurzdarstellung für ein zyklisches Schieberegister verwendet man oft auch folgende Darstellung:

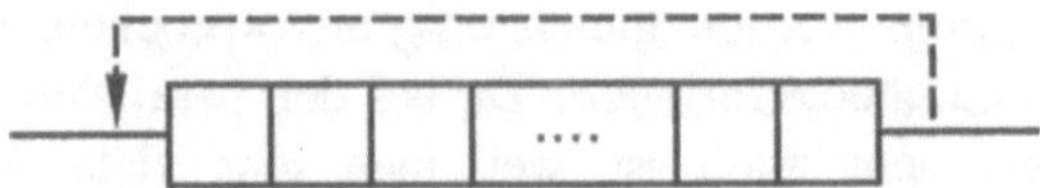

■

Ein Flipflop kann immer nur ein Bit speichern, deshalb wollen wir als nächstes Beispiel ein Register betrachten, das zur Speicherung mehrerer Bits dient.

(2.48) Beispiel: (8-Bit-Speicherregister)

Für das Speicherregister gibt es zwei Kontrollsignale: einmal den Takt t, der die Eingabe steuert, zum anderen ein Kontrollsignal a, das die Ausgabe regelt.

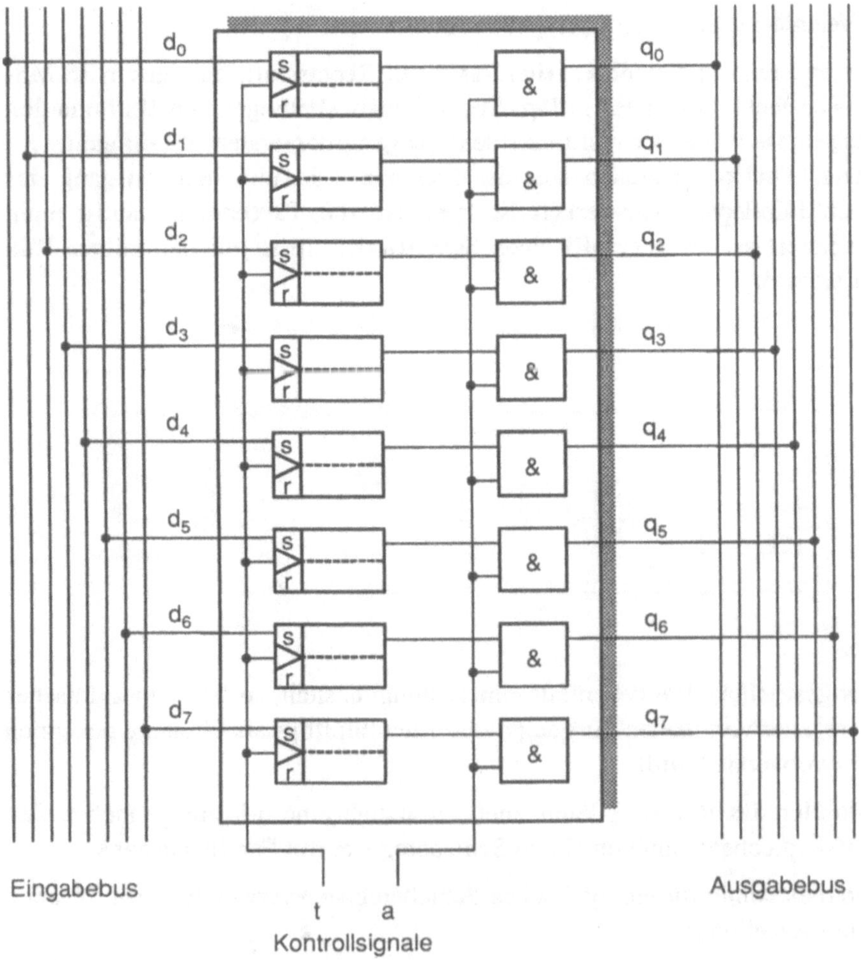

Ist das Taktsignal gesetzt, lädt das Register die Daten vom Eingabebus. Die Zustände an den Ausgängen der Flipflops des Registers gelangen auf den Ausgabebus, wenn das Kontrollsignal a gesetzt ist. Bei t = 0 bzw. a = 0 sind Register und Eingabe- bzw. Ausgabebus entkoppelt, und es werden keine Daten übertragen: Es herrscht „Eingabe-“ bzw. „Ausgabesperre“. ∎

2.3.3.3 Schaltwerke für die Arithmetik

Zuerst betrachten wir Zähler für natürliche Zahlen, welche die Grundlage für Schaltwerke zur Durchführung arithmetischer Operationen darstellen. Anschließend gehen wir auf Binäraddierwerke ein.

(A) Zähler:

(2.49) Definition: (Zähler)

Ein Schaltwerk heißt *Zähler* für q ∈ ℕ, falls bei einmaliger Eingabe von 1 über eine Setzleitung genau q-mal (d.h. in den nächsten q Takten) die Ausgabe 1 erfolgt und danach wieder nur 0 ausgegeben wird bis zur nächsten Eingabe von 1. ∎

Realisiert wird ein Zähler beispielsweise mit q Flipflops, die zu einem Schieberegister mit Parallelausgabe zusammengeschaltet sind. Die einzelnen Ausgänge der Flipflops werden als Eingänge für ein ODER-Gatter mit q Eingängen verwendet.

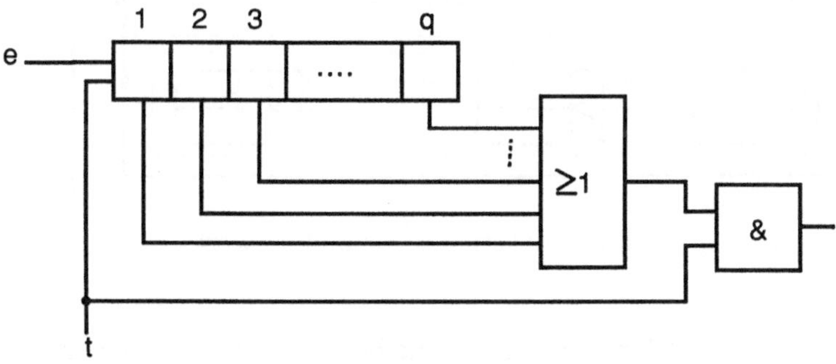

Bild 2.13: Zähler für q

Für alle Flipflops ist der Anfangszustand 0. Gibt man einmal e = 1 ein (und liegt während der nächsten q - 1 Takte e = 0 an), so wird der Ausgangszustand des ersten Flipflops 1. Diese 1 geht in das ODER-Gatter ein, an dessen Ausgang dann ebenfalls 1 anliegt. Beim nächsten Takt wird die 1 aus dem ersten Flipflop um ein Flipflop nach rechts verschoben, am Ausgang des ODER-Gatters liegt wiederum 1 an. Wir erhalten also so lange 1 am Ausgang des Zählers – genau q-mal –, bis die 1 das Schieberegister „durchlaufen" hat. Danach liegt bis zur nächsten Eingabe von 1 am Ausgang des Zählers 0 an.

(B) Schaltwerk für serielle Binäraddition:

Ein Schaltwerk für serielle Binäraddition realisiert die Addition zweier q-stelliger Dualzahlen a und b, die in zwei Schieberegistern A und B gespeichert sind:

$<A> = a = (a_{q-1}, a_{q-2}, \ldots, a_0)$
$<B> = b = (b_{q-1}, b_{q-2}, \ldots, b_0)$

Nach Ausführung der Addition – ziffernweise durch einen Volladdierer – ist die Summe von a und b im Register A gespeichert, im zyklischen Schieberegister B befindet sich nach wie vor die Dualzahl b:

$<A> = a + b$
$<B> = b$

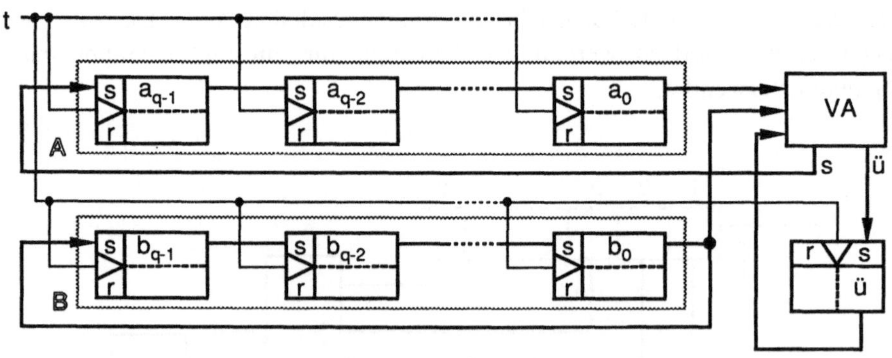

Bild 2.14: serielles Binäraddierwerk

Aus Gründen der Übersichtlichkeit bleibt im Bild 2.14 der Zähler für q unberücksichtigt. Seine Anfangsstellung ist 0, er gibt q-mal den Takt für das Schaltwerk und muß also durch ein UND-Gatter mit dem Takt t verbunden sein.

Ebenfalls zu Beginn auf 0 gesetzt sein muß der Übertrag ü, damit es nicht zu einer Verfälschung des Ergebnisses kommt.

(2.50) Beispiel:

Wir addieren mit einem seriellen Binäraddierwerk zwei vierstellige Zahlen a = (1010) und b = (0011).

Während eines Taktes werden die jeweils letzten beiden Stellen von A und B im Volladdierer addiert. Die Summe s gelangt in die erste Stelle von A, die anderen Stellen werden um eins nach rechts verschoben. Der Übertrag ü wird im „Übertragsflipflop" gespeichert, um beim nächsten Takt dem Volladdierer wieder zur Verfügung zu stehen. Im Schieberegister B wird ein zyklischer Rechtsshift durchgeführt.

Der Zähler gibt viermal Takt, wir erhalten somit:

Ausgangslage:	s = 0 ü = 0	<A> = (1 0 1 0) = a <B> = (0 0 1 1) = b
1. Takt:	s = 0 + 1 + ü = 1 ü = 0	<A> = (1 1 0 1) <B> = (1 0 0 1)
2. Takt:	s = 1 + 1 + 0 = 0 ü = 1	<A> = (0 1 1 0) <B> = (1 1 0 0)
3. Takt:	s = 0 + 0 + 1 = 1 ü = 0	<A> = (1 0 1 1) <B> = (0 1 1 0)
4. Takt:	s = 1 + 0 + 0 = 1 ü = 0	<A> = (**1101**) = a + b <B> = (0 0 1 1) = b ■

(C) Schaltwerke für arithmetische Binäroperationen:

Mit den Schaltwerken Zähler und Binäraddierwerk können wir nun alle arithmetischen Operationen technisch realisieren.

Beginnen wir mit der Addition. Sie läuft so ab, wie wir es in Abschnitt (B) beschrieben haben. Wir wollen an dieser Stelle die Prinzip-Skizze angeben:

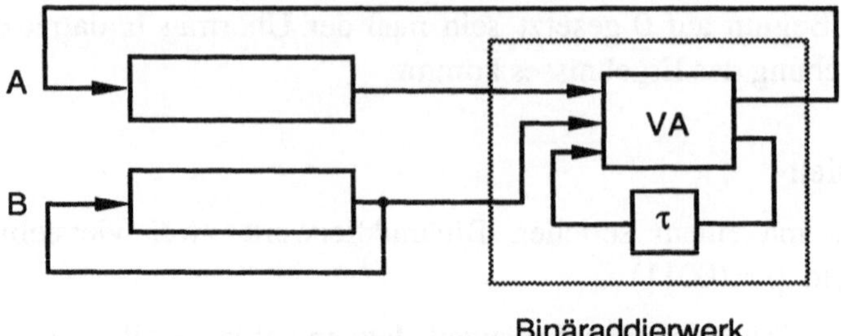

Bild 2.15: Schaltwerk für die Addition

Die Subtraktion wird auf die Addition zurückgeführt. Zwischen das Register B und den Volladdierer wird ein Schaltwerk zur Komplementbildung geschaltet, mit dessen Aufbau wir uns hier nicht intensiver beschäftigen wollen. Dann wird im Volladdierer wie gewohnt die Summe der Dualziffern gebildet.

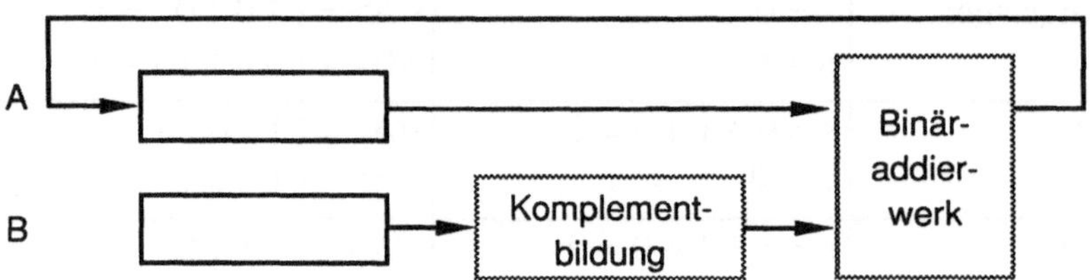

Bild 2.16: Schaltwerk für die Subtraktion

Will man zwei q-stellige Zahlen a und b multiplizieren, so benötigt man für das Schaltwerk drei Register und ein Binäraddierwerk. Im Register A, das man hier Akkumulatorregister nennt, wird zu Anfang die Zahl 0 gespeichert. Im Register B, dem Speicherregister, befindet sich die Zahl b. Im dritten Register, dem sogenannten Multiplikator-Quotientenregister MQR, speichert man die Zahl a. Die letzte Stelle von MQR, hier mit „*“ bezeichnet, wird als Prüfbit verwendet.

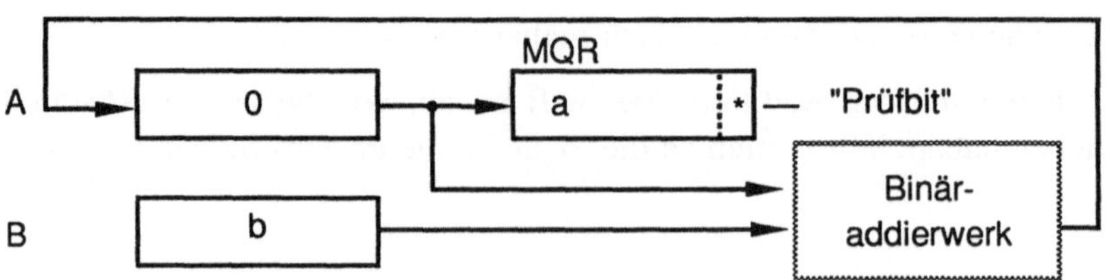

Bild 2.17: Schaltwerk für die Multiplikation

Der Algorithmus für das Multiplikationswerk lautet:

Wiederhole q-mal
    wenn * = 1 , dann <A> + <B> → A ;
    verschiebe <A,MQR> um eine Stelle nach rechts;
Ergebnis a · b = <A,MQR> .

Dazu wollen wir nun ein abschließendes Beispiel rechnen.

(2.51) Beispiel:

Wir multiplizieren die Zahlen $a = (011011)_2 = 27$ und $b = (000101)_2 = 5$. Als Ergebnis erhalten wir $27 \cdot 5 = 135 = (10000111)_2$.

Wie wird nun dieses Ergebnis erreicht?

	<B>	<B> + <A> → A vor dem Verschieben	<A> nach dem Verschieben	<MQR> Prüfbit ↓
Anfang:	000101		000000	01101 1
1. Takt:	000101	000101	000010	10110 1
2. Takt:	000101	000111	000011	11011 0
3. Takt:	000101		000001	11101 1
4. Takt:	000101	000110	000011	01110 1
5. Takt:	000101	001000	000100	00111 0
6. Takt:	000101		**000010**	**00011 1**

■

2.4 Aspekte der physikalischen Realisierung

Schaltgatter können auf die unterschiedlichste Art und Weise durch elektronische Bauelemente realisiert werden. So verwendete man seit 1938 in der sogenannten ersten Generation Relais, d.h. elektromagnetisch zu betätigende Schalter, und seit 1944 Elektronenröhren, d.h Glasgefäße, in denen Vakuum herrscht, mit mehreren Anschlußstiften und Elektroden zur Verstärkung von elektrischen Strömen. In der weiteren Entwicklung findet man in der zweiten Generation seit 1959 Transistoren und seit 1965 in der dritten Generation Halbleiterbauelemente.

Ein besonders wichtiger Unterschied dieser Bauelemente ist die benötigte Schaltzeit zur Verarbeitung von bestimmten Eingabesignalen.

Generation	Bauelement	seit	Schaltzeit in sec
1	Relais	1938	0, 1
	Röhre	1944	0, 000 1
2	Transistor	1959	0, 000 001
3	Halbleiterbauelement	1965	0, 000 000 001

Wir werden im nächsten Abschnitt auf den Begriff Halbleiter eingehen, bevor wir konkret die Diode und den Transistor als Halbleiterbauelemente studieren.

2.4.1 Halbleiter

Ein *Halbleiter* ist ein Stoff, dessen elektrische Leitfähigkeit zwischen derjenigen von Isolatoren und metallischen Leitern liegt. Die Leitfähigkeit ist von der Temperatur abhängig und kann durch Licht, Wärme oder elektromagnetische Strahlung gesteuert werden. Halbleiter sind z.B. Silicium oder Germanium, also Elemente der IV. Hauptgruppe. Diesen Elementen kann man leicht Atome aus der V. Hauptgruppe als *Donator*, d.h. Elektronenspender, (z.B. Phosphor, Arsen) und Atome aus der III. Hauptgruppe als *Akzeptor* (z.B. Bor, Indium) einbauen.

Die Anzahl der einzubauenden Atome wird entsprechend dem Ergebnis, das man dadurch erreichen will, festgelegt. Solch ein genau dotierter Zusatz von chemischen Elementen, d.h. eine gezielte Verunreinigung des Halbleiters durch Diffusionsprozesse, bewirkt eine Veränderung der Leitfähigkeit.

Bei steigender Temperatur werden die im Halbleiter enthaltenen Elektronen aktiviert. Diese Elektronen stehen dann als frei bewegliche Ladungsträger zur Verfügung. Sie hinterlassen einen unbesetzten Zustand („Loch"), der als positive Ladung quasi frei beweglich ist. Ist der Halbleiter undotiert, d.h. sind ihm keine Akzeptoren oder Donatoren zugesetzt, so ist die Anzahl der Elektronen gleich der Anzahl der Löcher. Beim Zusatz von Donatoren überwiegt dagegen die Anzahl der Elektronen, wir erhalten einen sogenannten *n-Leiter* (n für negativ). Setzt man Akzeptoren zu, so entsteht ein *p-Leiter* (p für positiv) mit einem Elektronenmangel, d.h. einem Überschuß an Löchern.

Zwischen benachbarten n- und p-Zonen bildet sich ein nichtleitender Übergangsbereich, der durch Anlegen einer elektrischen Spannung in einer bestimmten Höhe leitend gemacht werden kann – allerdings nur in eine Richtung, in die andere bleibt er sperrend. Das heißt ein pn-Übergang hat in der einen Richtung einen sehr großen elektrischen Widerstand, in der anderen einen verschwindend kleinen.

Ein Bauelement für Schaltgatter, das unter Ausnutzung obiger Effekte aus Halbleitern hergestellt ist, nennt man *Halbleiterbauelement*.

2.4.2 Halbleiterdiode und Halbleitertransistor

2.4.2.1 Diode

Eine *Diode* ist ein elektronisches Bauelement, das aus einer p- und einer n-Zone besteht und dessen Widerstand infolgedessen in so hohem Grade von der Polarität der angelegten Spannung abhängt, daß das Bauelement praktisch nur in eine Richtung leitend ist.

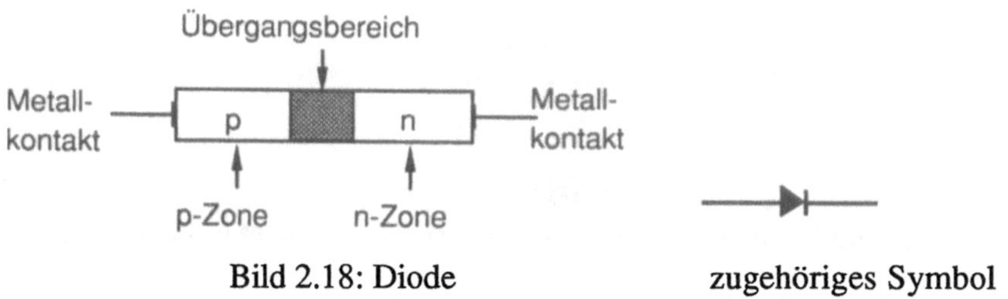

Bild 2.18: Diode zugehöriges Symbol

Die Pfeilspitze beim Symbol für die Diode zeigt entsprechend der technischen Stromrichtung von „+“ nach „-“.

Bezeichne U_D die Spannung, die an der Diode anliegt. Für U_D gilt:

$U_D \geq 0$, falls ein Potential-/Spannungsgefälle in Richtung Diodenpfeil vorliegt, andernfalls $U_D < 0$.

Für jede Diode gibt es eine bestimmte Spannung, die sogenannte *Durchlaß-* oder *Knickspannung* U_{kn}, die von U_D überschritten werden muß, damit es zu einem Stromfluß kommt. Der Zusammenhang zwischen anliegender Spannung und Stromfluß wird durch die sogenannte *Diodenkennlinie* beschrieben.

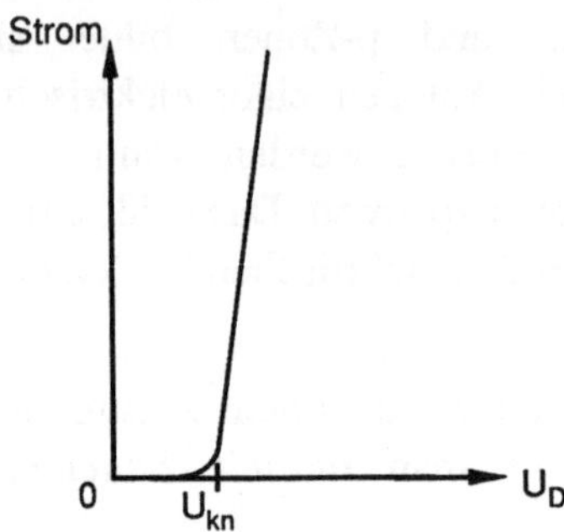

Bild 2.19: Diodenkennlinie

Die Diode leitet, falls $U_D \geq U_{kn}$, sie sperrt, falls $U_D < U_{kn}$, d.h. die Diode wirkt wie ein Schaltelement.

(2.52) Beispiel: (Diode als Schaltelement)

Sei $U_{kn} = 12V$.

(a) $U_D = 12V \geq U_{kn}$: Die Diode leitet.

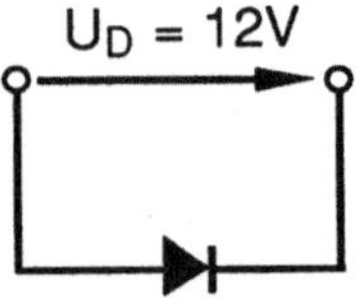

Die leitende Diode entspricht dem Schaltelement , der Schaltzustand ist „geschlossen".

(b) $U_D = 6V < U_{kn}$: Die Diode sperrt.

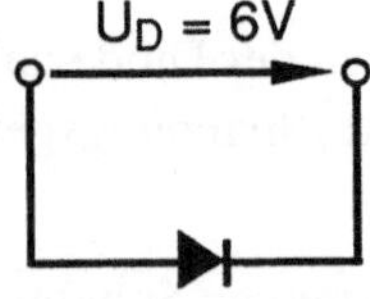

Die sperrende Diode entspricht dem Schaltelement , der Schaltzustand ist „offen". ■

Im nächsten Beispiel wollen wir betrachten, wie UND- und ODER-Gatter konkret mit Hilfe von Dioden realisiert werden.

(2.53) Beispiel: (UND-, ODER-Gatter)

Zu Beginn treffen wir die Vereinbarung, daß eine Spannung $\leq$ -6V dem Schaltwert 0 entspricht und eine Spannung $\geq$ 0V dem Schaltwert 1. Dabei nennt man die Spannungen -6V und 0V *Referenzspannungen*. Außerdem sei wieder $U_{kn} = 12$ V.

(a) *UND-Gatter*:
Das Schaltbild für das UND-Gatter sieht wie folgt aus:

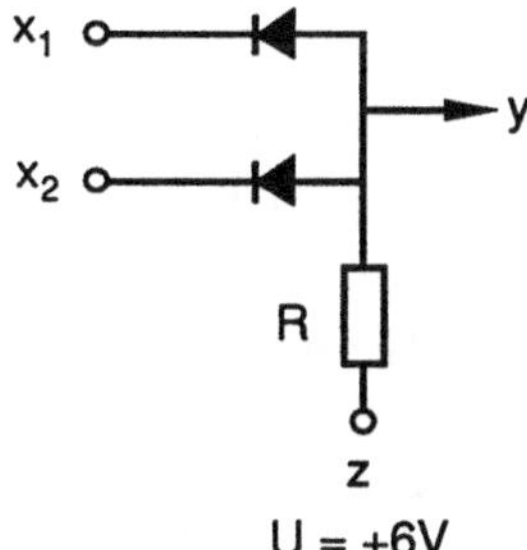

Betrachten wir den Fall, daß z.B. bei x_1 eine Spannung von -6V anliegt. Dann liegt ein Spannungsgefälle in Richtung des Diodenpfeils von z nach x_1 in Höhe von 6V - (-6V) = 12V $\geq U_{kn}$ vor, d.h. die Diode leitet. Da der Widerstand einer leitenden Diode im Gegensatz zum eingebauten Widerstand R verschwindend klein ist, liegen bei y -6V an, gleichgültig, welche Spannung bei x_2 anliegt.
Liegt bei x_1 eine Spannung von 0V an, so liegt zwar ein Spannungsgefälle in Richtung Diodenpfeil in Höhe von 6V vor, aber diese 6V reichen nicht aus, um die Knickspannung zu überwinden, d.h. die Diode sperrt. Sperrt auch die zweite Diode, so ist der Widerstand R klein im Vergleich zu den Widerständen der Dioden. Bei y liegen dann +6V an. Leitet jedoch die zweite Diode, so liegt der oben betrachtete Fall vor, und bei y liegen -6V an. Diese Zusammenhänge fassen wir in einer Schalttabelle zusammen:

x_1			x_2			$y = x_1 \wedge x_2$		
0	=	-6V	0	=	-6V	0	=	-6V
0	=	6V	1	=	0V	0	=	-6V
1	=	0V	0	=	-6V	0	=	-6V
1	=	0V	1	=	0V	1	=	6V

(b) *ODER-Gatter:*
Auch hier geben wir zunächst das Schaltbild an:

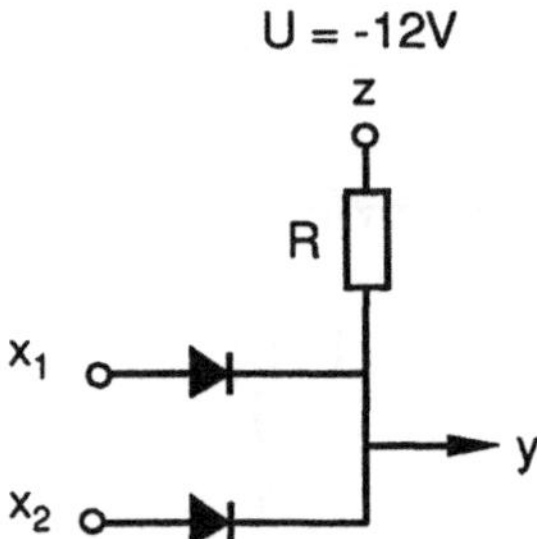

Beträgt die Spannung, die bei x_1 anliegt, 0V, so liegt ein Spannungsgefälle von 12V in Richtung Diodenpfeil von x_1 nach z vor. Da 12V $\geq U_{kn}$, leitet die Diode. Um die Spannung zu erhalten, die bei y anliegt, muß man die zweite Diode nicht mehr betrachten: Bei y liegen 0V an.
Liegen bei x_1 jedoch -6V an, so beträgt das Spannungsgefälle von x_1 nach z nur 6V, d.h. die Knickspannung wird nicht überwunden, und die Diode sperrt. Ist das Spannungsgefälle bei der anderen Diode ebenfalls zu klein, um die Referenzspannung zu überwinden, so sperrt auch diese, und bei y liegen -12V an. Leitet jedoch die zweite Diode, da bei ihr z.B. 0V anliegen, so beträgt die Spannung bei y 0V.
Die Schalttabelle dazu lautet:

x_1			x_2			$y = x_1 \vee x_2$		
0	=	-6V	0	=	-6V	0	=	-12V
0	=	-6V	1	=	0V	1	=	0V
1	=	0V	0	=	-6V	1	=	0V
1	=	0V	1	=	0V	1	=	0V

■

UND- und ODER-Gatter lassen sich mit Dioden wie eben aufgezeigt realisieren. Die Negation ist jedoch nicht herstellbar.

Weiterhin problematisch ist bei Dioden, daß keine Verstärkung der Eingangssignale möglich ist, d.h. die Eingangsenergie ist immer größer als die Ausgangsenergie, da allein an den Widerständen der Leitungen Spannung abfällt. Man sagt, die Diode ist ein *passives Bauelement*.

Werden mehrere Gatter hintereinandergeschaltet, so wird das Ausgangssignal bald unzulässig klein.

Wir benötigen somit ein Bauelement, mit dem auch Verstärkungen von Signalen möglich sind.

2.4.2.2 Transistor

Ein *Transistor* (von engl.: **trans**fer **resistor**: Übertragungswiderstand) ist ein Halbleiterbauelement bestehend aus drei Zonen, d.h. zwei pn-Übergängen, das elektrische Ströme verstärken und als Steuer- und Schaltelement dienen kann. Man unterscheidet pnp-Transistoren (siehe Bild 2.20) und npn-Transistoren.

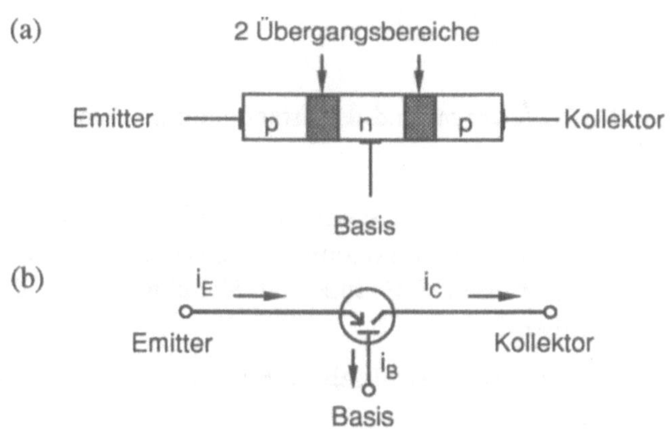

Bild 2.20: (a) pnp-Transistor
(b) zugehöriges Symbol

Mit dem Transistor ist eine Verstärkung von Ein- und Ausgabesignal möglich, wir sprechen deshalb von einem *aktiven Bauelement*. Für jede der drei Zonen des Transistors gibt es einen Anschluß: Emitter, Kollektor und Basis.

Betrachten wir den pnp-Transistor etwas genauer:

Liegt beim Emitter E eine positive Spannung im Vergleich zum Kollektor C an, aber die gleiche wie an der Basis B, so sperrt der Transistor, da von E nach B kein Spannungsgefälle vorliegt und somit für den Basisstrom gilt: $i_B = 0$. Verkleinert man nun die Basisspannung geringfügig, so liegt ein Spannungsgefälle vor, und ein geringer Basisstrom i_B beginnt zu fließen. Da jedoch die Kollektorspannung im Vergleich zur Basisspannung viel „negativer" ist gegenüber der Emitterspannung, fließt ein viel größerer Strom i_C von Emitter zu Kollektor. Eine geringe Veränderung der Basisspannung bewirkt also einen geringen Basisstrom, der eine starke Veränderung des Kollektorstroms zur Folge hat: Der Transistor leitet und verstärkt.

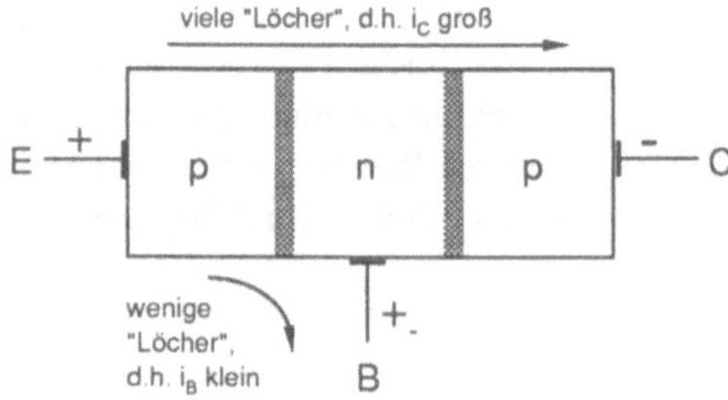

Bild 2.21: leitender und verstärkender pnp-Transistor

Der Transistor hat durch seine Eigenschaften viele Einsatzmöglichkeiten. Er kann als Bauelement zur Signalverstärkung eingesetzt werden oder als reiner Schalter wie die Diode zwischen Emitter und Kollektor oder als Kombination von beiden wie ein Relais.

Als Beispiel wollen wir die physikalische Realisierung des NICHT-Gatters mit Hilfe eines Transistors studieren.

(2.54) Beispiel: (NICHT-Gatter)

Für die bloße Negation des Eingangssignals x zu $y = \overline{x}$ ist keine Signalverstärkung notwendig, die reine Schalterfunktion des Transistors ist wesentlich. Deshalb haben wir für die Realisierung der Negation einen nicht verstärkenden pnp-Transistor gewählt.

Wir vereinbaren wieder, daß eine Spannung $\leq$ -6V dem Schaltwert 0 entspricht und eine Spannung $\geq$ 0V dem Schaltwert 1.

Das Schaltbild ist:

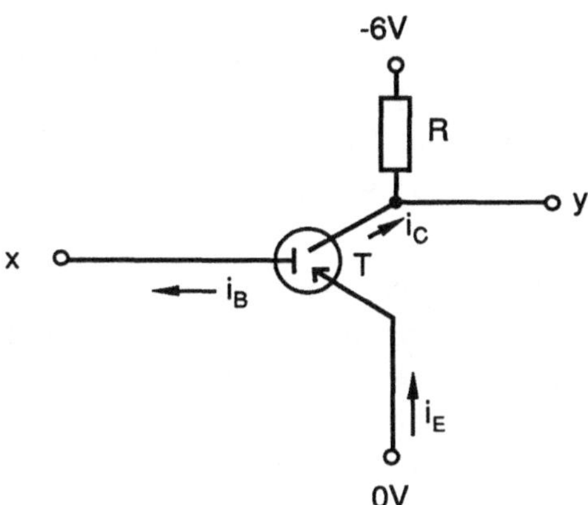

Ist die Spannung bei x, der Basis, 0V, so haben wir kein Spannungsgefälle vom Emitter (0V) zur Basis, d.h. der Transistor sperrt, und es ist $i_B = i_C = 0$. Bei y liegen -6V an.
Liegen an der Basis x jedoch -6V an, so liegt ein Spannungsgefälle vom Emitter zur Basis in Höhe von 6V vor, und der Transistor leitet. Da sowohl an der Basis als auch am Kollektor -6V anliegen, sind Basisstrom und Kollektorstrom gleich, d.h. $i_C = i_B$. Bei y können wir eine Spannung von 0V messen.

Diese Ergebnisse stellen wir noch einmal in einer Tabelle dar:

x	$y = \overline{x}$
0 = -6V	1 = 0V
1 = 0V	0 = -6V

■

Bevor wir diesen Abschnitt über den Transistor abschließen, sollen den bisherigen Ausführungen noch zwei Bemerkungen hinzugefügt werden.

Da mit dem Transistor die Negation möglich ist, kann man auch NAND- und NOR-Gatter realisieren.

Die Anzahl der Schaltbetätigungen pro Sekunde mit einem Transistor liegt zwischen 10^6 und 10^9.

2.4.3 Integrierte Schaltkreise

Unter einem Schaltkreis versteht man ein Schaltnetz oder ein Schaltwerk. Ein integrierter Schaltkreis oder auch Integrated Circuit (*IC*) ist ein Schaltkreis, dessen einzelne Bauelemente und Verbindungsbahnen auf einem einzigen Halbleiterkristall (*Chip*) von nur wenigen Millimetern Kantenlänge fest untergebracht sind.

Bei der Herstellung der Chips geht man von einer Halbleiterscheibe, dem sogenannten *Wafer*, aus. Er ist ungefähr 8 bis 20 cm lang und bietet Platz für mehrere Hundert Chips. Nachdem der Wafer mit einem lichtempfindlichen Lack bedampft worden ist, werden die Halbleiterstrukturen mit Licht auf ihn projiziert, sodaß man erkennen kann, wo Bahnen für die Dotierung des Halbleiters weggeätzt werden müssen. Das Ätzen und Dotieren erzeugt dann Transistoren, Dioden und andere Bauelemente und ihre Verbindungsbahnen auf dem Wafer. Eventuell – abhängig von der Komplexität der zu realisierenden Schaltungen – werden die genannten Vorgänge wiederholt. Am Ende der Fertigung wird der Wafer mit einem Diamantenschneider oder Laserstrahl in die einzelnen Chips zerteilt. Die Chips werden mit Drähten („Beinchen") kontaktiert und in ein Gehäuse eingegossen. In dieser Form findet man die Chips im Inneren von Computern und anderen elektronischen Geräten.

Je nach ihrer Integrationsdichte, d.h. der Anzahl der Schaltgatter pro Chip, teilt man die IC's in Gruppen ein.

Integrationsdichte	Anzahl der Funktionselemente pro Chip
small scale integration (*SSI*)	bis 100
medium scale integration (*MSI*)	100 bis 5000
large scale integration (*LSI*)	5000 bis 50000
very large scale integration (*VLSI*)	50.000 - 10^8
ultra LSI	

Bei der Realisierung von Schaltgattern unterscheidet man mehrere integrierte Schaltkreisfamilien oder Logiken. Innerhalb einer Schaltkreisfamilie werden die Gatter nur durch bestimmte Bauelemente realisiert, z.B. nur durch Dioden oder durch Dioden und Transistoren etc. Unterschiede zwischen den einzelnen Familien sind u.a. die Schaltzeit, die Betriebsspannung, die Integrationsdichte und die Leistungsaufnahme.

Die wichtigsten Schaltkreisfamilien mit ihren Schaltzeiten sind in der folgenden Tabelle zusammengefaßt:

Schaltkreisfamilie/Logik	Schaltzeit pro Gatter
(a) Diodenlogik (*DL*) (vgl. Beispiel 2.53)	25 ns
(b) Dioden-Transistor-Logik (*DTL*)	30 ns
(c) Transistor-Transistor-Logik (*TTL*) (vgl. Beispiel 2.55)	10 ns
(d) Emittergekoppelte Logik (*ECL*)	0,5 ns
(e) Schottky-Transistor-Logik (*STL*)	3 ns
(f) *MOS*-Logik (**m**etal **o**xide **s**emiconductor)	200 ns

Die Logiken DTL, TTL und ECL verwenden stromgesteuerte, sogenannte *bipolare Transistoren*, auf die wir hier nicht näher eingehen wollen. Ihr Vorteil liegt in den geringen Schaltzeiten. Sie haben aber einen hohen Leistungs- und Platzbedarf und müssen außerdem über den Strom i_B gesteuert werden. Diese Schaltkreisfamilien werden etwa für Cachespeicher in Rechnern verwendet.

Dahingegen benutzt man bei der MOS-Logik spannungsgesteuerte *Feldeffekttransistoren* – auch sie werden wir nicht genauer betrachten. Die Integrationsdichte bei dieser Logik ist sehr hoch, der Leistungsbedarf gering. Allerdings muß man für diese Vorteile hohe Schaltzeiten in Kauf nehmen.

Bei der Schottky-Transistor-Logik, einer relativ neuen Entwicklung, kommen zwar auch bipolare Transistoren zum Einsatz, man erreicht aber eine sehr viel höhere Integrationsdichte und einen geringeren Leistungsbedarf als bei den Logiken DTL, TTL und ECL, ohne dabei jedoch auf die kurzen Schaltzeiten verzichten zu müssen. Die STL vereint die Vorteile von bipolaren Transistoren und Feldeffekttransistoren.

Aufgaben zu 2.1 bis 2.3:

1. Zeigen Sie, daß in einer Booleschen Algebra (M; ·, +, ') kein Element komplementär zu sich selbst sein kann.

2. (a) Bestimmen Sie die kKN von f(a, b, c) = (b' c' + a)' b + a c.
   (b) Bestimmen Sie die kDN von g(x, y) = ((x' + y)' (x y' + x' y))'.

3. Bestimmen Sie die kDN und die kKN von $f: \mathbb{B}^3 \to \mathbb{B}$ aus der Schalttabelle.

a	b	c	f(a, b, c)
0	0	0	1
0	0	1	0
0	1	0	0
0	1	1	1
1	0	0	1
1	0	1	1
1	1	0	0
1	1	1	0

4. Wenden sie das Quine-McCluskey-Verfahren auf die Boolesche Funktion f an und ermitteln Sie so die disjunktive Minimalform von f.
$f: \mathbb{B}^3 \to \mathbb{B}$ mit $f(a, b, c) = a\,b\,c + a'\,b\,c + a\,b'\,c + a'\,b'\,c + a\,b'\,c' + a'\,b'\,c'$

5. Zeigen oder widerlegen Sie die folgenden Aussagen:
   (a) Die NAND-Verknüpfung ist kommutativ.
   (b) Die NOR-Verknüpfung ist assoziativ.

6. Sei die Schaltfunktion f gegeben durch $f(x, y) = x \wedge y \vee \overline{x} \wedge \overline{y}$.
Welche Darstellung hat f in der Verknüpfungsbasis $\{|\}$ (NAND)?

7. Entwerfen Sie ein Schaltnetz, das folgende Aufgabe löst:
An einer Produktionsanlage soll ein Warnsignal genau dann eingeschaltet werden, wenn die Anlage eingeschaltet ist (A = 1) und einer der folgenden Fälle auftritt:
   - Ein Füllstand ist unterschritten (F = 0).
   - Eine Grenztemperatur ist überschritten (T = 0) und die Heizung schaltet nicht ab (H = 1).
   - Mindestens eines von drei Schutzgittern wurde entfernt ($S_i = 0$, i = 1, 2, 3).

8. Gegeben sei die Boolesche Funktion $f: \mathbb{B}^3 \to \mathbb{B}$ mit $(a, b, c) \mapsto (a \cdot (b + c) + a'\,b')'$.

(a) Geben Sie die zu f gehörende Wertetabelle an.
(b) Bestimmen Sie die kDN von f.
(c) Sei g eine zweite Boolesche Funktion $g : \mathbb{B}^3 \rightarrow \mathbb{B}$ $g(a, b, c) = a' b + a b' c'$.
Ist g äquivalent zu f?
(d) Fassen Sie g als Schaltfunktion auf und zeichnen Sie zu g ein Schaltnetz mit genau sechs Schaltgattern.

9. Gegeben sei folgendes Schaltnetz:

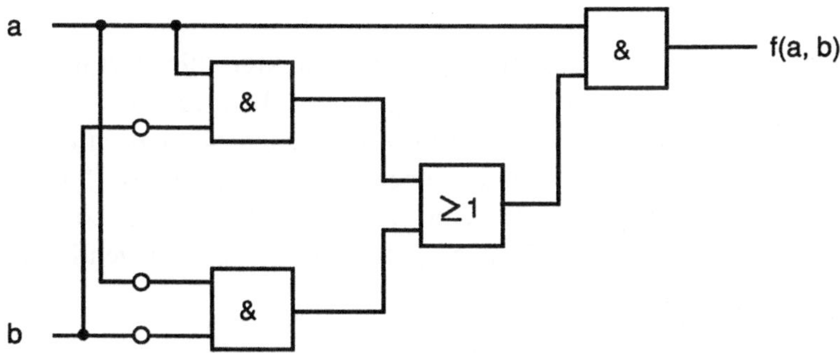

(a) Wie lautet die zugehörige Schaltfunktion für f?
(b) Bestimmen Sie die kKN von f.
(c) Stellen Sie f in der Verknüpfungsbasis {↓} (NOR) dar.

10. Worin besteht der grundlegende Unterschied zwischen einem Schaltnetz und einem Schaltwerk?

11. Wozu dient der Takt bei Schaltwerken?

3 Rechnerarchitektur

Den Begriff Rechnerarchitektur verbindet man anschaulich mit dem umgangssprachlichen Verständnis von Architektur. Man stellt sich eine Struktur vor, wie z.B. bei einem Bauwerk, die nach gewissen Ordungsrichtlinien konstruiert wurde.

Wir verstehen unter dem Begriff Rechnerarchitektur die Gesamtheit der Bauprinzipien einer Datenverarbeitungsanlage. Diese Bauprinzipien setzen sich aus verschiedenen Komponenten zusammen, mit denen wir uns in den ersten beiden Teilen des Kapitels auseinandersetzen werden. Im dritten Teil wenden wir uns einem wichtigen Ansatz von verteilten Systemen, sogenannten Client/Server-Systemen zu. Abschließend gehen wir auf grundlegende Aspekte von Betriebssystemen ein.

3.1 Der von-Neumann-Rechner

Um einen Rechner unabhängig von der Art der zu lösenden Aufgabe (universal) zu gestalten, entwickelte und definierte von Neumann die in diesem Kapitel vorgestellte Rechnerarchitektur.

Der ungarische Mathematiker John von Neumann, Mathematikprofessor an der Universität von Princeton (USA) und Kollege von Albert Einstein, konstruierte in den Jahren 1944 bis 1952 gemeinsam mit Burks und Goldstine den Rechner EDVAC (Electronic Discrete Variable Automatic Computer). Die entscheidende Neuerung dieser Maschine war, daß sich sowohl die Programmbefehle als auch die Daten binär codiert in demselben Speicher befanden. Die Eingabe des Programms erfolgte nicht mehr über Lochstreifen oder Schalttafeln.

Einige der Forderungen, die von Neumann Mitte der vierziger Jahre an einen Universalrechner stellte, waren:

(a) Die codierten Programmbefehle und die Daten werden in der Maschine selbst gespeichert.

(b) Das Programm enthält bedingte Sprungbefehle, die einen Programmteil überspringen (Vorwärtsverzweigung) oder wiederholen (Rückwärtsverzweigung) können, oder einen Sprung (Verzweigung) in ein neues Programmteil ermöglichen.

(c) Die Maschine kann Programmdaten selbständig ändern.

In den folgenden Jahren wurden diese Forderungen noch ergänzt und führten dann zum sogenannten klassischen Konzept eines Universalrechners.

3.1.1 Klassisches Konzept eines Universalrechners

Um dem Konzept eines *Universalrechners* nach von Neumann zu genügen, muß ein Rechner die folgenden Anforderungen erfüllen:

(a) Der Rechenautomat wird logisch und räumlich in fünf Funktionseinheiten zerlegt:

(1) *Rechenwerk*: Dort werden arithmetische Operationen (Addition, Subtraktion, Multiplikation, Division) und logische Operationen (und, oder, nicht) ausgeführt.

(2) *Speicherwerk*: In diesem Teil des Rechners werden Programme und Daten gespeichert.

(3) *Leitwerk*: Durch das Setzen von Steuersignalen, die an die jeweilige Funktionseinheit weitergeleitet werden, steuert das Leitwerk den Programmablauf.

(4) *Eingabewerk*: Programme und Daten werden durch diese Funktionseinheit in den Speicher weitergeleitet.

(5) *Ausgabewerk*: Über das Ausgabewerk erfolgt die Übermittlung von Ergebnissen oder Daten „nach außen".

(b) Der Rechenautomat ist in seiner Struktur unabhängig von den zu bearbeitenden Problemen. Deshalb nennt man einen solchen Rechner auch Universalrechner. Für jedes Problem gibt es eine spezielle Bearbeitungsvorschrift, die über Tastatur, Lochstreifen oder ein anderes Eingabegerät „von außen", meist in Form eines Programmes, eingegeben und im Speicher abgelegt wird.

(c) Zur Ablage von Programmen und Daten dient derselbe Speicher.

(d) Der Speicher ist in gleich große Einheiten unterteilt. Auf jede Speichereinheit kann mittels ihrer Adresse direkt zugegriffen werden.

(e) Aufeinanderfolgende Befehle eines Programmes werden in der Regel in aufeinanderfolgenden Speicherzellen abgelegt. Durch die Erhöhung der Befehlsadresse um Eins wird der nächste Befehl angesprochen. Wir sprechen dann von sequentieller Befehlsausführung. Eine Ausnahme bilden dabei die Sprungbefehle (siehe (f)).

(f) Es gibt *Sprungbefehle*. Hierbei wird nach der Ausführung eines Befehls mit der Adresse s nicht automatisch der in der nächsten Speicherzelle abgelegte Befehl (mit der Adresse s + 1) ausgeführt, sondern ein Befehl mit der Adresse t, wobei in der Regel $t \neq s + 1$.

(g) Eine spezielle Form der Sprungbefehle sind die *bedingten Sprungbefehle*. Nach der Ausführung eines Befehls mit der Adresse s wird die nächste Befehlsadresse an eine Bedingung geknüpft:

```
IF Bedingung erfüllt
        THEN nächste Befehlsadresse := t ( ≠ s + 1)
        ELSE  nächste Befehlsadresse := s + 1
END
```

(h) Programme und Daten werden *binär* („0" oder „1") codiert.

Das Zusammenspiel der fünf Funktionseinheiten (aus Anforderung (a)) ist in Bild 3.1 schematisch dargestellt. Wir unterscheiden dabei zwischen dem Datenfluß und dem Steuerfluß.

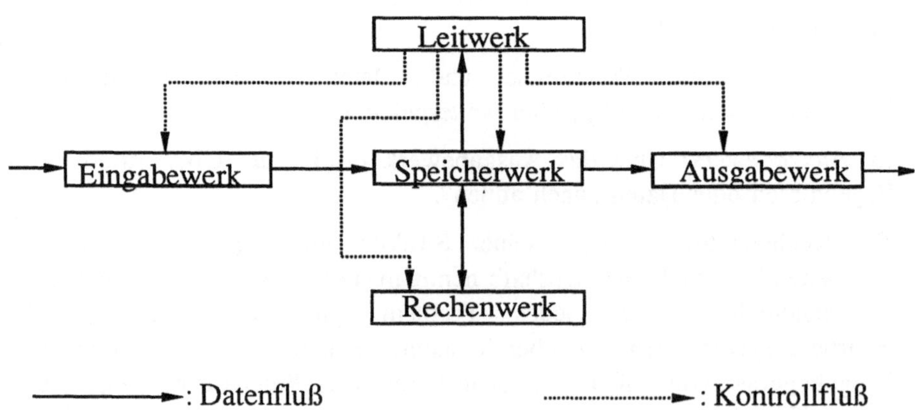

Bild 3.1: Struktur eines Universalrechners nach von Neumann, Burks und Goldstine

Der Datenfluß umfaßt die Übertragung von Speicheradressen und Daten, die in diese Adressen geschrieben oder aus diesen gelesen werden sollen. Unter dem Steuerfluß verstehen wir die Übermittlung von Steuersignalen, die die jeweils angesprochenen Funktionseinheiten zu den gewünschten Aktionen veranlassen.

Auf die einzelnen Komponenten dieses Schemas gehen wir in den folgenden Abschnitten noch detailliert ein. Auch die Anforderungen (a) bis (h) werden dort explizit oder implizit erläutert.

Auch heute noch beruhen die meisten Computer auf diesem von-Neumann-Prinzip, deshalb werden sie auch *„von-Neumann-Rechner"* genannt.

Es sind allerdings Änderungen in der Bezeichnungsweise eingetreten. Die Funktionseinheiten werden nicht mehr Speicherwerk, Rechenwerk, Leitwerk, Eingabewerk und Ausgabewerk genannt, sondern

Arbeitsspeicher
Rechenwerk
Steuereinheit
Ein-/Ausgabeeinheit.

Im folgenden werden wir uns nach dem neueren Sprachgebrauch richten.

Auch die räumliche Trennung zwischen Rechenwerk und Steuereinheit wurde aufgehoben. Sie werden zur Zentraleinheit, der *CPU* (Central **P**rocessing **U**nit), zusammengefaßt. Für den Informationsaustausch zwischen den einzelnen Funktionseinheiten existieren in den heutigen von-Neumann-Rechnern interne Kommunikationswege, die sogenannten Busse.

3.1.2 Der Arbeitsspeicher

Der *Arbeitsspeicher*, der auch Memory, Hauptspeicher, Primärspeicher oder einfach Speicher genannt wird, ist logisch in eine Folge von gleich großen, durchnumerierten Speicherelementen gegliedert. Jedes *Speicherelement* besteht dabei aus einer festen Anzahl von binären Stellen, sogenannten Bits. Die Daten, die abzuspeichern sind, müssen folglich zunächst in einer geeigneten Weise codiert werden. In den meisten modernen Computern besitzen die Speicherzellen 16, 32 oder 64 Bits.

Auf die einzelnen Speicherzellen muß von außen zugegriffen werden können. Dies erfolgt über die *Adresse* des jeweiligen Speicherelements. Zu beachten ist hierbei:

- Speicherelemente sind die kleinste adressierbare Einheit. Auf einzelne Bits kann in der Regel nicht direkt zugegriffen werden, insbesondere nicht außerhalb der CPU.
- Jedes Speicherelement hat eine eindeutige Adresse.
- Die Adressen aufeinanderfolgender Speicherelemente unterscheiden sich um Eins.
- Über die Adresse kann unmittelbar (wahlfrei) auf ein Speicherelement zugegriffen werden. Deshalb spricht man auch von einem *RAM* - Speicher (**R**andom **A**ccess **M**emory).

(3.1) Beispiel:

In den Speicherelementen mit den Adressen 513, 514 und 515 sind die ganzen Zahlen 28, 6 und 33 dargestellt.

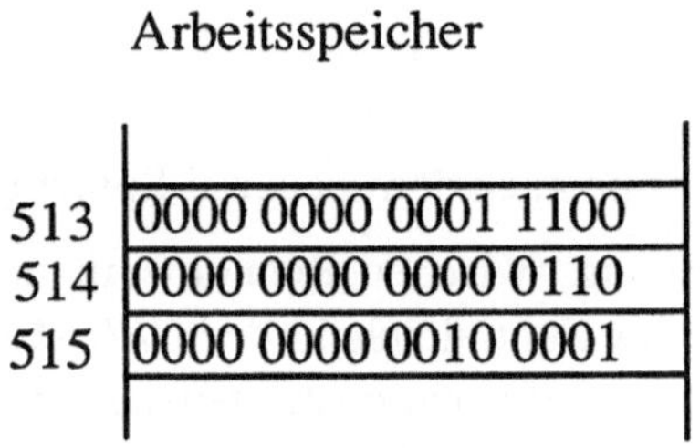

Arbeitsspeicher

Adresse	Inhalt
513	0000 0000 0001 1100
514	0000 0000 0000 0110
515	0000 0000 0010 0001

■

Im folgenden betrachten wir ein kleines Modell, das den Datentransport zwischen CPU und Arbeitsspeicher veranschaulichen soll. Die Namensgebung der einzelnen Bausteine ist bewußt in Englisch gewählt, da wir uns mit diesem Modell an konkreten und realisierten Rechnerarchitekturen orientieren. Eine deutsche Umschreibung dieser Begriffe würde eher zu Verwirrung führen.

Damit der Rechner überhaupt arbeiten kann, müssen Informationen in den Speicher eingelesen und aus dem Speicher ausgelesen werden können. Für den Datentransport verwenden wir die drei Ports AM, WM und RM. *Ports* sind spezielle Register, die die Schnittstelle zwischen CPU und Außenwelt darstellen. *Register* wiederum sind Speicherzellen, die der Speicherung von Zwischenergebnissen, Adressen oder häufig benutzten Daten dienen (siehe hierzu auch weiter unten in diesem Abschnitt).

AM (Address-Memory Port): Das AM enthält die Adresse des Speicherelements, in das geschrieben bzw. aus dem gelesen werden soll.

WM (Write-Memory Port): Der Inhalt von WM wird in das adressierte Speicherelement gebracht. Er wird in den Speicher hineingeschrieben.

RM (Read-Memory Port): Der Inhalt des adressierten Speicherelements wird in das RM gebracht. Er wird aus dem Speicher gelesen.

Die Steuerung dieser Schreib- und Lesevorgänge übernimmt die Steuereinheit innerhalb der CPU. Dafür setzt sie bestimmte Steuersignale, in diesem Fall A, D und T.

A (Address Strobe): meldet dem Speicher (wenn gesetzt), daß eine Adresse aus dem AM „gelesen" werden soll.

D (Direction): ist auf 0 oder 1 gesetzt und gibt damit an, ob es sich um einen Lese- (0) oder Schreibvorgang (1) handelt.

T (Data Transfer Acknowledge): meldet an die Steuereinheit zurück, daß der Zugriff auf den Speicher erfolgreich war. Dieses Steuersignal ist aus folgendem Grund wichtig: Im Vergleich zur Steuereinheit arbeitet der Speicher relativ langsam. Die Steuereinheit kann sich in dieser Zeit, die der Speicher benötigt, um auf ein Speicherelement zuzugreifen, schon anderen Aufgaben widmen. Erhält die Steuereinheit über T die Rückmeldung, kann sie diese Information bei der weiteren Bearbeitung berücksichtigen. Dieses Konzept, auch Interruptkonzept genannt, führt zu einer erheblichen Erhöhung der Verarbeitungsgeschwindigkeit innerhalb der CPU.

Die zeitliche Abstimmung des gesamten Prozesses erfolgt über einen Taktgeber. Die Taktfrequenz liegt bei heutigen Mikroprozessoren zwischen 90 und 300 MHz (Megahertz = Millionen Takte pro Sekunde).

Das nachfolgende Bild und das Beispiel 3.2 verdeutlichen unser Modell zur Arbeitsweise von Arbeitsspeicher und CPU.

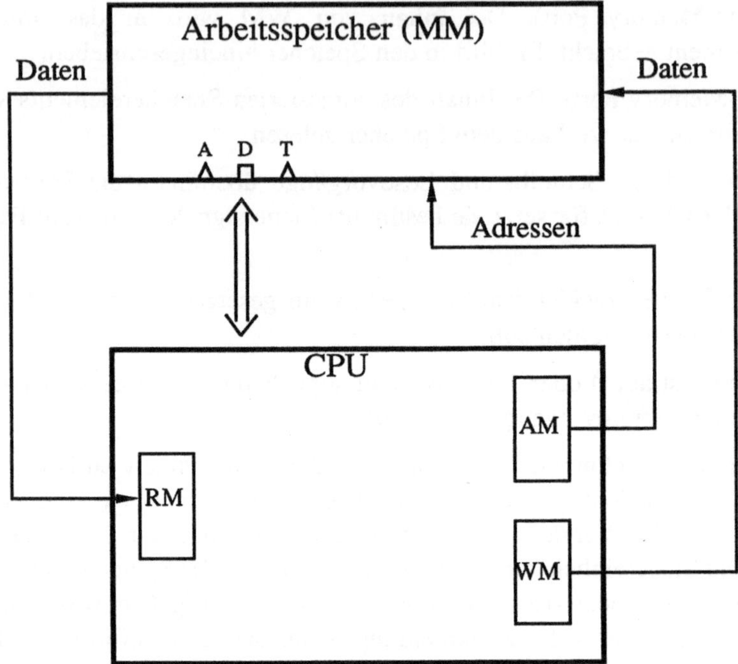

Bild 3.2: Arbeitsweise von Arbeitsspeicher und CPU

(3.2) Beispiel: (Schreiben in den Speicher)

Die CPU soll den Wert 30 in die Speicherzelle mit der Adresse 500 schreiben. Dazu werden folgende Aktionen der Reihe nach ausgeführt:

(a) Die CPU „schreibt" 500 in das Address-Memory Port (AM).

(b) Die CPU „schreibt" 30 in das Write-Memory Port (WM).

(c) Die CPU setzt D auf Schreiben. D enthält also eine 1.

(d) Die CPU aktiviert das Steuersignal A.

(e) Der Arbeitsspeicher (MM) „liest" die Adresse (500) von AM.

(f) MM „liest" das Datum (die Zahl 30) von WM.

(g) MM überschreibt die adressierte Speicherzelle 500 mit dem Wert 30.

(h) MM setzt das Steuersignal T zur Rückmeldung (an die CPU).

(i) Die CPU bekommt die Meldung durch T und erfährt dadurch, daß der Zugriff erfolgreich war. ■

Um die Speicherzugriffszeiten zu minimieren, kommuniziert die CPU außer mit dem Arbeitsspeicher noch mit einem anderen Speichertyp, den Registern. *Register* sind Speicherzellen, die unmittelbar der CPU zugeordnet sind. Sie dienen der Zwischenspeicherung von Speicheradressen (Adreß-Register) oder Daten (Daten-Register). Die Zugriffszeit auf Register, d.h. die Zeit, die die CPU benötigt, um eine Speicherzelle zu adressieren und deren Inhalt zu laden, ist niedrig, da sie meist Teil der CPU sind. Allerdings sind die Hardwarekosten für Register, verglichen mit der Möglichkeit, Speicherplatz im Arbeitsspeicher bereitzustellen, recht hoch.

Im Vergleich zu den Registern der CPU besitzt ein Arbeitsspeicher eine hohe Kapazität. Schon Personalcomputer haben einen Arbeitsspeicher mit einer Kapazität von 8 bis 64MB (Megabyte ≈ eine Million · 8 Bit).

Der Arbeitsspeicher besteht aus zwei Teilen, dem *ROM* (**R**ead **O**nly **M**emory = Nurlesespeicher) oder Festwertspeicher und dem *RAM* (**R**andom **A**ccess **M**emory = „Wahlfreier-Zugriff-Speicher"). Der ROM dient der Aufnahme von Systemfunktionen in Form von Mikroprogrammen, die schon bei der Herstellung festgelegt werden und in der Regel unverändert bleiben. Der RAM enthält Daten und Benutzerprogramme, die laufend verändert werden können.

3.1.3 Das Rechenwerk

Das *Rechenwerk* dient der Verarbeitung von Daten, es kann dazu arithmetische und logische Verknüpfungen sowie Vergleiche durchführen.

Das Rechenwerk setzt sich aus mehreren Registern und einer Verknüpfungslogik (engl. **A**rithmetic **L**ogic **U**nit, *ALU*) zusammen (siehe Bild 3.3).

Die Register sind unterteilt in sogenannte Operandenregister (A, B), in denen die Operanden und die Ergebnisse von Operationen gespeichert werden, in ein Statusregister (SR), das eine Zustandsbeschreibung (Status) der ALU in binärer Form enthält und ein Ergebnisregister (R), in dem nach der Befehlsausführung das Ergebnis gespeichert ist.

Das *Statusregister* ist ein spezielles Register, das aus 8, 16 oder mehr Bit bestehen kann. Jede Position (Bit) repräsentiert einen gewissen Status. Ist das Ergebnis einer Operation in der ALU gleich Null, befindet sich auf einer bestimmten Position, die dieses beschreibt (*Zero-Bit*), eine Eins.

Andere Zustandsbeschreibungen sind das *Carry-Bit*, das auf 1 gesetzt wird, wenn ein Übertrag bei einer arithmetischen Operation stattgefunden hat, sowie das *Sign-Bit* (= 1, falls das vorangegangene Ergebnis negativ ist) und das

Overflow-Bit, das eine 1 enthält, wenn die Operation in der ALU zu einem Überlauf, also zu einer zu großen Zahl, geführt hat.

Durch die *Verknüpfungslogik* werden die in den Registern gespeicherten Operanden verbunden. Typische Operationen der ALU sind Transfer-Operationen (Laden und Speichern), Boolesche Operationen (logisches und/oder), arithmetische Verknüpfungen (Addition, Subtraktion), Schiebe-Operationen (Links-/Rechts-Schieben) und Register-Manipulationen (z.B. In- und Dekrementieren).

Die zeitliche Reihenfolge der auszuführenden Rechenwerk-Operationen wird durch die Steuereinheit bestimmt. Diese legt außerdem fest, um welche Art von Operation es sich handelt, und gibt die entsprechende Anweisung an das Rechenwerk. Die Steuereinheit erhält vom Rechenwerk Meldesignale über den Status der ALU. Diese Meldesignale veranlassen die Steuereinheit zu den in dem Programm vorgesehenen Schritten.

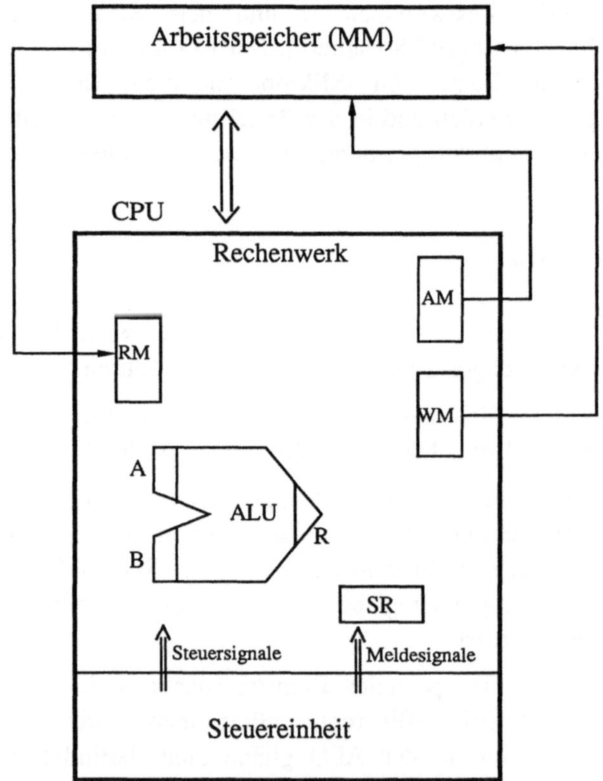

A: 1. Operandenregister, R: Ergebnisregister,
B: 2. Operandenregister, SR: Statusregister

Bild 3.3: Rechenwerk und Steuereinheit

3.1.4 Die Steuereinheit

Die Ausführung der einzelnen Befehle eines Programmes wird durch die *Steuereinheit* bewirkt. Diese besitzt dafür zwei Register, ein *Instruktionsregister* (IR), das den gerade auszuführenden Befehl enthält, und ein *Befehlszählregister* (PC: Program Counter), das die Adresse des aktuellen Befehls im Arbeitsspeicher enthält (siehe Bild 3.4). Soll der nächste Befehl ausgeführt werden, wird der Befehlszähler um Eins erhöht. Eine Ausnahme bilden die Sprungbefehle.

Wir unterteilen die Befehlsausführung in die drei Phasen *FETCH*, *DECODE* und *EXECUTE*. Die Steuereinheit ist für die Art und die richtige Reihenfolge der zur Abarbeitung des Befehls notwendigen Operationen verantwortlich. Für die einzelnen Befehlsphasen bedeutet dies:

- *FETCH*: Holen von Befehlen.
  Der Inhalt der von dem Program Counter bestimmten Speicherzelle wird aus dem Arbeitsspeicher in das Instruktionsregister geladen.
- *DECODE*: Entschlüsseln von Befehlen.
  Der Befehl wird in seine Bestandteile (Operations-, Adreß- und Operandenteil) zerlegt. Die Steuereinheit muß erkennen, um welche Befehlsart es sich handelt.
- *EXECUTE*: Initiierung der Befehlsausführung.
  Dies erfolgt durch die Versorgung aller an der Befehlsausführung beteiligten Funktionseinheiten mit den notwendigen Steuersignalen (etwa durch eine Sequenz von Mikrooperationen), z.B. für die Adressierung und das Laden von Operanden, die Speicherung von Ergebnissen oder die Veränderung des Befehlszählers. Wenn alle notwendigen Signale gesetzt sind, beginnt automatisch die Befehlsausführung.

Diese Beschreibung wollen wir durch das folgende Beispiel verdeutlichen.

(3.3) Beispiel: (Steuerungsablauf)

Wir betrachten den Ablauf der Steuerung bei der Abarbeitung des einfachen Addierbefehls: „Erhöhe den Inhalt der Speicherzelle 500 um 1!"

Wir gehen von folgendem Anfangszustand aus:

```
Der Inhalt des Befehlszählers (PC) ist 1000.
Der zu bearbeitende Addierbefehl befindet sich in der durch
den PC bestimmten Speicherzelle 1000.
Der Inhalt der Speicherzelle 500 ist die Zahl 17.
```

Als Endzustand soll sich nach der Abarbeitung des Addierbefehls die Zahl 18 in der Speicherstelle 500 befinden.

Der Steuerungsablauf gestaltet sich nun wie folgt (vgl. auch die entsprechenden Illustrationen 1, 2, 3a - 3d, in Bild 3.4):

1. FETCH: Hole den Inhalt von der Speicherzelle 1000, auf die der PC zeigt und die den Addierbefehl enthält, ins Instruktionsregister.
2. DECODE: Erkenne, daß es sich um eine Addition des Inhalts einer Speicherzelle (hier: Speicherzelle 500) mit der Konstanten 1 handelt.
3. EXECUTE: Initiierung der Aktionen:
   (a) Hole den Inhalt von der Speicherzelle 500 in das Operandenregister A.
   (b) Führe die Addition 17 + 1 aus.
   (c) Schreibe das Ergebnis dieser Addition in die Speicherzelle 500.
   (d) Zähle den Befehlszähler hoch.

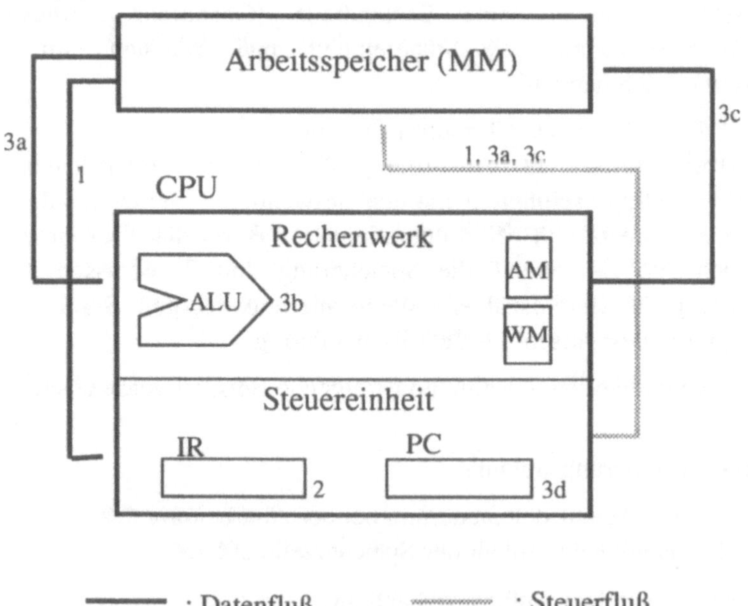

Bild 3.4: Arbeitsweise der Steuereinheit ■

3.1.5 Ein-/Ausgabeeinheit

Bisher wurde nur die Arbeit innerhalb des Rechners betrachtet. Die Verbindung zur Außenwelt stellen die Ein-/Ausgabegeräte, auch Peripheriegeräte genannt, her. Sie dienen der Ein- und Ausgabe von Daten. Beispiele für Peripheriegeräte sind:

- Eingabe: Tastatur, Maus, Scanner, Sensoren (Druck, Temperatur etc.), Kamera, Mikrofon
- Ausgabe: Bildschirme, Drucker, Lautsprecher
- Ein- und Ausgabe: andere Computer, Sekundärspeicher wie Disketten oder CD-ROM

Bei der Kommunikation mit den E/A-Geräten sind insbesondere die folgenden drei Punkte wichtig. Zum einen muß das *Format der Daten* beachtet werden. Die Darstellung im Arbeitsspeicher (binäre Codierung) unterscheidet sich beispielsweise von der auf dem Bildschirm (Zahlen, Buchstaben etc.). Gegebenenfalls muß eine Umstrukturierung der Datenformate erfolgen, ohne aber den Dateninhalt zu ändern.

Zum anderen muß die vom jeweiligen Gerät abhängige *Geschwindigkeit* der Datenübertragung berücksichtigt werden.

Schließlich erfordert die *Reihenfolge* der zu übertragenden Daten einen entsprechenden Algorithmus. Daten können in der Reihenfolge ihres Auftretens übersandt werden (first in first out) oder aber auch nach einer Prioritätsregel.

Gesteuert wird die Kommunikation zwischen der CPU und den Peripheriegeräten durch die *E/A-Einheit* des Computers. Sie ist neben Arbeitsspeicher, Rechenwerk und Steuereinheit eine weitere Funktionseinheit des von-Neumann-Rechners und kann unter zwei verschiedenen Gesichtspunkten organisiert werden.

3.1.5.1 CPU als E/A-Einheit

Bei dieser Methode wird die CPU dem E/A-Gerät für den gesamten Eingabe-/Ausgabevorgang fest zugeordnet und ist während des E/A-Prozesses für andere Aufgaben blockiert. Da die Ein- und Ausgabe aber wesentlich langsamer abläuft als die CPU arbeitet, hat diese Zuordnung den großen Nachteil, daß die CPU während dieser Zeit nicht für andere Aufgaben zur Verfügung steht.

Deshalb wendet man oft das Konzept des unterbrechungsgesteuerten Ein-/Ausgabevorgangs an (Unterbrechung = engl. *Interrupt*). Jeder Teil des

Rechners, der irgendwelche Anforderungen an die CPU stellen kann, besitzt eine eigene Interruptnummer, kurz: Interrupt. Diese Interrupts werden in einem Interruptregister innerhalb des Prozessors gesetzt. Dieser kann dadurch erkennen, daß an dem entsprechenden Rechnerteil ein Ereignis auf seine Bearbeitung wartet.

Beispiele für Interrupts, die von externen Geräten kommen können, sind:

- Die CPU startet einen Druckauftrag an den Drucker. Sie leitet die notwendigen Daten an den Drucker und steht dann selbst für neue Aufgaben zur Verfügung. Der Drucker versucht, den Druckauftrag zu starten, stellt aber fest, daß kein Papier vorhanden ist. Der entsprechende Interrupt wird gesetzt, die CPU erkennt diesen Interrupt und kann dann beispielsweise eine entsprechende Meldung auf dem Bildschirm veranlassen.
- Ein besonders oft vorkommender Interrupt ist der Tastaturinterrupt. Die CPU kann hierdurch feststellen, ob eine Taste gedrückt (oder losgelassen) wurde.

Kommt es zu einer Unterbrechung, so werden die Daten des aktuell ablaufenden Programms in einem speziellen Speicherbereich, dem Stack oder Kellerspeicher, gespeichert. Ist der Grund für die Unterbrechung behoben (wurde etwa neues Papier oder eine neue Diskette eingelegt), fährt das Programm mit den auf dem Stack abgelegten Daten fort.

Dieses Interrupt-Konzept wird teilweise bei PCs eingesetzt. Leistungsfähigere Systeme besitzen einen eigenen E/A-Prozessor.

3.1.5.2 E/A-Prozessor als E/A-Einheit

In diesem Fall erfolgt die Kommunikation der CPU mit den E/A-Geräten über einen eigenen kleinen Rechner. Dieser *E/A-Prozessor* entlastet die CPU von der zeitaufwendigen Ein- und Ausgabesteuerung. Er wird, falls erforderlich, einmal von der CPU „angestoßen". Das entsprechende E/A-Gerät und den Teil des Arbeitsspeichers, der übertragen bzw. in den übertragen werden soll, teilt die CPU dem Prozessor mit.

Danach arbeiten CPU und E/A-Prozessor weitgehend unabhängig und parallel. Eine Synchronisation der Prozesse ist nur beim gemeinsamen Zugriff auf den Arbeitsspeicher erforderlich.

3.1.6 Das Buskonzept

Eine Voraussetzung für das Zusammenwirken der Funktionseinheiten eines Rechners ist die Übertragung von Daten, Befehlen, und Adressen sowie von Kontroll- und Statusinformationen. Dazu gibt es entweder jeweils spezielle Übertragungsleitungen von einer Einheit zur anderen (allerdings ist dafür ein erheblicher Aufwand an Leitungen erforderlich) oder es werden „Datensammelwege", sogenannte *Busse*, verwendet.

In einem von-Neumann-Rechner unterscheidet man nach der Art der zu übertragenden Daten drei verschiedene Busse (siehe Bild 3.5):

Der *Datenbus* überträgt die Daten zwischen den Funktionseinheiten. Er arbeitet bidirektional (in zwei Richtungen). Seine Breite, unter der man die Anzahl der parallel übertragbaren Bits, d.h. die Anzahl der Leitungen, versteht, entspricht i.a. der Anzahl der Bits einer Speicherzelle des Arbeitsspeichers. Der Inhalt eines Speicherelements kann somit auf einmal, d.h. in einem Takt, übertragen werden.

Der *Adreßbus* dient der Übertragung der von der Steuereinheit berechneten Speicheradressen zum Speicher wie auch zur E/A-Einheit. Über die E/A-Einheit erfolgt auch die Adressierung von Peripheriegeräten. Der Adreßbus überträgt die Daten unidirektional (nur in eine Richtung).

Adreßbus und Datenbus werden stets zusammen benutzt. Die Adresse, die auf dem Adreßbus liegt, kann einerseits die Zieladresse angeben, in die das Datum, das auf dem Datenbus anliegt geschrieben werden soll. Andererseits kann diese Adresse die Quelladresse angeben, aus der ein Datum gelesen und auf den Datenbus gegeben werden soll.

Der Steuerbus (auch Kontrollbus) dient der Übermittlung von Steuersignalen zwischen Steuereinheit und den übrigen Funktionseinheiten. Über diesen Bus koordiniert die Steuereinheit den Datentransport. Hierüber wird auch gesteuert, für welche Funktionseinheit die jeweils auf Adreß- und Datenbus anliegenden Daten bestimmt sind.
Das untenstehende Bild veranschaulicht die Busstruktur.

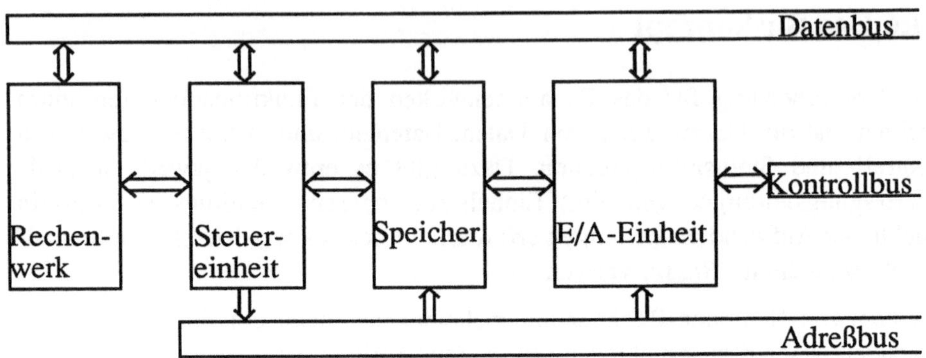

Bild 3.5: Busstruktur (in Anlehnung an [GJM84])

3.1.7 Der von-Neumann-Flaschenhals

Ein wesentliches Problem beim klassischen Universalrechner stellt der Kommunikationsweg zwischen CPU und Arbeitsspeicher dar. So erfordert z.B. der Transport von Benutzerdaten zwischen dem Ort ihrer Aufbewahrung, dem Arbeitsspeicher, und dem Ort ihrer Verarbeitung, der CPU, zusätzlichen Informationsfluß zwischen diesen Funktionseinheiten. Dem Arbeitsspeicher muß von der CPU die nächste auszuführende Operation mitgeteilt werden. Für die Operationen Lesen und Schreiben muß die Adresse des entsprechenden Speicherelements bekannt sein. Diese Adresse liegt nicht immer unmittelbar vor, sondern oft nur als Referenz. Das bedeutet, daß die Adresse Inhalt eines referenzierten, ebenfalls zu lesenden Speicherelements ist. Was wiederum eine zusätzliche Belastung des Kommunikationsweges zwischen CPU und Arbeitsspeicher ist.

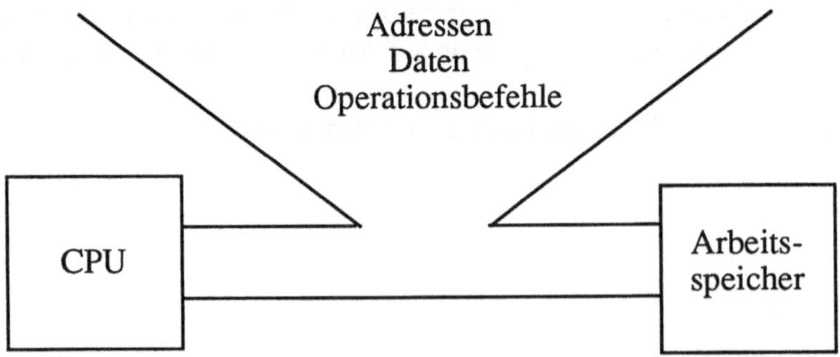

Bild 3.6: Ein potentieller Engpaß: Kommunikation zwischen CPU und Arbeitsspeicher

Wie in Bild 3.6 skizziert, müssen in einem Rechner mit einer von-Neumann-Architektur eine Vielzahl von Daten und Informationen zwischen der CPU und dem Arbeitsspeicher hin- und hertransportiert werden. Dieser Transport dauert i.a. um ein Vielfaches länger als die Bearbeitung eines Befehls durch die CPU, die anschließend auf den Abschluß des nächsten Transportvorgangs warten muß. Dieser Engpaß wird häufig als der *von-Neumann-Flaschenhals* bezeichnet.

3.2 Leistungssteigerung durch Parallelverarbeitung

Parallelverarbeitung ist eine wichtige Maßnahme zur Leistungssteigerung. Unter *Parallelverarbeitung* versteht man die gleichzeitige Ausführung mehrerer Operationen. Dafür werden gewisse *Betriebsmittel* (Hard- und Software-komponenten) mehrfach benötigt. So wird beispielsweise für die parallele Durchführung mehrerer Additionen das Addierteil mehrfach gebraucht.

Im Idealfall läßt sich eine Aufgabe in $n \geq 2$ gleich große Operationen zerlegen. Werden diese n Operationen auf n äquivalente Prozessoren oder Prozessorteile verteilt, erhält man eine Erhöhung der Bearbeitungsgeschwindigkeit um - im besten Falle - den Faktor n gegenüber der sequentiellen Bearbeitung.

Rechner(systeme) mit der Fähigkeit zur Parallelverarbeitung können anhand der benötigten Betriebsmittel in drei Klassen eingeteilt werden:

(a) *spezielle Prozessorteile* sind mehrfach vorhanden, z.B. mehrere ALUs. Typische Vertreter hierfür sind Pipelinerechner, Feldrechner und Vektorrechner (s. Abschnitt 3.2.2).

(b) *vollständige Prozessoren* sind mehrfach vorhanden. Diese Rechnersysteme nennt man *Multiprozessorsysteme* (s. Abschnitt 3.2.3).

(c) mehrere *autonome Rechner* sind miteinander verbunden. Für eine solche Struktur gebraucht man die Bezeichnung *verteilte Systeme.*

Systeme der Klasse (a) bezeichnet man auch als Systeme mit *SIMD*-Architektur (Single Instruction-Multiple Data), Systeme der Klassen (b) und (c) als Systeme mit *MIMD*-Architektur (Multiple Instruction-Multiple Data). Im Gegensatz dazu werden Systeme mit der von-Neumann-Struktur auch als Systeme mit *SISD*-Architektur (Single Instruction-Single Data) bezeichnet.

3.2.1 Ebenen der Parallelverarbeitung

Abhängig von den zur Verfügung stehenden Betriebsmitteln eignen sich parallelverarbeitende Rechner(systeme) für bestimmte Operations-Ebenen. Operationen lassen sich in *fünf Ebenen der Parallelverarbeitung* mit aufsteigendem Abstraktionsgrad einteilen:

- *Ebene der Befehlsphasen* (Laden, Speichern, Dekodieren, etc.)
- *Ebene der Elementaroperationen* (Addition, Subtraktion, Multiplikation, Division etc.)
- *Anweisungs-Ebene* (Anweisungen einer Programmiersprache)
- *Task-Ebene* (Task (dt. Prozeß): Zusammenfassung einer Anweisungsfolge zu einer funktionellen Einheit)
- *Job-Ebene* (Job: in sich abgeschlossenes, i.a. aus mehreren Tasks bestehendes Benutzerprogramm)

Qualitativ kann man sagen: je niedriger die Abstraktionsebene, desto genauer ist der Ablauf und die Ausführungszeit der Operationen bekannt. Auf diesen Ebenen finden spezialisierte Bearbeitungselemente mit einer zentralen Steuerung, z.B. durch die CPU, Verwendung. Unter Bearbeitungselementen verstehen wir sowohl Prozessoren als auch Prozessorteile.

Je höher hingegen die Abstraktionsebene ist, desto komplexer müssen die Bearbeitungselemente für die Operationen sein. Dies favorisiert dann die Verwendung von vollständigen Prozessoren oder zusätzlichen Rechnern. Die Steuerung erfolgt (abhängig vom Abstraktionsgrad) entweder durch eine *Kontrollinstanz*, die aus einem allein hierfür vorgesehener Prozessor oder Rechner bestehen kann, oder über geeignete *Kommunikationsmechanismen* durch die Tasks/Jobs selbst. Hierbei findet ein Informationsaustausch zwischen den Tasks/Jobs über den Stand der Bearbeitung und auch über die benötigten Betriebsmittel statt.

3.2.2 Systeme mit mehreren Bearbeitungselementen

In diesem Abschnitt widmen wir uns den Rechnertypen Pipelinerechner und Feldrechner. Sie sind Beispiele für Rechnersysteme mit mehreren Bearbeitungselementen. Den Abschluß bildet ein Beispiel, das die unterschiedliche Arbeitsweise dieser zwei Rechnertypen veranschaulicht.

(A) Piplinerechner:

Die Pipeline (Prozessor-Reihe) ist die lineare Anordnung mehrerer, i.a. *spezialisierter,* Bearbeitungseinheiten (BE, siehe Bild 3.7). Erforderlich für die Anwendung von Pipelinerechnern ist die Möglichkeit, Aufgaben in mehrere gleich große Teilaufgaben, die nacheinander ausgeführt werden, zerlegen zu können. Dabei arbeitet der Pipelinerechner wie folgt: Jede BE bearbeitet eine Teilaufgabe und reicht das Ergebnis an den Nachbarn weiter. Der Arbeitsrhythmus wird von einem globalen Taktgeber gesteuert. Aufgrund dieser Arbeitsweise kommt es zu einer zeitlichen Überlappung: hat z.B. eine Aufgabe BE-2 erreicht, so kann die nächste Aufgabe in BE-1 eintreten.

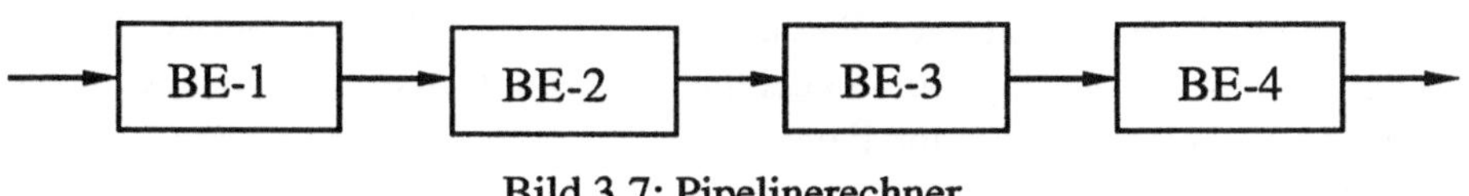

Bild 3.7: Pipelinerechner

(B) Feldrechner:

Ein Feld (Array) ist eine lineare oder matrixförmige Anordnung mehrerer *identischer* Bearbeitungseinheiten (siehe Bild 3.8). Diese sind i.a. komplex und verfügen über eine eigene ALU. Bei einem Feldrechner wird zu jedem Zeitpunkt die gleiche Operation auf mehreren BE'en ausgeführt. Die BE'en unterliegen einer zentralen Kontrolle. Feldrechner werden bei Elementaroperationen sowie bei der Vektor- bzw. Matrizenverarbeitung verwendet.

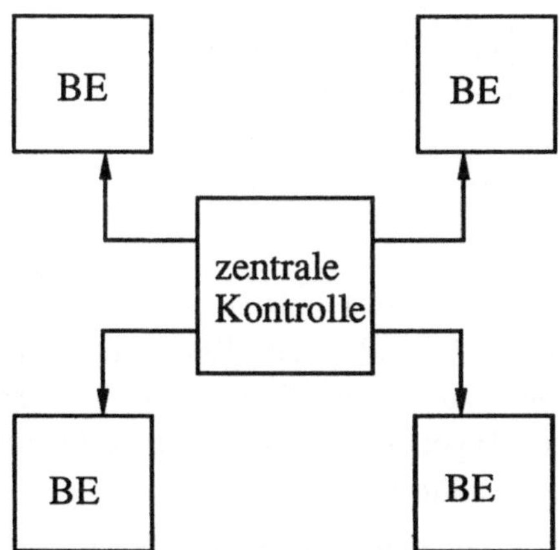

Bild 3.8: Feldrechner

(3.4) Beispiel: (Unterschiedliche Arbeitsweise von Pipeline- und Feldrechner)

Bei der Bearbeitung einer Aufgabe stellt sich meist das Problem, aus einer Folge von Eingabewerten $(e_0,...,e_{n-1})$ die Folge der Ausgabewerte $(a_0,...,a_{n-1})$ zu berechnen. Wir betrachten hier die Anwendung von vier Operationen α, β, γ und δ – in dieser Reihenfolge – auf einen Eingabewert e_i, die den Ausgabewert a_i liefert.

Formal läßt sich dies schreiben als: $a_i = \delta(\gamma(\beta(\alpha(e_i))))$

Hierzu entwerfen wir zunächst einen Pipelinerechner, der das Gewünschte leistet.

Pipelinerechner:

Der Pipelinerechner besitzt vier Prozessoren (P_0, ..., P_3), die jeweils für die Bearbeitung genau einer Operation geeignet sind. P_0 ist also spezialisiert für die Operation α, P_1 für die Operation β etc.

Ist nun die Anzahl der Eingabewerte beispielsweise sechs (e_0, ..., e_5), so ergibt sich die untenstehende tabellarische Gliederung. Die Indices an α, β, γ und δ gibt in dieser Tabelle an, um welchen Eingabewert es sich handelt.

Takt	P_0	P_1	P_2	P_3	Ergebnis
0	α_0	—	—	—	-
1	α_1	β_0	—	—	-
2	α_2	β_1	γ_0	—	-
3	α_3	β_2	γ_1	δ_0	a_0
4	α_4	β_3	γ_2	δ_1	a_1
5	α_5	β_4	γ_3	δ_2	a_2
6	—	β_5	γ_4	δ_3	a_3
7	—	—	γ_5	δ_4	a_4
8	—	—	—	δ_5	a_5

Nach vier Takten liegt somit das Ergebnis a_0 und nach neun Takten der letzte Ausgabewert a_5 vor. Die während eines Taktes t ablaufenden Operationen fassen wir zu einem p-Tupel zusammen. Dabei ist p die Anzahl der Prozessoren. Die Stellen innerhalb des Tupels geben die jeweilige Operation an, die auf dem entsprechenden Prozessor abläuft.

Für unsere Beispieldaten mit vier Prozessoren ergibt sich somit das 4-Tupel $S_t = (\alpha_t, \beta_{t-1}, \gamma_{t-2}, \delta_{t-3})$. Ist der Index kleiner als 0 oder größer als n-1, so ist die entsprechende Stelle innerhalb des Tupels leer. Es findet keine Operation in dem entsprechenden Prozessor statt. Man spricht dann auch von einer *leeren Operation.* Für n = 6 ergeben sich dann explizit die nachstehenden Sonderfälle, die anhand der obigen Tabelle leicht nachvollziehbar sind:

$S_0 = (\alpha_0, —, —, —)$
$S_1 = (\alpha_1, \beta_0, —, —)$
$S_2 = (\alpha_2, \beta_1, \gamma_0, —)$ vor Beginn der „regelmäßigen" Bearbeitung und
$S_6 = (—, \beta_5, \gamma_4, \delta_3)$
$S_7 = (—, —, \gamma_5, \delta_4)$
$S_8 = (—, —, —, \delta_5)$ am Ende der Bearbeitung.

Der Index t stellt den zeitlichen Ablauf der Bearbeitung dar. Er bewegt sich zwischen 0 und dem Maximalwert n+p-2, wobei p die Anzahl der Prozessoren und n die Anzahl der Eingabewerte ist. In unserem konkreten Fall mit p=4 und n=6 läuft t also von 0 bis 8. Nach insgesamt n+p-1 Takten ist die Bearbeitung abgeschlossen.

Feldrechner:

Die obigen Beispieldaten übernehmen wir auch für den Feldrechner. Er besteht demnach ebenfalls aus vier Prozessoren. Allerdings kann in einem Feldrechner, wie wir schon erwähnten, jeder Prozessor jede Operation ausführen.

Dies bedeutet, daß die n Eingabewerte so lange gleichmäßig auf die p Prozessoren verteilt werden können, bis sie aufgebraucht sind. Alle p Prozessoren werden also (n DIV p)-mal in Anspruch genommen. Die noch verbleibenden n MOD p Eingabewerte werden dann auf die ersten n MOD p Prozessoren verteilt.
Für p = 4 und n = 6 werden die Prozessoren P_0 bis P_3 zunächst einmal benötigt. In einem zweiten Schritt werden die restlichen zwei Eingabewerte auf die Prozessoren P_0 und P_1 verteilt.

Wir erhalten mit diesen speziellen Werten die Ausgabetabelle:

Takt	P_0	P_1	P_2	P_3	Ergebnis
0	α_0	α_1	α_2	α_3	-
1	β_0	β_1	β_2	β_3	-
2	γ_0	γ_1	γ_2	γ_3	-
3	δ_0	δ_1	δ_2	δ_3	a_0, a_1, a_2, a_3
4	α_4	α_5	—	—	-
5	β_4	β_5	—	—	-
6	γ_4	γ_5	—	—	-
7	δ_4	δ_5	—	—	a_4, a_5

Nach vier Takten erhält man die Ausgabewerte a_0 bis a_3 und nach vier weiteren Takten schließlich noch a_4 und a_5.

Auch hier wollen wir die während eines Taktes ablaufenden Operationen wieder zu einem p-Tupel (hier 4-Tupel) zusammenfassen. Auf eine Indizierung der α, β, γ und δ wird im folgenden verzichtet.

Die allgemeine Darstellung (ohne Betrachtung der Sonderfälle) gestaltet sich wie folgt:

$$S_t = \begin{cases} (\alpha, \alpha, \alpha, \alpha), & t = 0 \ (4), \\ (\beta, \beta, \beta, \beta), & t = 1 \ (4), \\ (\gamma, \gamma, \gamma, \gamma), & t = 2 \ (4), \\ (\delta, \delta, \delta, \delta), & t = 3 \ (4), \end{cases}$$

Das heißt, daß nach jedem vierten Takt die nächste (Teil-)Ausgabe erfolgt. Die Berechnungen enden mit der Verarbeitung der letzten n MOD p Eingabewerte.

Diese Fälle geben wir explizit an:

In den Takten 4 bis 7, wenn die noch übrig gebliebenen Eingabewerte e_4 und e_5 von den Prozessoren P_0 und P_1 bearbeitet werden müssen, erhalten wir die vier 4-Tupel:

$S_4 = (\alpha_4, \alpha_5, —, —)$
$S_5 = (\beta_4, \beta_5, —, —)$
$S_6 = (\gamma_4, \gamma_5, —, —)$
$S_7 = (\delta_4, \delta_5, —, —)$.

Bild 3.9 veranschaulicht die unterschiedlichen Operationsfolgen noch einmal (in Anlehnung an [Gil81]). Durch schrittweises Verschieben der Feld-, bzw. Pipelineschablone in die zugehörigen Pfeilrichtungen erhält man die im Text beschriebenen Operationsfolgen.

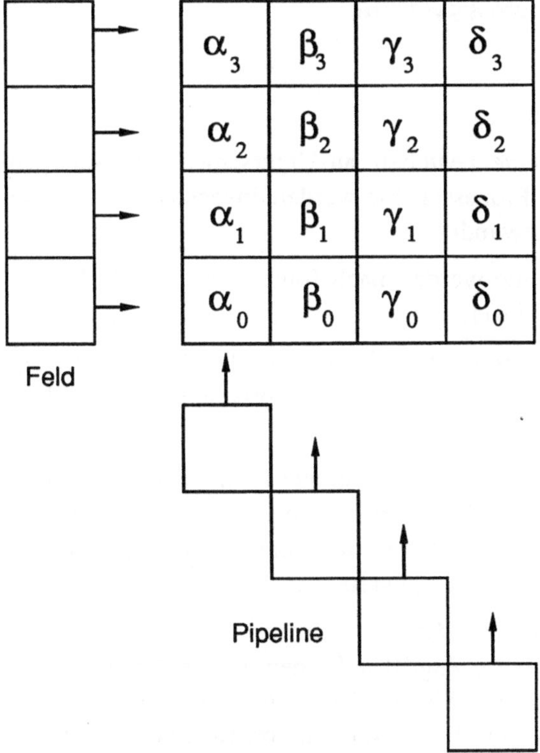

Bild 3.9: Illustration zu Beispiel 3.4 ■

Abschließend geben wir nochmals den prinzipiellen Unterschied in der Arbeitsweise zwischen Pipelinerechner und Feldrechner an:

	Pipelinerechner	Feldrechner
gleichartige Operationen	werden im zeitlichen Nacheinander ausgeführt	werden gleichzeitig ausgeführt
verschiedenartige Operationen	werden gleichzeitig ausgeführt	werden im zeitlichen Nacheinander ausgeführt

3.2.3 Multiprozessorsysteme

3.2.3.1 Grundlagen

Multiprozessorsysteme bestehen im Unterschied zu Monoprozessorsystemen aus mehr als einem Prozessor. Sie werden insbesondere auf der *Task-* und auf der *Job-Ebene* angewandt.

Multiprozessorsysteme werden nach folgenden vier Merkmalen unterschieden (in Anlehnung an [Gil81]).

- *Art der Prozessoren*: Ist die Hardware aller Prozessoren identisch, so wird von einem *homogenen* System gesprochen; andernfalls ist das System *inhomogen.*
- *Funktion der Prozessoren*: Sind alle Prozessoren bezüglich ihrer Funktion vergleichbar, so wird von einem *symmetrischen* System gesprochen. Üben sie verschiedene, spezialisierte Funktionen aus, so wird von einem *asymmetrischen* System gesprochen.
- *Art der Kopplung der Prozessoren*: Zwei Prozessoren heißen *stark gekoppelt*, wenn sie Zugriff auf einen gemeinsamen Arbeitsspeicher haben (*memory sharing*). Sie heißen *schwach gekoppelt*, wenn sich ihre Kommunikation auf den Austausch von Botschaften über eine gemeinsame Kommunikationseinrichtung beschränkt (*message switching*).
- *Art der Kontrolle* (wie wird der Gesamtprozeß kontrolliert und gesteuert): Bei der *zentralisierten* Kontrolle (Master - Slave - Prozeß) werden die Prozessoren von einem „*Leitprozeß*" (Master) überwacht. Sind die Prozessoren jedoch gleichberechtigt, so wird von *verteilter Kontrolle* gesprochen. Basierend auf dem Prinzip der kooperativen Autonomie tauschen die Prozessoren Nachrichten über den Stand der Bearbeitung aus. Die Steuerung erfolgt mittels spezieller Mechanismen zur Synchronisation kooperierender Prozesse.

3.2.3.2 Topologien in Multiprozessorsystemen

Um zwischen den einzelnen Prozessoren einen Datenaustausch zu ermöglichen, existieren unterschiedliche Konzepte. Die Wahl der Verbindungsstruktur ist von wesentlicher Bedeutung für die Leistungsfähigkeit von Multiprozessorsystemen. Innerhalb der *statischen Verbindungsstrukturen*, mit denen wir uns hier beschäftigen wollen, ermöglicht jede Verbindungsleitung (Bus) eine direkte physikalische Verbindung zwischen zwei Prozessoren.

Dem einfachsten Konzept, jeden Prozessor mit allen anderen zu verbinden (wie in Bild 3.10(f)), um eine hohe *Kommunikationsgeschwindigkeit* zu erzielen, stehen die dann sehr hohen *Hardwarekosten* für die Busse und die Anschlüsse an den Prozessoren gegenüber. N Prozessoren erfordern bei einer vollständigen Verbindung insgesamt n·(n-1)/2 Busse und n-1 Anschlüsse an jedem Prozessor. Es sollte also versucht werden, eine Kompromißlösung zwischen der Kommunikationsgeschwindigkeit einerseits und den Hardwarekosten andererseits zu finden.

Ist dagegen nicht jeder Prozessor mit jedem verbunden, können nur benachbarte Prozessoren in solch einem System direkt und schnell über die gemeinsame Verbindungseinrichtung kommunizieren. Bei nicht benachbarten Prozessoren ist der Datenaustausch nur indirekt über andere Prozessoren möglich, was jedoch die Geschwindigkeit stark reduzieren kann.

Die Topologie, unter der wir im folgenden die geometrische Anordnung der Prozessoren und der Verbindungseinrichtungen verstehen wollen, läßt sich graphisch anschaulich darstellen. Einige wichtige Verbindungsstrukturen zeigt das Bild 3.10.

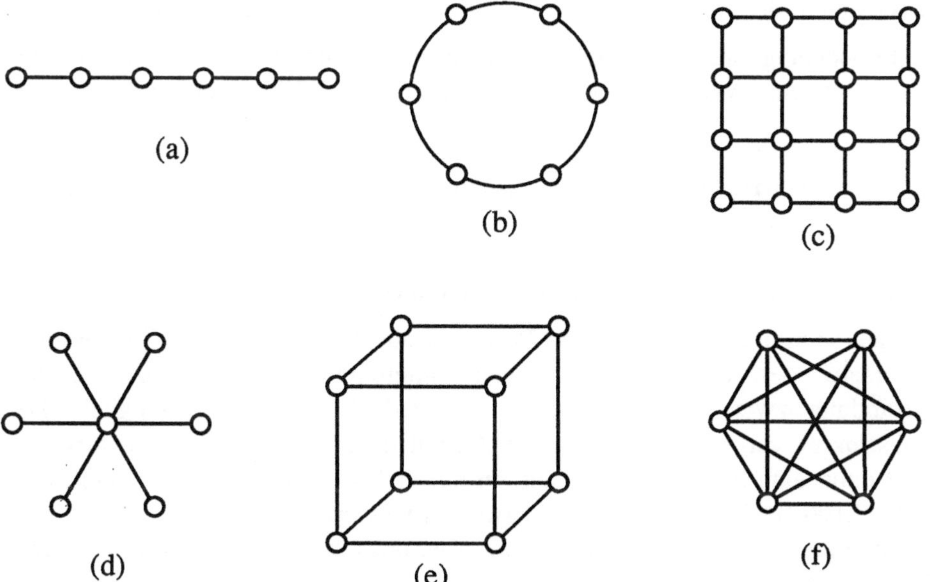

Bild 3.10: Statische Verbindungsstrukturen

Jeder Kreis (Knoten des Graphen) symbolisiert einen Prozessor, der jeweils aus CPU, Arbeitsspeicher und eventuell einer Ein-/Ausgabeeinheit besteht. Jede

Linie (Kante) stellt eine Verbindungsleitung dar.

Die *lineare Struktur* (a) erfordert im schlechtesten Fall n - 1 Kommunikationsschritte. Sie werden benötigt, wenn die End- und Anfangsknoten miteinander kommunizieren. Diese Anzahl kann halbiert werden, wenn End- und Anfangsknoten zu einer *Ringstruktur* (b) verbunden sind.

Andere Strukturen sind die *matrixförmige Anordnung* (c), die *sternförmige Struktur* (d), der sogenannte *Hypercube* (e) (siehe Definition 3.5), sowie die bereits erwähnte *vollständige Verbindung* (f).

(3.5) Definition: (Hypercube):

Wir definieren den Hypercube induktiv. Ein Hypercube der Dimension 1 (H D1) besteht aus zwei Prozessoren, die über einen Bus miteinander verbunden sind.

Ein Hypercube der Dimension 2 (H D2) besteht aus zwei Hypercubes der Dimension 1, deren gegenüberliegende Prozessoren verbunden sind.

Die Fortsetzung dieser Definition ergibt für den Hypercube der Dimension k (H Dk), daß er aus zwei Hypercube der Dimension k-1 (H Dk-1) besteht. ■

Ein wichtiges Kriterium für die Beurteilung einer solchen Struktur ist neben der Geschwindigkeit und den Hardwarekosten die *Fehlertoleranz*. Sie gibt an, wieviele Verbindungseinrichtungen maximal ausfallen können, ohne daß die Kommunikation zwischen den Prozessoren unterbrochen wird.

Fällt bei einer linearen Struktur ein Prozessor aus, können zwar die Prozessoren beiderseits der Unterbrechung noch untereinander kommunizieren, die Verbindung zwischen den Teilketten ist jedoch nicht mehr möglich. Die Ringstruktur verkraftet dagegen den Ausfall eines beliebigen Prozessors. Sie weist dann eine lineare Struktur auf. In einem Hypercube der Dimension 3 (s. Bild 3.10(e)) können sogar zwei Prozessoren ausfallen, ohne die Kommunikation selbst zu verhindern. Allerdings bedeutet ein Ausfall immer einen Geschwindigkeitsverlust.

Die Eigenschaften der unterschiedlichen Strukturen (jeweils mit n Prozessoren/Knoten) werden in nachfolgender Tabelle gegenübergestellt. Die einzelnen Größen können aufgrund obiger Skizze nachvollzogen werden.

Verbindungs-struktur	Anzahl der Busse	maximale Anzahl der Busse an einem Prozessor	maximaler Abstand zwischen zwei Prozessoren	Fehler-toleranz
linear	n-1	2	n-1	0
ringförmig	n	2	n/2	1
matrixförmig ($n^{1/2}xn^{1/2}$)	$2(n-n^{1/2})$	4	$2(n^{1/2}-1)$	1
sternförmig	n-1	n-1	2	0
Hypercube ($n=2^k$)	$n\log_2 n/2$	$\log_2 n$	$\log_2 n$	$\log_2 n-1$
vollständig	n(n-1)2	n-1	1	n-2

3.2.4 Neuronale Netze

Die Grundlage der heutigen Forschungen auf dem Gebiet der neuronalen Netze bilden die Arbeiten der beiden Amerikaner Warren S. Mc Culloch, einem Neurophysiologen, und dem Mathematiker Walter Pitts aus dem Jahr 1943.

Sie zeigten, daß aus dem Zusammenspiel einfachster Bearbeitungselemente komplexe Verhaltensweisen entstehen können. Diese Struktur ist der Arbeitsweise des menschlichen Gehirns nachempfunden. Das Gehirn besteht aus ca. 100 Milliarden Nervenzellen, den Neuronen. Die Verbindungen der Neuronen werden durch ca. 100 Billionen Synapsen hergestellt.

Ein Neuron besteht vereinfacht aus den drei Komponenten Zellkörper, Axon oder Neurit und den Dendriten. Den Aufbau stellt schematisch das Bild 3.11 dar.

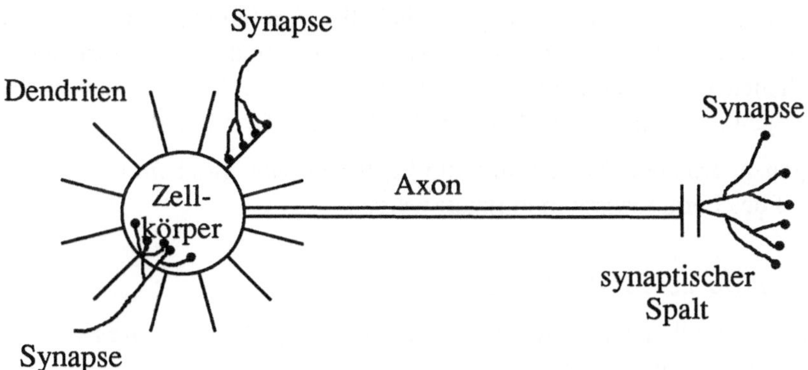

Bild 3.11: Das Neuron

Das Axon ist durch die Synapsen wieder mit den Dendriten oder dem Zellkörper anderer Neuronen verbunden. Allerdings besteht hier keine feste statische Verbindung. Die Übertragung der Informationen erfolgt vielmehr mittels eines elektrochemischen Prozesses.

Signale gelangen über die Dendriten oder den Zellkörper in das Neuron. Wird ein bestimmter Schwellenwert des Reizes erreicht, so erfolgt ein Sendeimpuls von der Dauer einer Millisekunde. Dieser Sendeimpuls erfolgt nach dem Alles-oder-Nichts-Prinzip. Die Information gelangt daraufhin über Axon und Synapsen in andere Nervenzellen.

Es sind zwei Arten von Verbindungen zwischen Neuronen bekannt, zum einen die *reizverstärkenden* (exzitatorischen) und zum anderen die *reizmindernden* (inhibitorischen) Verbindungen.

Im Verlauf der Beschäftigung mit neuronalen Netzen wurde erkannt, daß nicht die Verarbeitungsgeschwindigkeit in den Neuronen selbst für die hohe Geschwindigkeit in dem neuronalen Netz Gehirn verantwortlich ist. Das menschliche Gehirn arbeitet nämlich im Bereich von Millisekunden; dies wird von den heutigen Rechnern ohne Schwierigkeiten übertroffen (sie arbeiten im Nanosekundenbereich, eine um den Faktor 10^6 höhere Geschwindigkeit).

Der entscheidende Unterschied liegt vielmehr in der Bearbeitungsweise. Im Gehirn werden die Signale parallel verarbeitet, in einem herkömmlichen von-Neumann-Rechner dagegen sequentiell.

Das war mit ein Anlaß dafür, die menschliche Struktur in einem Prozessornetz nachzuempfinden. Eine Vielzahl einfacher Prozessoren oder elementarer Bearbeitungselemente stellen die Neuronen dar, die über Leitungen miteinander verbunden sind. Im Unterschied zu den Multiprozessorsystemen, die wir im vorigen Abschnitt besprochen haben, sind die Verbindungen zwischen den Prozessoren *nicht statisch*. Wie beim Menschen, bei dem Lernvorgänge auf veränderlichen Charakteristiken der Synapsen beruhen, können sich auch die Verbindungen in einem neuronalen Netz im Zeitablauf verändern.

In heutigen neuronalen Netzen sind die *Verbindungen gewichtet*. Sie können im Verlauf des Lernprozesse modifiziert werden.

3.2.4.1 Struktur neuronaler Netze

Im folgenden wollen wir unter Neuronen immer einfache Prozessoren oder Bearbeitungselemente verstehen.

Die Neuronen eines Netzes werden bestimmten *Ebenen* zugeordnet. Sie sind nach diesen Ebenen logisch gruppiert. Die Ebenen können jeweils eine unterschiedliche Anzahl von Neuronen enthalten.

Wir kennen in einem neuronalen Netz zwei Hauptebenen. Auf der *Eingabe- oder Inputebene* werden die Eingabesignale eingelesen, gesammelt und weitergeleitet. Die *Ausgabe-* oder *Outputebene* sorgt dagegen für die Weitergabe von Signalen an die Außenwelt.

Jeder dieser Ebenen ist eine Ebene sogenannter versteckter Neuronen zugeordnet. Dort erfolgt eine Weiterverarbeitung der Signale. Diese *Hidden-Neuronen* geben keine Signale nach außen weiter und empfangen auch keine von dort.

Die Verbindungen zwischen den Neuronen sind, wie bereits erwähnt, anpassungsfähig (adaptiv). Sie können entsprechend ihrer Gewichtung einen unterschiedlich großen Einfluß auf die Bewertung der Eingabesignale haben, z.B. abschwächend oder verstärkend.

Neuronale Netze besitzen drei grundlegende Fertigkeiten:

(a) Fähigkeit zur Anpassung (Adaption) und somit zum Lernen,
(b) verteilte Informationsspeicherung, die eine
(c) enorm hohe Fehlertoleranz zur Folge hat.

Ausführlich beschäftigen wir uns nun mit dem Lernprozeß.

3.2.4.2 Lernen in neuronalen Netzen

Lernen ist die Fähigkeit, Eingabesignalen einen Begriff oder Eigenschaften zuzuordnen. Sehen wir mit dem Sinnesorgan Auge beispielsweise ein Auto, so assoziiert unser Gehirn die Vielzahl der im Auge eingehenden Signale mit dem Begriff „Auto" und den entsprechenden Eigenschaften.

Lernen bedeutet also, formal definiert, einem Eingabevektor den „richtigen" Ausgabevektor zuzuordnen.

Der Ablauf des Lernens in einem neuronalen Netz gliedert sich in die folgenden Schritte:

(a) Die Inputwerte (x_i) der Neuron-Aktivitäten der Eingabeebene werden den Eingabewerten des Eingabevektors gleichgesetzt.

(b) Neuronen der versteckten Ebene berechnen ihre jeweiligen mit g_i gewichteten Summen verstärkender oder mindernder Reize. Sie geben ihrerseits, sobald diese Summe einen Neuron-spezifischen Schwellenwert S erreicht hat, ein Signal y als Funktion dieser Summen abzüglich des Schwellenwertes ab.

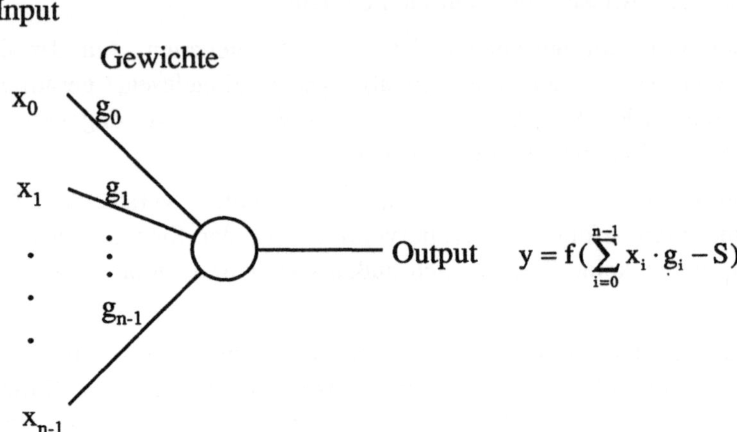

(c) Die Werte der Eingabevektoren gelangen dann über gewichtete Verbindungen zu den Elementen des Ausgabevektors auf die Ausgabeebene. Da es sich hierbei um eine Vorwärtsbewegung handelt, spricht man auch von einem *feedforward-Netz*.

(d) Es erfolgt ein *Vergleich* des erhaltenen Ausgabevektors mit dem vorgegebenen Ausgabevektor.

(e) Treten unerwünschte Abweichungen auf, werden die Gewichte der Netzverbindungen entsprechend geändert. Dieses Lernschema veranschaulicht:

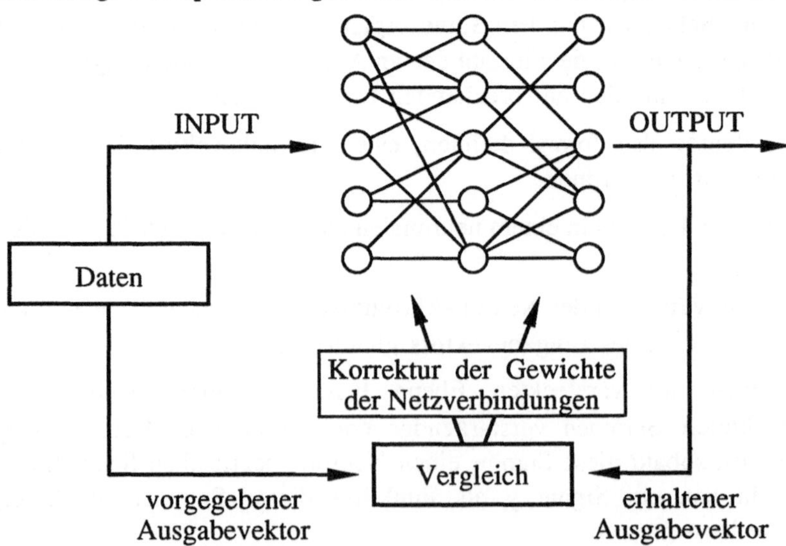

3.3 Client/Server-Systeme

Die Nutzer-Anforderungen an die Informationsverarbeitung sind so vielfältig wie noch nie. Gleichzeitig ist der Zwang zur Wirtschaftlichkeit und technischer Integration von Anwendungs- und Rechnervielfalt groß. Wir möchten deshalb in diesem Abschnitt unser Augenmerk auf einen Ansatz richten, bei dem die Zusammenarbeit von Programmen, die auf mehrere Rechner verteilt sein können, im Vordergrund steht.

3.3.1 Client/Server-Interaktionsmodell und -komponenten

Bei der Betrachtung miteinander vernetzter Rechner spricht man häufig von sogenannten Clients und Servern. Tatsächlich ist der Kern von Client/Server-Systemen ein Interaktionsmodell für Software. In diesem *Client/Server-Interaktionsmodell* ist ein *Client* (= Dienst-Nachfrager) ein Programm, das Aufträge formuliert und an ein anderes Programm, den *Server* (= Dienst-Anbieter) verschickt. Der Server bearbeitet den Auftrag und schickt danach das Ergebnis an den Client zurück. Bild 3.12 veranschaulicht das Prinzip dieses Ablaufs.

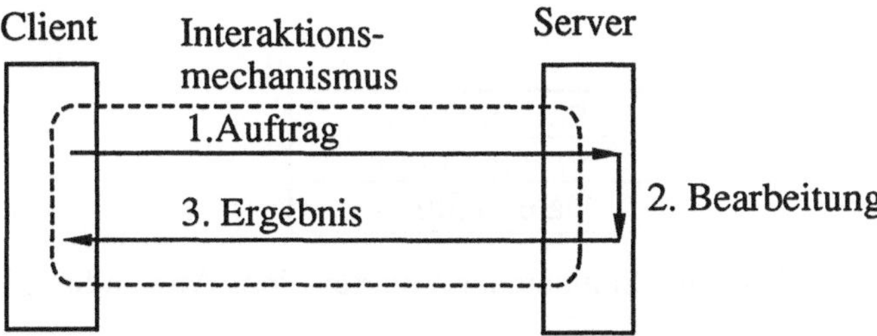

Bild 3.12: Client/Server-Interaktionsmodell

Ein Client kann Aufträge auch an mehrere Server vergeben. Umgekehrt kann ein Server seine Dienste mehreren Clients zur Verfügung stellen. Ein Server kann selbst zum Client werden, wenn er im Verlaufe der Bearbeitung seinerseits Aufträge vergibt. Wir wollen ferner anmerken, daß ein Client nicht in jedem Falle warten muß, bis der Server die Bearbeitung abgeschlossen hat. Desweiteren gibt es typische Serverdienste wie Datenhaltung oder Druckausgabe, bei denen das Ergebnis für den Client lediglich aus einer Rückmeldung bestehen kann (z.B. Druck erfolgreich beendet), das eigentliche Ergebnis aber woanders entsteht (z.B. beim Drucker).

(3.6) Definition: (Client / Server - Anwendung)

Eine Anwendung, die aus Komponenten besteht, die gemäß dem Client/Server-Interaktionsmodell zusammenarbeiten, heißt Client/Server-Anwendung (C/S-Anwendung). ■

Typischerweise (aber nicht notwendigerweise) ist eine C/S-Anwendung physisch verteilt, d.h. Client und Server sind auf unterschiedlichen Rechnern lokalisiert, die über ein Rechnernetz miteinander verbunden sind.

Sind in dem Netz unterschiedliche Rechnerkategorien vorhanden, werden PCs oft als Clients bezeichnet, größere Rechner als Server. Da der Client/Server-Begriff primär für Software gedacht ist, ist diese Zuordnung nicht korrekt. In vielen Fällen laufen allerdings die Client-Komponenten einer Anwendung auf PCs und die Server-Komponente auf einem größeren Rechner (dem „Abteilungsrechner", „Druckserver" oder „Datenbankserver").

Bei der Frage, wie eine Anwendung in Client- und Server-Komponenten zerlegt werden kann, hilft uns die logische Zerlegung einer Anwendung in die Schichten Präsentation, Verarbeitung und Datenhaltung (s. Bild 3.13). Dabei versteht man unter der Präsentationsschicht die Teile der Anwendung, die für die Bedienoberfläche benötigt werden, unter der Verarbeitungsschicht die Teile der Anwendung, in denen die fachliche Logik des Anwendungsgebietes enthalten ist, und unter der Datenhaltungsschicht die Teile der Anwendung, die für das Abspeichern und Wiederfinden von Daten zuständig sind.

Präsentation
Verarbeitung
Datenhaltung

Bild 3.13: Grobe Schichtenarchitektur einer Anwendung

Eine Aufteilung einer so geschichteten Anwendung ist prinzipiell an fünf Stellen möglich:

1) Wird die Präsentationsschicht aufgeteilt, spricht man auch von *verteilter Präsentation.* Ein praktisches Beispiel hierfür ist das X-Windows-System ([Schä87]).

2) Erfolgt der Schnitt zwischen der Präsentations- und der Verarbeitungsschicht, spricht man von *entfernter Präsentation.* Ein Beispiel für diesen Fall sind zentrale Großrechneranwendungen, bei denen die Bedienoberfläche auf den angeschlossenen PCs abläuft.

3) Wird die Verarbeitungsschicht aufgeteilt, spricht man auch von *verteilter Verarbeitung*. Beispielsweise können in einem anwendungsbezogenen Bearbeitungsablauf ausgewählte Teilschritte, etwa bestimmte Berechnungen oder Konsistenzprüfungen, als Server - Komponenten realisiert werden.

4) Erfolgt eine Trennung zwischen der Verarbeitungs- und der Datenhaltungsschicht, spricht man auch von *entfernter Datenhaltung*. Beispiele hierfür sind File- oder Datenbank-Server, die auf einem geeignet ausgelegten Rechner ablaufen und über ein lokales Netz von Clients aus benutzt werden können.

5) Im Falle einer Trennung der Datenhaltung spricht man auch von *verteilter Datenhaltung*. Beispiele hierfür sind verteilte Datenbanksysteme.

In Bild 3.14 ist die Trennstelle zwischen Client und Server als „Blitz" symbolisiert, der anzeigt, daß an dieser Stelle Client und Server interagieren und ggf. eine Kommunikation über das Rechnernetz erfolgt.

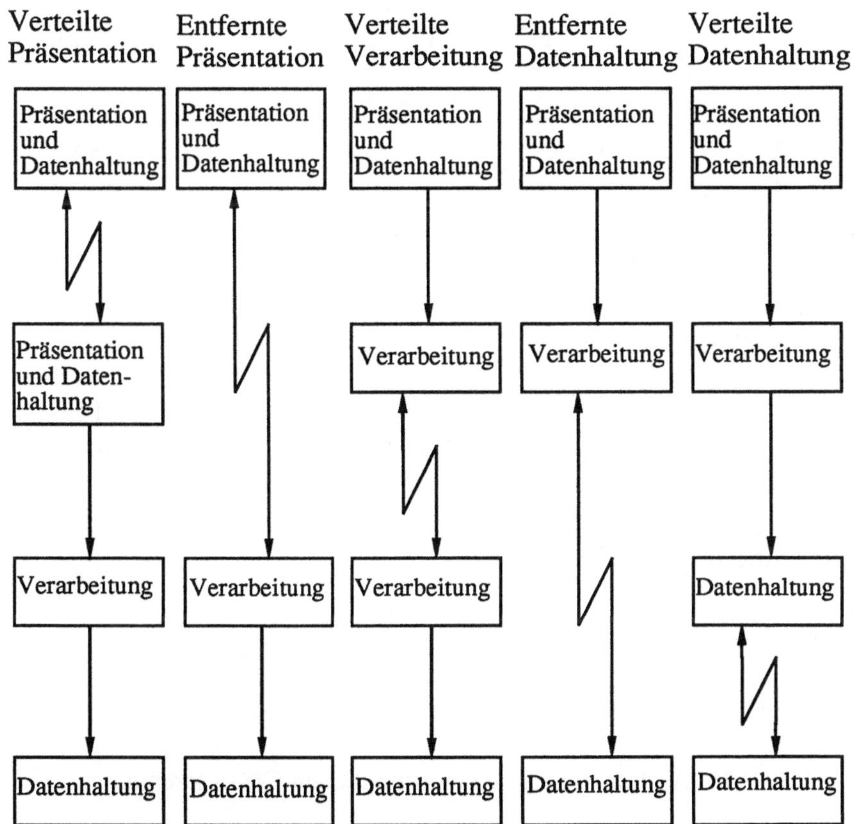

Bild 3.14: Prinzipielle Trennstellen zwischen Client und Server

Die Zerlegung einer Anwendung in Client- und Server-Komponenten kann auch an mehreren Trennstellen gleichzeitig erfolgen. Beispielsweise gibt es viele große Anwendungen, deren graphische Oberfläche und Teile der Verarbeitung als Clients auf PCs ablaufen, die übrige Verarbeitung sowie Teile der Datenhaltung als Server bzw. Client auf einem Minicomputer, und der größte Teil der Datenhaltung als „zentraler" Server auf einem Großrechner plaziert ist.

Bild 3.15 veranschaulicht diese Struktur und skizziert darüber hinaus eine denkbare Rechnernetzstruktur in zwei Ebenen: n_i PCs sind mit einem Minicomputer (MC) in einem lokalen Netz (LAN) zusammengeschlossen; m_j Minicomputer sind mit einem Großrechner (GR) über ein Weitverkehrsnetz (WAN) verbunden.

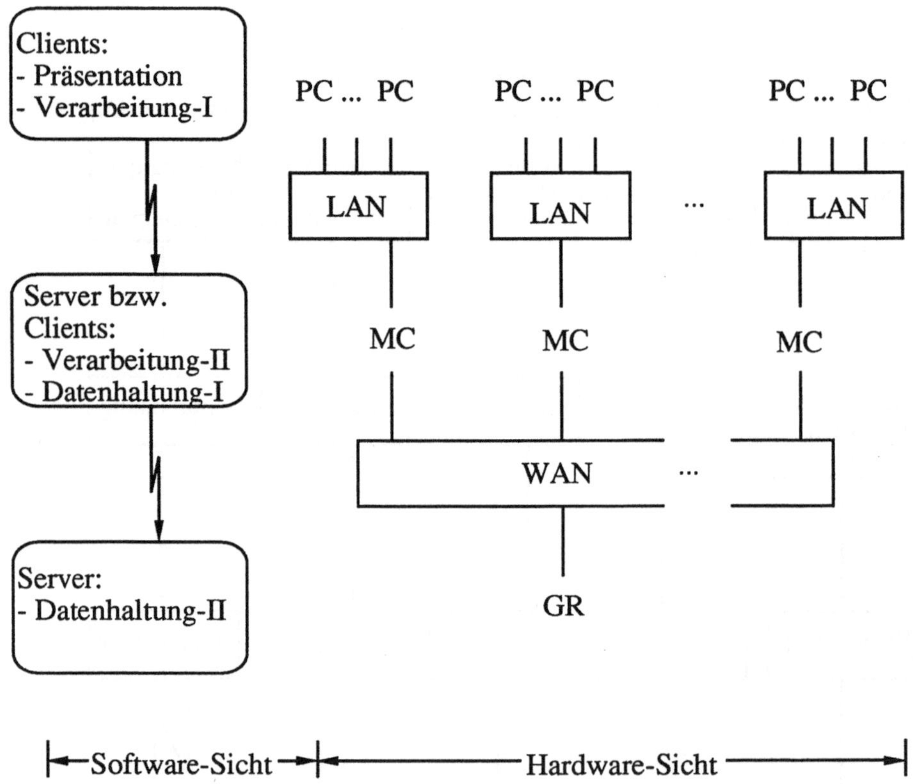

Bild 3.15: Architekturskizze einer möglichen C/S-Anwendung

3.3.2 Verteilungsplattform

Bei der Zerlegung einer Anwendung spielen mehrere Gesichtspunkte eine Rolle. Einige wichtige sind etwa die Qualität der Bedienoberfläche, die Antwortzeiten, die Kosten für Hard- und Software, der Administrationsaufwand, Konsistenzanforderungen an Daten u.a.m. Da sich im Laufe der Zeit die Anforderungen an diese Größen ändern können oder sich innerhalb der Anwendung neue Schwerpunkte bilden, sollte es möglichst einfach sein, den Ablaufort von Softwarekomponenten zu verlegen. Solche und andere Unterstützungen einer Verteilung ist eine komplexe Aufgabe. Sie wird durch spezielle Software wahrgenommen, die oft als *Verteilungsplattform* oder *Middleware* bezeichnet wird. Wir betrachten im folgenden wichtige Anforderungen an eine Verteilungsplattform, wobei wir uns an [Gei95] anlehnen.

AV-1: Eine Verteilungsplattform soll die eigentliche Anwendung von Transportaufgaben im Zusammenhang mit dem Rechnernetz entlasten. Im Idealfall ist für den Client der Aufruf eines Servers nichts anderes als ein lokaler Prozeduraufruf.

AV-2: Eine Verteilungsplattform soll die Kooperation zwischen Client und Server unterstützen. Beispiele für geeignete Mechanismen sind Message Passing oder Remote Procedure Call. Wir gehen später darauf ein.

AV-3: Eine Verteilungsplattform soll den Zugriff auf die verteilten Betriebsmittel (Geräte, Daten, Programme) ermöglichen und steuern.

AV-4: Eine Verteilungsplattform soll gegenüber dem Bediener die Heterogenität verbergen. So soll es z.B. aus der Sicht des Anwenders keinen Unterschied bei der Nutzung verschiedener Kommunikationsprotokolle geben.

AV-5 Eine Verteilungsplattform soll in Bezug auf ihre Transparenz den Bedürfnissen und Anforderungen des Benutzers angepaßt sein. So soll es beispielsweise nicht notwendig sein, daß ein Benutzer eines Geldautomaten die Lokalisation der Daten kennen muß.

Die Transparenz kann in mehrere Transparenzfunktionen unterteilt werden:

a) Ortstransparenz: verbirgt die physische Lokation von Programmen und Daten
b) Zugriffstranzparenz: läßt keinen Unterschied beim Zugriff auf lokale und entfernte Objekte erkennen.
c) Migrationstransparenz: verbirgt die Verlagerung eines Objekts.

d) Replikationstransparenz: verbirgt das mehrfache Vorhandensein eines Objekts auf unterschiedlichen Knoten und sorgt für die Konsistenz der Replikate.

e) Fehlertransparenz: verbirgt das Auftreten von Fehlern bei der Interaktion und die ablaufenden Fehlerbehebungsmechanismen.

f) Transaktionstranzparenz: verbirgt die Koordinationsmechanismen zur Sicherstellung von Transaktionseigenschaften.

3.3.2.1 Remote Procedure Call

Ein wichtiger Mechanismus zur Erfüllung einiger genannter Anforderungen, insbesondere zur Unterstützung der Interaktion zwischen Programmen, ist der sogenannte *Remote Procedure Call* (RPC = Aufruf einer entfernten Prozedur). Wie der Name andeutet ist die Idee dabei, das vertraute Programmiermodell des lokalen Prozeduraufrufs auf verteilte Umgebungen zu erweitern. Man muß dafür den Aufruf einer entfernten Prozedur über ein Netzwerk an den richtigen Zielrechner weitergeben können. Eine besonders wichtige Rolle spielen dabei die *Stubs*, spezielle Software zum Empfang und zur Weitergabe von Aufrufen. Bild 3.16 veranschaulicht den Ablauf eines Remote Procedure Calls.

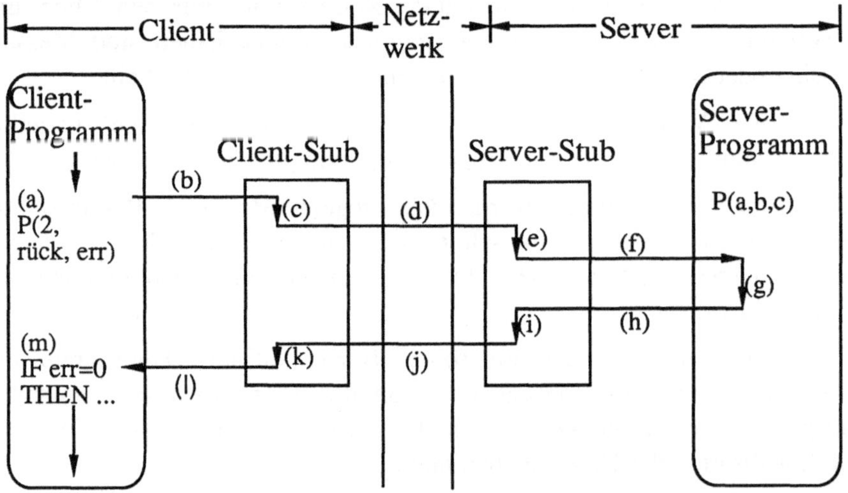

Bild 3.16: Ablaufprinzip eines Remote Procedure Call

Erläutern wir kurz die einzelnen Schritte im Verlauf eines RPC:

a) Das Client-Programm ruft eine Prozedur, beispielsweise die Prozedur P, auf.

b) Der Prozeduraufruf wird vom Client-Stub entgegengenommen – aus Sicht des rufenden Programms so, als wäre dort die Prozedur P implementiert.

c) Der Client-Stub kodiert den Aufruf, eine Prozedurkennung, die aktuellen Parameter sowie die Adresse des Zielrechners, auf dem die Prozedur angeboten wird, in ein vereinbartes Übertragungsformat. Daraus wird ein Netzpaket erstellt und über das Rechnernetz an den Zielrechner geschickt.

d) Das Netzpaket wird über das Netzwerk übertragen.

e) Der Server-Stub empfängt das Netzpaket und dekodiert den darin enthaltenen Prozeduraufruf.

f) Der Server-Stub ruft die gewünschte Prozedur auf.

g) Das Server-Programm läuft ab.

h) Der Server-Stub nimmt die Rückgabeparameter des Server-Programms entgegen.

i) Der Server-Stub kodiert die Rückgabeparameter zusammen mit der Aufrufkennung und schickt beides an den Client-Rechner ab.

j) Das Resultat des Aufrufs wird über das Netzwerk übertragen.

k) Der Client-Stub empfängt das Resultat und dekodiert es.

l) Der Client-Stub übergibt das Resultat an das Client-Programm.

m) Das Client-Programm fährt fort.

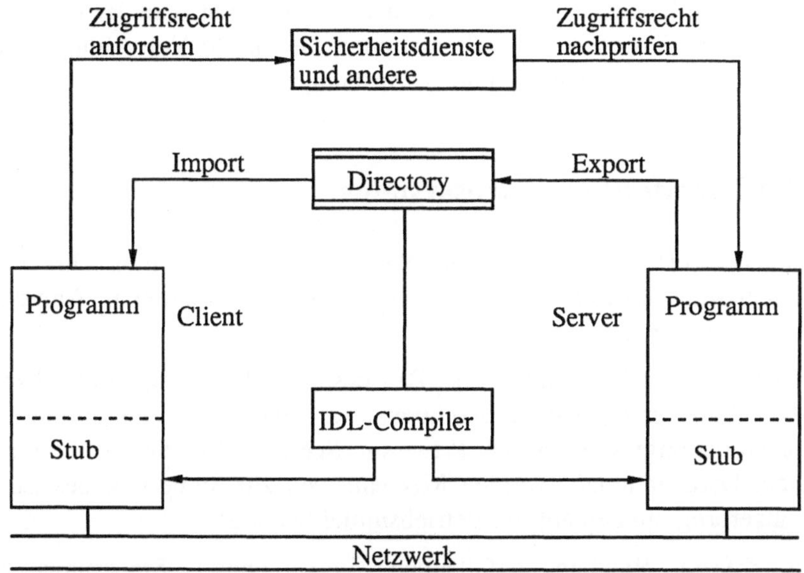

Bild 3.17 Überblick über wichtige Dienste in einem C/S - System

Die Adressen und Dienste von Servern werden in einem Verzeichnis (Directory) publiziert und können dort von Clients importiert werden. Zur Beschreibung von Schnittstellen wird dabei eine Schnittstellendefinitionssprache (Interface Definition Language, IDL) verwendet. Es genügt an dieser Stelle, sich eine IDL als Sprache zur Definition von Typen und Prozedurköpfen vorzustellen, beispielsweise wie in Modula-2 für Definition Modules. Auf diese Weise kann ein Client-Programm geschrieben werden, das eine Server-Prozedur benutzt. Ausgehend vom Directory kann der Client- bzw. Server-Stub automatisch generiert werden. Diese Aufgabe übernimmt ein IDL-Compiler. Beim Aufruf eines Servers werden in der Regel Zugriffsrechte von Anwendern überprüft und andere Sicherheitsdienste ausgeführt. Ein schematischer Überblick über die Dienste wird in Bild 3.17 gegeben. Auf weitere Dienste, wie z.B. Uhrensynchronisation wollen wir hier nicht eingehen.

Einen Einstieg in das weitere Studium von C/S-Systemen findet man etwa in [Ber96], [Gei95], [OHE96], [Schi95], [Scha95].

3.4 Betriebssysteme

Software, als die Zusammenfassung von allen Daten, Diensten und Programmen, läßt sich grob in das Betriebssystem und in die Anwenderprogramme unterteilen. Im folgenden Abschnitt werden wir uns mit dem Betriebssystem befassen, d.h. mit Prozessen bzw. Programmen, die für die Verwaltung und die Ausführung von Anwenderprogrammen zuständig sind.

3.4.1 Der Begriff des Betriebssystems

Eine *Rechenanlage*, d.h. Rechner und Peripheriegeräte, soll möglichst einfach und wirtschaftlich betrieben sowie von einem oder mehreren Anwendern genutzt werden können.

Dafür erforderlich ist die Kenntnis aller Betriebsmittel der Anlage. *Betriebsmittel* sind alle Hard- und Softwarekomponenten, die zur Ausführung von Programmen benötigt werden, d.h. Prozessor, Speicher, E/A-Geräte, Programme und Daten. Darüber hinaus werden Mechanismen zur Steuerung des Zugriffs von Benutzerprogrammen auf die Betriebsmittel benötigt.

Alle in diesem Rahmen anfallenden Verwaltungs-, Steuerungs- und Dienstleistungsaufgaben übernehmen die sogenannten *Systemprogramme*.

Das *Betriebssystem* (System-Software, operating system) ist die Gesamtheit aller Systemprogramme einer Rechenanlage, d.h. die Gesamtheit derjenigen Programme, die zusammen mit den Eigenschaften einer Rechenanlage die Basis der möglichen Betriebsarten (siehe Abschnitt 3.4.3) bilden und insbesondere die Abarbeitung von Programmen steuern und überwachen.

Die Systemprogramme lassen sich wie folgt gliedern:

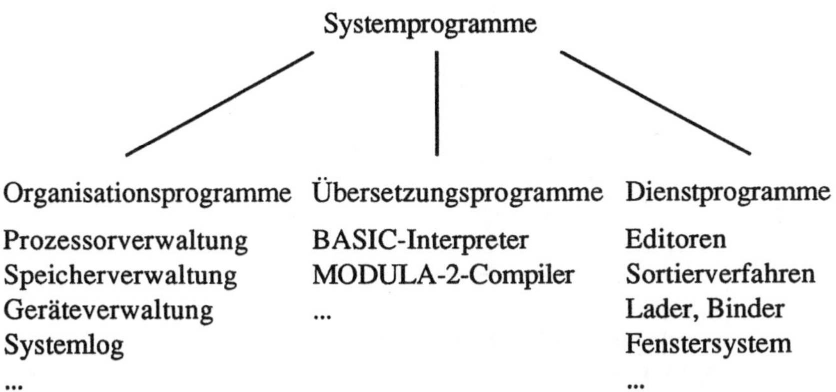

Organisationsprogramme	Übersetzungsprogramme	Dienstprogramme
Prozessorverwaltung	BASIC-Interpreter	Editoren
Speicherverwaltung	MODULA-2-Compiler	Sortierverfahren
Geräteverwaltung	...	Lader, Binder
Systemlog		Fenstersystem
...		...

Die Organisationsprogramme dienen der Kontrolle der auszuführenden Programme, der Verwaltung und Zuteilung von Betriebsmitteln und der „Buchführung" über die Benutzung der Rechenanlage (Systemlog). Die Übersetzungsprogramme übersetzen die Programme höherer Programmiersprachen in auf einer Rechenanlage ausführbare Programme. Die Dienstprogramme werden für häufig anfallende Standardaufgaben im Umgang mit einer Rechenanlage genutzt.

3.4.2 Aufbau von Betriebssystemen

Einige bekannte Betriebssysteme für den Personalcomputer sind beispielsweise Windows 95, Windows NT, des weiteren OS/2. MAC-OS und Solaris sind Betriebssysteme für Macintosh- bzw. SUN-Rechner. Auf Minicomputern und teilweise auch auf Großrechnern wird UNIX (bzw. ein bestimmter UNIX-Dialekt) verwendet. MVS (Multiprogramming Virtual Storage) ist ein von IBM entwickeltes Betriebssystem für Großrechner.

Wie jedes große Softwaresystem besteht ein Betriebssystem aus vielen verschiedenen Softwarekomponenten oder -modulen, die sich in ihrem dynamischen Ablauf wechselseitig beeinflussen. Sie werden nach Software -

Entwurfsprinzipien konstruiert, wobei die *Modularisierung* das wichtigste Entwurfsprinzip ist. Eine *Schichtenhierachie* der Module hat sich bei Betriebssystemen bewährt. Dabei wird das Betriebssystem in eine Anzahl von Schichten aufgeteilt. Die unterste Schicht ist die Hardware, die oberste die Benutzungsschnittstelle. Die einzelnen Schichten sind Softwareschichten und stehen in einer gerichteten funktionalen Beziehung zueinander. Höhere, d.h. hardwarefernere Schichten benutzen die Leistungen niedrigerer Schichten durch den Aufruf von Funktionen. Die Struktur einer solchen Schichtenhierachie ist in Bild 3.18 dargestellt.

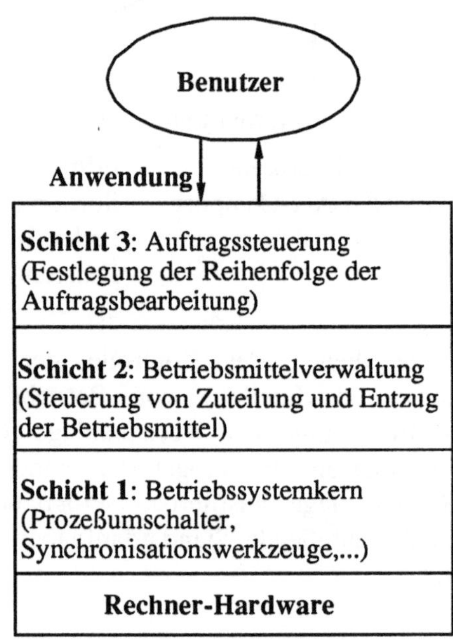

Bild 3.18: Schichtenhierachie des Betriebssystems

3.4.3 Betriebsarten einer Rechenanlage

Unter der *Betriebsart* versteht man die Form des Zugangs des Nutzers zum Computer zusammen mit der Art der Bearbeitung der Anwendungsprogramme. Dabei muß ein Benutzer einen Auftrag formulieren, um von einer Rechenanlage eine gewünschte Rechenleistung zu erhalten. Ein *Auftrag* ist eine nichtleere endliche Menge von möglicherweise gegenseitig abhängigen *Teilaufträgen*.

Jeder Teilauftrag besteht aus einer endlichen Folge von Betriebssystemkommandos zusammen mit den zu ihrer Ausführung benötigten Betriebsmittel.

Die verschiedenen Betriebsarten unterscheiden sich in der Art und Weise, in der eine Rechenanlage Aufträge entgegennimmt und bearbeitet. Im wesentlichen werden folgende Betriebsarten unterschieden: Stapelbetrieb, Spool-Betrieb, Dialogbetrieb und Multitaskbetrieb.

Beim *Stapelbetrieb* (batch mode) müssen die Aufträge vor der Übergabe vollständig definiert sein, d.h. inklusive aller Eingabedaten, denn ein Auftrag wird stets zusammenhängend übergeben. Während der Bearbeitung eines Auftrags ist kein modifizierendes Eingreifen möglich. Der Stapelbetrieb ist gut geeignet für Programme, die keine Interaktion mit dem Benutzer benötigen und lange Bearbeitungszeiten haben, z.B. statistische Auswertungen, „Update-Läufe" oder Übernahme großer Datenmengen.

Beim *Spool-Betrieb* versucht man eine Erhöhung der Anzahl der pro Zeiteinheit vollständig bearbeiteten Aufträge zu erreichen, indem man die Ein-/Ausgabe von der Verarbeitung trennt. Die dafür nötige Ein- und Ausgabepufferung wird durch sogenannte *Spooling-Systeme* (Simultan **P**eripheral **O**perations **o**n **L**ine) unterstützt. Bei diesen Systemen findet die tatsächliche Eingabe vor Bearbeitung des Auftrags statt, die Eingabedaten werden im Hintergrundspeicher gesichert. Während der Bearbeitung des Auftrags werden die Eingabedaten vom Hintergrundspeicher gelesen und die Ausgabedaten darauf geschrieben. Die tatsächliche Ausgabe erfolgt erst, wenn das Ausgabegerät frei ist, i.a. also nach der Auftragsbearbeitung. Dabei werden die Ausgabedaten vom Hintergrundspeicher durch spezielle Systemprogramme abgerufen (s. Bild 3.19).

Während beim Stapelbetrieb und beim Spool-Betrieb keine strengen Zeitanforderungen hinsichtlich der Beendigung der Aufträge bestehen, erwartet der Benutzer von Dialogverarbeitungssystemen (auch interaktive Systeme genannt) sofort Antwort. Die Antwortzeit, d.h. die Wartezeit des (Teil)Auftrags auf Beginn bzw. Fortsetzung seiner Bearbeitung plus der Bearbeitungszeit durch den Prozessor, soll bei diesen Systemen minimiert werden. Beim *Dialogbetrieb* (time sharing mode) ist i.a. eine große Zahl von Benutzern über Dialoggeräte direkt mit der Rechenanlage verbunden. Aufträge werden erst im Verlauf einer Dialogsitzung interaktiv definiert, die Reaktion auf Ergebnisse abgeschlossener Teilaufträge ist also möglich. Man unterscheidet zwei Arten von Dialogbetrieb, den Teilhaberbetrieb, bei dem alle Benutzer dasselbe Programm verwenden, z.B. das Platzbuchungssystem eines Reisebüros, und den Teilnehmerbetrieb, bei dem die Benutzer der Rechenanlage unabhängig

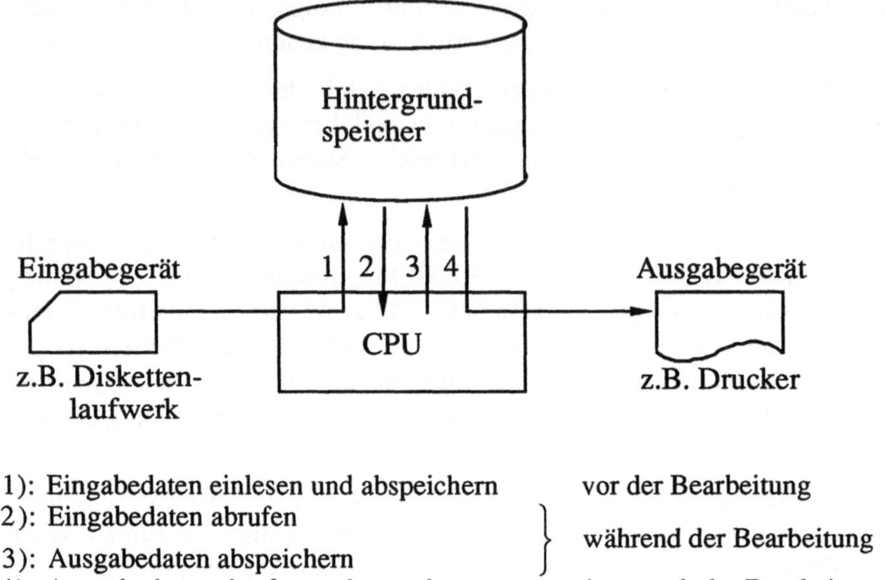

Bild 3.19: Schematische Darstellung des Spoolbetriebs

voneinander verschiedene Aufträge übergeben können. Dieser wird beispielsweise bei der interaktiven Programmentwicklung verwendet.

Bearbeitet der Computer mehrere Aufträge gleichzeitig, so wird dies auch *Multitaskbetrieb* genannt. Dabei sind mehrere Prozesse (Prozeß vorläufig: ablaufendes Programmstück) gleichzeitig im Hauptspeicher resident und werden zeitlich verzahnt bearbeitet (siehe Beispiel 3.7). Die Hauptaufgaben des Betriebssytems sind die Zuteilung von Betriebsmitteln an die einzelnen Prozesse, die Aktivierung und Blockierung der Prozesse, sowie deren gegenseitige Isolation zur Vermeidung unerwünschter gegenseitiger Beeinflussung beim Zugriff auf gemeinsam benutzte Betriebsmittel.

(3.7) Beispiel: (Zeitlich verzahnte Auftragsbearbeitung)

Drei Aufträge A1, A2, A3 seien jeweils zerlegt in Prozesse für Eingabe, Verarbeitung und Ausgabe. Die nicht zeitlich verzahnte Auftragsbearbeitung, z.B. beim Stapelbetrieb mit einem einfachen Betriebssystem wird im oberen Teil des Bildes dargestellt. Der untere Teil illustriert die zeitlich verzahnte Auftragsbearbeitung wie z.B. beim Multitaskbetrieb.

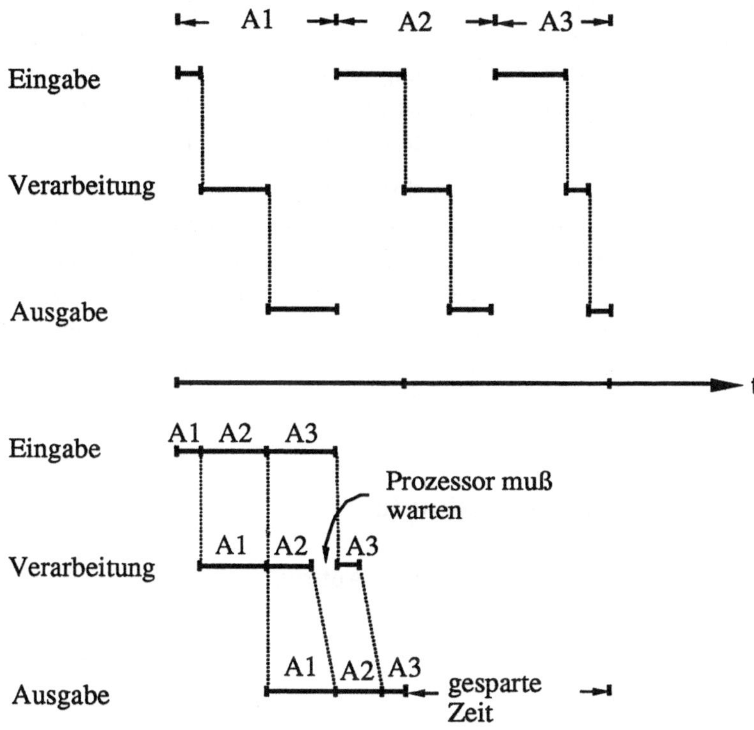

$$\text{Bezeichne} \begin{Bmatrix} T_E \\ T_V \\ T_A \end{Bmatrix} \begin{matrix} \text{Summe der} \\ \text{Zeiten für} \end{matrix} \begin{Bmatrix} \text{Eingabe} \\ \text{Verarbeitung} \\ \text{Ausgabe} \end{Bmatrix} \begin{matrix} \text{von Aufträgen} \\ A_1, \ldots, A_n \end{matrix}$$

Daraus ergibt sich eine idealisierte Abschätzung für genügend großes n:
Zeitbedarf T für die Bearbeitung aller n Aufträge, falls

- zeitlich nicht verzahnt: $T = T_E + T_V + T_A$
- zeitlich verzahnt: $T \approx \max \{ T_E, T_V, T_A \}$ ■

Im Gegensatz zu Dialogverarbeitungssystemen, welche auf Instruktionen der Benutzer reagieren, müssen Echtzeitsysteme auf externe Ereignisse, z.B. ausgehend von einem physikalischen oder technischen Prozeß, reagieren. Der *Echtzeitbetrieb* funktioniert prinzipiell wie der Dialogbetrieb, jedoch müssen zusätzlich Zeitrestriktionen eingehalten werden. So kann z.B. für die Bearbeitung eines Auftrags eine Höchstdauer vorgegeben sein.

Die Zuteilung von Betriebsmitteln an Aufträge erfolgt aufgrund der Priorität (Maß für die Dringlichkeit der Aufträge). Hauptaufgabe des Systems ist dabei die Realisierung der größtmöglichen Verfügbarkeit der Betriebsmittel einer Rechenanlage, d.h. bei der Anforderung eines Betriebsmittels durch einen neuen, besonders dringlichen Auftrag, soll das Betriebsmittel seinem bisherigen Auftrag entzogen und dem neuen zugeteilt werden können.

Die meisten Betriebsysteme stellen mehrere Betriebsarten zur Verfügung. So kommt beispielsweise tagsüber der Dialogbetrieb und nachts der Stapelbetrieb zum Einsatz. Die Hauptaufgaben des Betriebssystems sind dann der Wechsel der Systemumgebung, sowie die Verfolgung eines anderen Ziels, etwa Durchsatzmaximierung (wie im Stapelbetrieb) anstelle der Minimierung von Antwortzeiten (im Dialogbetrieb). Wenn verschiedene Betriebsarten gleichzeitig vorhanden sind, werden konkurrierende Anforderungen an das Betriebssystem gestellt.

3.4.4 Prozeß und Prozeßzustände

Das Betriebssystem transformiert jeden Auftrag in i.a. mehrere Prozesse (processes, tasks).

(3.8) Definition: (Prozeß)

Ein *Prozeß* ist der zeitliche Ablauf einer Folge von Aktionen eines Rechners, die zu einer identifizierbaren funktionellen Einheit zusammengefaßt sind. ■

Ein Prozeß ist die kleinste Verwaltungseinheit eines Betriebssystems und läßt sich charakterisieren durch das durchzuführende Programmstück und die zu verwendenden Daten. Im Laufe seiner Bearbeitung kann ein Prozeß in folgende Zustände gelangen (siehe auch Bild 3.20):

- *initiiert*: Der Prozeß ist dem Betriebssytem bekannt und im Zwischenspeicher abgelegt, aber noch nicht zur Bearbeitung zugelassen.
- *bereit*: Der Prozeß besitzt mit Ausnahme des Prozessors alle zu seiner Bearbeitung notwendigen Betriebsmittel.
- *aktiv*: Der Prozeß besitzt zusätzlich noch den Prozessor und läuft dort ab.
- *blockiert*: Der Prozeß wartet auf den Eintritt eines bestimmten Ereignisses, z.B. auf den Abschluß einer Eingabe-/Ausgabe-Operation oder der Zuteilung eines Betriebsmittels.
- *terminiert*: Der Prozeß hat alle seine Berechnungen beendet und die von ihm belegten Betriebsmittel freigegeben.

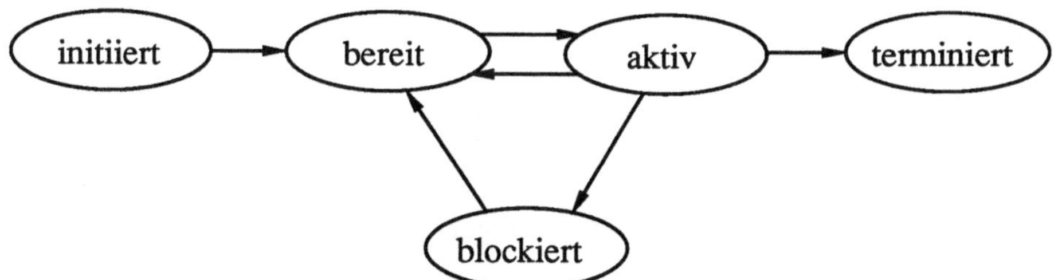

Bild 3.20: Prozeßzustände und Zustandsübergänge

Die möglichen Zustandsübergänge eines Prozesses sind (siehe auch Bild 3.20):

- *initiiert → bereit*: Da oft mehr Prozesse in Auftrag gegeben werden, als sofort bearbeitbar sind, werden diese in einem Zwischenspeicher aufbewahrt. Terminiert ein Prozeß, so kann im Zwischenspeicher ein neuer zur Bearbeitung herausgesucht werden. Die dafür zuständige Betriebssystemkomponente heißt oft *Auftragssteuerung* (job scheduler).
- *bereit → aktiv*: Einem bereiten Prozeß wird von der *Prozessorverwaltung* (CPU scheduler) der Prozessor zugeteilt.
- *aktiv → bereit*: Ein aktiver Prozeß wird durch einen dringenderen Prozeß in seiner Bearbeitung unterbrochen, d.h. ihm wird der Prozessor entzogen, obwohl der Prozeß noch bearbeitbar ist. Die aktuellen Informationen des zu unterbrechenden Prozesses werden mit Hilfe des sogenannten Prozeßumschalters (dispatcher) in einer geeigneten Datenstruktur (*Prozeßkontrollblock*) in einem dafür vorgesehenen Hauptspeicherbereich festgehalten.
- *aktiv → blockiert*: Ein aktiver Prozeß wird in seiner Bearbeitung unterbrochen, da er auf ein Ereignis warten muß, z.B. auf ein zusätzliches Betriebsmittel. Verantwortlich dafür ist die *Betriebsmittelverwaltung* des Betriebssystems.
- *blockiert → bereit*: Das erwartete Ereignis ist eingetreten, z.B. wurde dem Prozeß das benötigte Betriebsmittel zugeteilt. Der Prozeß erfüllt wieder alle Voraussetzungen für seine weitere Bearbeitung, d.h. er ist bereit. Zuständige Betriebssystemkomponente ist ebenfalls die Betriebsmittelverwaltung.
- *aktiv → terminiert*: Nach Abschluß der Berechnungen eines Prozesses werden die von ihm belegten Betriebsmittel wieder freigegeben. Anschließend verläßt der Prozeß das System, und sein Prozeßkontrollblock wird gelöscht. Dafür zuständig ist die Betriebsmittelverwaltung.

3.4.5 Hauptspeicherverwaltung

Eine wichtige Aufgabe von Betriebssystemen ist die Hauptspeicherverwaltung. Sie umfaßt auch den Austausch von Dateien zwischen Hauptspeicher und Externspeichern. In diesem Abschnitt werden wir auf die *Hauptspeicherverwaltung mit Seitenwechsel* (*paging*) eingehen.

(A) Adreßraum und Speicherraum:

Unter einem *Adreßraum* verstehen wir eine Folge (u, u+1, u+2, ... , o) von Zahlen $\in \mathbb{N} \cup \{0\}$ (wobei bei einer k-Bit-Adresse i.a. u=0, $o=2^k-1$ ist). Eine Adresse ist numerisch eine Zahl aus dem Adreßraum und dient der Identifikation eines Speicherelements.

Die Menge aller Speicherelemente des Hauptspeichers einer Rechenanlage wird als *Speicherraum* der Rechenanlage (γ) bezeichnet. Der Hintergrundspeicher einer Rechenanlage kann mit Hilfe eines geeigneten Betriebssystems wie ein Hauptspeicher benutzt werden. Es wird dann von einem virtuellen (fiktiven) Hauptspeicher gesprochen. Im Falle eines realen Hauptspeichers spricht man auch von einer realen Adresse, im Falle eines virtuellen Hauptspeichers von einer virtuellen.

Im folgenden verwendete Bezeichnungen sind:

$\mathcal{A}$: Adreßraum zur Adressierung des virtuellen Hauptspeichers.

$\nu(P)$: virtuelle Adressen eines Programms / Prozesses P.

Des weiteren gilt i.a. $\mathcal{A} \supset \cup\, \nu(P_i)$, und häufig $\nu(P_i) \supset \gamma$ (P_i Programme oder Prozesse).

(B) Struktur von Adreßraum und Speicherraum:

Adreßraum $\mathcal{A}$ und Speicherraum γ werden beide in Blöcke gleicher Länge eingeteilt. In $\mathcal{A}$ wird ein solcher Block meist als Seite (page) bezeichnet, in γ nennt man einen solchen Block oft Seitenrahmen (page frame). Alle Seiten wie auch alle Seitenrahmen sind jeweils weiter unterteilt, sagen wir in z Elemente, die jeweils mit l = 0, 1,..., z-1 durchnumeriert seien.

Wir nehmen an, γ bestehe aus M Seitenrahmen, durchnumeriert mit r = 0, 1,..., M-1. Des weiteren bestehe der Hintergrundspeicher aus v Blöcken, durchnumeriert mit t = 0, 1,..., v-1.

Die virtuellen Adressen $\nu(P)$ eines Programms oder Prozesses P bestehen aus N = N(P) Seiten, die mit s = 0, 1,..., N-1 durchnumeriert seien. Aufgrund dieser

(Seiten-)Struktur werden Programme und Daten von P in Teilbereiche von Seitengröße unterteilt.

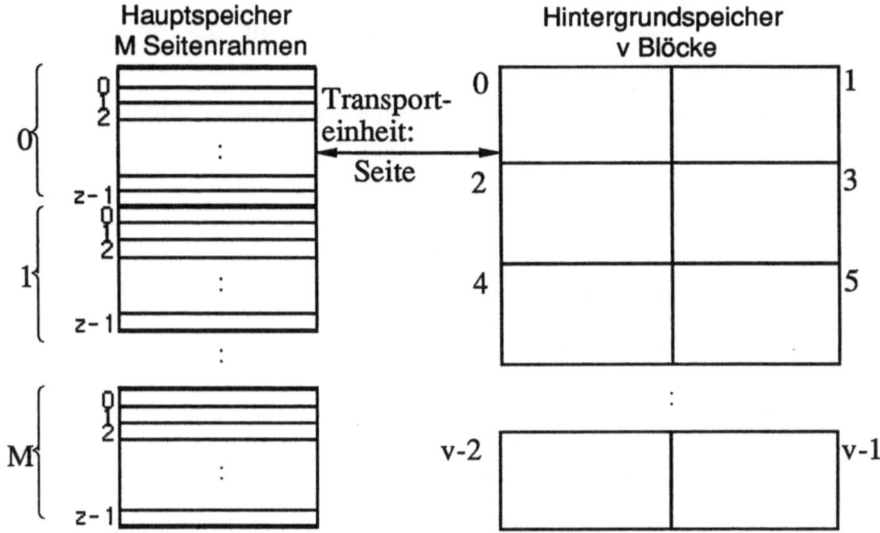

Bild 3.26: Prinzipskizze des Paging

(C) Zuweisung von (realem) Hauptspeicher an Prozesse:

Ein Problem bei der Zuweisung von realem Hauptspeicher an Prozesse liegt vor, falls $\nu(P) > \gamma$ oder $\cup\, \nu(P_i) > \gamma$ (P_i : gleichzeitig in γ residente Prozesse), d.h. falls nur ein Teil von P bzw. Teile der P_i im Hauptspeicher Platz finden.

Benötigt der Prozessor ein Speicherelement, das sich gerade nicht im Hauptspeicher befindet, so muß die zugehörige Einheit aus dem Hintergrundspeicher geholt werden. Falls keine freie Seite existiert, muß im Hauptspeicher eine Seite ausgewählt werden, die überschrieben werden soll. Bevor diese Seite überschrieben werden kann ist zu prüfen, ob sie aktualisiert worden ist, da dann ein Seitenwechsel zwischen Haupt- und Hintergrundspeicher durchgeführt werden muß, ansonsten kann die Seite sofort überschrieben werden. Für die Auswahl der zu überschreibenden Seite ist eine Strategie erwünscht, bei der keine Seite überschrieben wird, die kurz darauf wieder benötigt wird. Strategien, die sich in dieser Hinsicht bewährt haben sind: FiFo, „least recently used" oder „least frequently used".

Damit ein Seitenwechsel zwischen Haupt- und Hintergrundspeicher möglich ist, muß zu jedem Zeitpunkt und für jeden initiierten Prozeß P eine Zuordnungsfunktion F: $\{0,...,N\text{-}1\} \rightarrow \{0,...,M\text{-}1\} \cup \{n\}$ existieren definiert durch $F(s) = \begin{cases} r, & \text{Seite s ist in Seitenrahmen r} \\ n, & \text{Seite s ist nicht im Hauptspeicher} \end{cases}$

Diese Funktion F wird durch das Betriebssystem in der sogenannten *Seitentabelle* (*page table*) festgehalten.

Die Adresse eines Speicherelements innerhalb einer Seite, bzw. innerhalb eines Seitenrahmens ist in $\nu(P)$, bzw. γ wie folgt gegeben:

$\nu(P) : (s, l)$

← s →← l →

Seiten-adresse | Adresse in Seite

und in $\gamma : (r, l)$

← r → ← l →

Seiten-rahmen-adresse. | Adresse im Seitenrahmen

Zur Überlagerung von Seiten im Hauptspeicher muß die Speicherverwaltung folgende Funktionen realisieren:

- *Adreßtransformation*: Die virtuellen Adressen sind unter Nutzung der Seitentabelle in physische Adressen umzurechnen.
- *Entdecken fehlender Seiten*: Die Seitentabelle hat für die benötigte Seite keinen Eintrag.
- *Laden fehlender Seiten*: Die fehlende Seite wird vom Hintergrundspeicher geholt und in einem freien Seitenrahmen abgelegt.
- *Auslagern von Seiten*: Ist kein freier Seitenrahmen zum Laden vorhanden, so muß zuvor eine andere Seite auf den Hintergrundspeicher ausgelagert werden.

(D) Verlauf des Zugriffs auf ein Speicherelement:

Der Prozessor benötige das Speicherelement mit der Adresse a = (s, l). Zunächst wird F(s) bestimmt.

Fall 1: $F(s) \neq n$,

d.h. die Seite s befindet sich in Seitenrahmen F(s).
Dann kann a durch a' = (F(s), l) ersetzt werden.

Beispiel:

Die Seite 52 befinde sich in Seitenrahmen 11.

⇒ Der Zugriff auf das Speicherelement mit Adresse

a = | 0 1 1 0 1 0 0 | 0 1 0 |

wird ersetzt durch den Zugriff auf das Speicherelement mit der Adresse

a' = | 0 1 0 1 1 | 0 1 0 |

Fall 2: F(s) = n („Seitenfehler", page fault),
d.h. die Seite s befindet sich nicht im Hauptspeicher; sie muß zunächst im Hintergrundspeicher lokalisiert werden. Danach:

- Fall 2.1: Es gibt einen freien Seitenrahmen r.
  → Die Seite s wird in den Seitenrahmen r kopiert.
- Fall 2.2: Es gibt keinen freien Seitenrahmen.
  → Der Inhalt eines Seitenrahmens r wird auf den Hintergrundspeicher kopiert (meist an den ursprünglichen Platz).
  → Die Seite s wird in den Seitenrahmen r kopiert.
- Anschließend verfährt man wie in Fall 1.

3.4.6 Synchronisation von Prozessen

Die Prozeßsynchronisation ist zur gegenseitigen Isolation von Prozessen notwendig, d.h. von Prozessen, die sich ein gemeinsames Betriebsmittel teilen und bei denen der Zugriff auf das Betriebsmittel exklusiv ist. Wenn zwischen verschiedenen Prozessen eine zeitliche Reihenfolge einzuhalten ist, müssen diese Prozesse ebenfalls synchronisiert werden. Dies ist z.B. der Fall, wenn ein Prozeß die Daten aus einem technischen Verfahren erfaßt, ein zweiter diese verarbeitet und die Daten schließlich von einem dritten Prozeß ausgegeben werden.

(3.9) Beispiel:

Sei `x : INTEGER, x = 0;`

Prozeß P1: `BEGIN x := x + 1 END`

Prozeß P2: `BEGIN x := x + 2 END`

Fall 1: Die Zuweisungen sind atomare (ununterbrechbare) Operationen.

⇒ Das Ergebnis ist korrekterweise: `x = 3`.

Fall 2: Die Zuweisungen sind keine atomaren Operationen;

z.B.:

```
MOVE  x, D0  ⎫
ADD   #a, D0 ⎬ sind jeweils atomar
MOVE  D0, x  ⎭
```

⇒ folgende 3 Operationenfolgen sind möglich:

1. Operationenfolge	**D0**	**x**	
–	–	0	
P2: MOVE x, D0	0	0	
P2: ADD #2, D0	2	0	
P1: MOVE x, D0	0	0	(„lost update")
P2: MOVE D0, x	0	0	
P1: ADD #1, D0	1	0	
P1: MOVE D0, x	1	<u>1</u>	

2. Operationenfolge	**D0**	**x**	
–	–	0	
P1: MOVE x, D0	0	0	
P1: ADD #1, D0	1	0	
P2: MOVE x, D0	0	0	(„lost update")
P1: MOVE D0, x	0	0	
P2: ADD #2, D0	2	0	
P2: MOVE D0, x	2	<u>2</u>	

3. Operationenfolge	**D0**	**x**
–	–	0
P1: MOVE x, D0	0	0
P1: ADD #1, D0	1	0
P1: MOVE D0, x	1	1
P2: MOVE x, D0	1	1
P2: ADD #2, D0	3	1
P2: MOVE D0, x	3	<u>3</u>

■

Zu den falschen Ergebnissen kommt es, weil die kritischen Bereiche von den Prozessen nicht beachtet wurden. Der *kritische Bereich* eines Prozesses ist eine Folge von (atomaren) Operationen, in denen ein Prozeß nicht unterbrochen werden darf. Solche Bereiche entstehen beispielsweise, wenn mehrere Prozesse um dasselbe Betriebsmittel konkurrieren.

Das Betriebssystem muß solchermaßen voneinander abhängige Prozesse korrekt *synchronisieren*, d.h. eine Zeitrelation zwischen den verschiedenen Prozessen erzwingen und kontrollieren.

Es werden zwei Arten der Synchronisation unterschieden, die Prozeßkooperation und der wechselseitige Ausschluß (mutual exclusion). Bei der *Prozeßkooperation* kennen sich die voneinander abhängigen Prozesse und sprechen sich gegenseitig ab (siehe etwa [PeS83]). Beim *wechselseitigen Ausschluß* dagegen verhindert der Zugriff *eines* der voneinander abhängigen Prozesse auf ein gemeinsam benutztes Betriebsmittel den Zugriff aller anderen auf dieses Betriebsmittel. Ein Werkzeug für diese Art der Prozeßsynchronisation ist das *Semaphor*.

Die Funktion des Semaphors ist ähnlich einer Verkehrsampel. Will ein Prozeß in einen kritischen Bereich eintreten, untersucht er zunächst das Semaphor. Ist das Semaphor „rot", so wartet der Prozeß. Wenn es „grün" ist, tritt der Prozeß in den kritischen Bereich ein, und das Semaphor schaltet auf „rot". Verläßt der Prozeß den kritischen Bereich, wird auf „grün" umgeschaltet.

Die Realisierung eines Semaphors geschieht etwa folgendermaßen:

- ```
  TYPE    Semaphor : BOOLEAN;
  VAR     s : Semaphor;
          (*  s ist initialisiert mit TRUE;
              TRUE/FALSE: Betriebsmittel ist frei/nicht frei *)
  ```

- Auf einem Semaphor sind nur 2 Operationen P und V erlaubt. Wirkung: Sei A ein Prozeß, der P bzw. V aufruft:

  ```
  P(s): IF NOT s THEN
              „blockiere A"
        ELSE
              s := FALSE;
              „deblockiere A"
        END  (* IF *)

  V(s): s := TRUE
  ```
  ```

- Das Semaphorkonzept auf voriges Beispiel angewendet, ergibt:
  - Prozeß P1: `BEGIN` P(s); `x:= x + 1;` V(s) `END`
  - Prozeß P2: `BEGIN` P(s); `x:= x + 2;` V(s) `END`

Die Gefahr bei der Synchronisation durch wechselseitigen Ausschluß besteht in der gegenseitigen Blockade der voneinander abhängigen Prozesse, dem sogenannten Deadlock.

Eine mögliche Deadlock-Situation wäre z.B.:

> Seien P1, P2 Prozesse und seien M1, M2 Betriebsmittel. Dann liegt ein Deadlock vor, falls:
> P1 wartet auf M2, während er selbst M1 belegt;
> P2 wartet auf M1, während er selbst M2 belegt.

Die Prozesse warten auf ein Ereignis, hier auf die Betriebsmittelfreigabe, das nicht eintreten kann. Es ist also ein Verfahren zur Deadlock-Vermeidung bzw. Deadlock-Erkennung und -Auflösung notwendig (siehe etwa [PS 83]).

Aufgaben zu 3.1 bis 3.4:

1) a) Aus welchen Komponenten besteht eine klassische von-Neumann-Maschine?

   b) Wie sieht der Operationsablauf einer von-Neumann-Maschine aus?

2) Beschreiben Sie – entsprechend dem Beispiel 3.2 – die Kommunikation zwischen CPU und Hauptspeicher bei einem Lesevorgang. Nehmen Sie etwa an, daß der Inhalt von Speicherzelle 13 von der CPU gelesen werden soll.

3) a) Was ist ein Bus in einem Rechnersystem?

   b) Welche Arten von Bussen kennen Sie?

4) Gegeben sei eine Folge von n Vektorpaaren ai, bi mit

   $$a_i = (a_{i1}, a_{i2}, \dots, a_{i4}), \quad b_i = (b_{i1}, b_{i2}, \dots, b_{i4}) \qquad (i = 1, \dots, n)$$

   Gesucht ist $a_i \, . \, b_i \qquad (i = 1, \dots, n)$

   Entwerfen Sie die Prinzip-Skizze eines Pipeline-Rechners, der das Gewünschte leistet.

   Gehen Sie dabei folgendermaßen vor:

(a) Wieviel Prozessoren werden benötigt?

(b) Geben Sie das Ein-/Ausgabeverhalten jedes Prozessors an.

(c) Schalten Sie die Prozessoren zu einer Pipeline zusammen.

(d) In welcher Reihenfolge sind die a_i, b_i der Pipeline zuzuführen?

(e) Geben Sie die Operationsfolge für die ersten 8 Takte an.

(f) Nach wieviel Takten erhält man

— $a_1 \cdot b_1$?
— $a_n \cdot b_n$?

5) Aus einer Folge von n Eingabewerten (e_0, ..., e_{n-1}) sei die Ausgabefolge (a_0, ..., a_{n-1}) zu berechnen. Dabei sei $a_i = \delta(\gamma(\beta(\alpha(e_i))))$; $\delta, \gamma, \beta, \alpha$ Operationen. Entwerfen Sie:

— einen Pipeline-Rechner
— einen Feldrechner

mit 4 Prozessoren, der das Gewünschte leistet. Erklären Sie an diesem Beispiel die grundlegenden Unterschiede zwischen den beiden Rechnertypen.

6) Was versteht man unter der Kopplung von Prozessoren? Wie kann diese aussehen?

7) Nennen und erläutern Sie die prinzipiellen Trennschnitte einer C/S-Anwendung.

8) Beschreiben Sie das Ablaufprinzip eines Remote Procedure Calls.

9) Grenzen Sie die drei Betriebsarten Stapelbetrieb, Dialogbetrieb und Echtzeitbetrieb voneinander ab.

10) Welche Zustände kann ein Prozeß einnehmen? Beschreiben Sie die Beziehungen zwischen den Zuständen.

11) (a) Geben Sie ein Beispiel für eine mögliche Deadlock-Situation an.

(b) Was ist der Unterschied zwischen wechselseitigem Ausschluß und Deadlock.

4 Maschinenorientierte Programmiersprachen

Die Programmierung eines Rechners erfolgt mit Programmiersprachen, die man sich auf verschiedenen Ebenen angeordnet vorstellen kann (s. Bild 4.1, vgl. Band II, Abschnitt 4.1). Neben der Ebene der problemorientierten Sprachen, die weitgehend unabhängig von einem bestimmten Rechnertyp bzw. Prozessor sind, gibt es darunter liegend die Ebenen der Assembler- und Maschinensprachen, die wir jetzt genauer betrachten wollen. Sprachen dieser Ebenen werden allgemein als *maschinenorientierte Programmiersprachen* bezeichnet. Sie sind dadurch gekennzeichnet, daß die einzelnen Anweisungen dem Befehlsrepertoire eines konkreten Rechnertyps oder Prozessors entsprechen müssen.

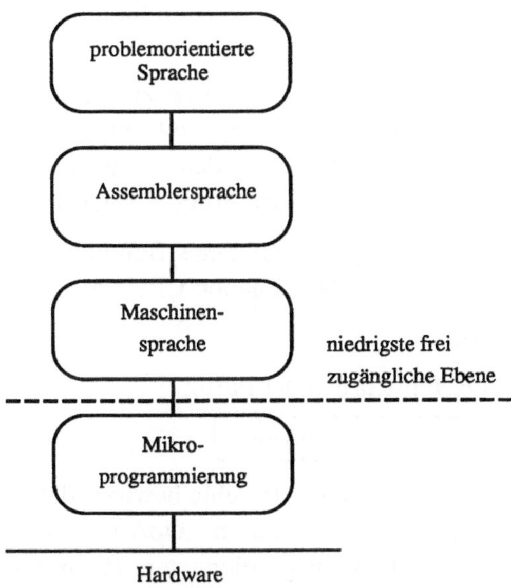

Bild 4.1: Sprachebenen eines heutigen Mehrebenen-Rechners

4.1 Einführung

Wir wollen zunächst auf einige wichtige Charakteristika von Maschinen- und Assemblersprachen eingehen.

4.1.1 Maschinensprachen

Unter einer *Maschinensprache* versteht man die Menge aller Maschinenbefehle eines Prozessors (CPU). Maschinensprachen stellen zugleich die niedrigste für die Programmierung frei zugängliche Ebene dar. Ein *Maschinenbefehl* ist ein Binärwort fester Länge (z.B. 8 Bit, 16 Bit oder 32 Bit) zur Auslösung einer elementaren Operation einer CPU. Unter einem *Maschinenprogramm* versteht man eine Folge von Maschinenbefehlen. Ein solches Programm wird im Hauptspeicher des Rechners abgelegt, um dann zum Zweck der Ausführung des Programms nach und nach einzelne Befehle in die CPU zu laden und die Befehle auszuführen.

Maschinenbefehle haben i.a. einen sehr einfachen Aufbau; sie bestehen im wesentlichen aus:

- dem *Operationscode (OpCode)*. Dieser legt die Art der auszuführenden Operation fest – zum Beispiel eine Addition, einen Datentransport oder einen Sprung.
- den *Operandenangaben (OpAng)*. Sie spezifizieren die Operanden, auf die die Operation angewendet werden soll. Operanden können meist in vielfältiger Weise angegeben werden, beispielsweise in Form einer Konstanten oder durch Angabe der Adresse einer Speicherzelle.

Die Anzahl der möglichen Operanden eines Befehls ist fest vorgegeben und hängt im wesentlichen von der betrachteten CPU ab. Man unterscheidet:

- *1-Adreß-Maschinen:*

  Diese haben ein Befehlsformat der Form:

OpCode	*OpAng*

  Die Verarbeitung eines solchen Befehls bewirkt, daß die durch „OpCode" spezifizierte Operation auf den durch „OpAng" angegebenen Operanden *und* auf den Inhalt eines ausgezeichneten Registers, meist Akkumulator genannt (kurz: Acc), angewendet wird. Das Ergebnis wird im Akkumulator abgelegt. Wir schreiben dafür kurz und bündig:

<Acc> op <OpAng> → Acc,

wobei die spitzen Klammern den Wert des jeweiligen Operanden angeben,bspw. den *Inhalt* des Akkumulators oder einer Speicherzelle[1].

- *2-Adreß-Maschinen:*

  Befehlsformat:

OpCode	*OpAng1*	*OpAng2*

  Bedeutung:

  <OpAng1> op <OpAng2> → OpAng2.

- *3-Adreß-Maschinen:*

  Befehlsformat:

OpCode	*OpAng1*	*OpAng2*	*ResAng*

  Bedeutung:

  <OpAng1> op <OpAng2> → ResAng (= ResultatAngabe).

Darüber hinaus kann das Format eines Befehls auch von dem Befehl selbst abhängen. Beispielsweise sind mit einem Additionsbefehl immer 3 Operandenangaben verbunden (1. Operand, 2. Operand und Resultat), während bei einem Sprungbefehl nur ein Operand, das Sprungziel, anzugeben ist.

Man kann den Befehlssatz einer CPU grob in die folgenden Gruppen unterschiedlicher Befehlsarten einteilen:

- *Datentransportbefehle:* Kopieren von Inhalten von Registern/Hauptspeicherzellen,
- *Arithmetische und logische Befehle:* arithmetische/logische Verknüpfung oder Schiebeoperation, angewendet auf Inhalte von Registern/ Hauptspeicherzellen,
- *Ablaufsteuerungsbefehle:* Unterbrechung des sequentiellen Programmablaufs durch Sprungbefehle (evtl. abhängig von Bedingungen)
- *Ein-/Ausgabebefehle:* Kommunikation mit E- / A-Geräten,
- *Sonderbefehle:* Unterbrechungsbehandlung, Anhalten/Zurücksetzen der CPU, etc.

---

1 Wie der *Wert* einer konkreten Operandenangabe exakt festgelegt ist, hängt von der zugrunde liegenden *Adressierungsart* ab. Darauf gehen wir im folgenden noch genauer ein.

4.1.2 Assemblersprachen

Maschinensprachen haften eine Reihe von Nachteilen an, die hauptsächlich aus der numerischen Codierung der Befehle (als Bitfolgen fester Länge) herrühren. Maschinenprogramme sind in der Regel mühsam zu schreiben, sie sind schwer verständlich und lesbar, und die Fehlersuche ist nur mit großem Aufwand möglich. Man hat zwar in den ersten Anfängen der Programmierung diese Nachteile auf sich genommen, es entwickelte sich jedoch recht bald der Wunsch, mit komfortableren Sprachen zu programmieren.

Zu diesem Zweck wurden Assemblersprachen entwickelt. Sie sind ebenfalls maschinenorientierte Programmiersprachen, allerdings auf einem etwas höheren Niveau als Maschinensprachen.

Jedem Maschinenbefehl entspricht in der Regel genau ein Assemblerbefehl. Allerdings werden Assemblerbefehle nicht numerisch, d.h. in Form einer Bitkette, sondern *symbolisch* notiert. Jeder Operationscode erhält einen festen symbolischen Namen („Mnemonic"), der an die Beutung der Operation erinnert. Zum Beispiel könnte der Name „ADD" für eine Addition stehen. Darüber hinaus können auch den Operandenadressen Namen zugeordnet werden, so daß die Operanden über diese Namen spezifiziert werden können. Auch ganze Befehle können durch Namen, den sogenannten *Marken*, gekennzeichnet werden, etwa um dadurch Sprungziele festzulegen.

Neben diesen Befehlen, die im wesentlichen eine komfortablere Beschreibung von Maschinenbefehlen sind, gibt es noch sogenannte *Pseudobefehle*, denen keine Maschinenbefehle entsprechen. Sie können als eine Art „Steuerbefehle" verstanden werden, die hauptsächlich für den Übersetzungsvorgang von einem Assembler- in ein Maschinenprogramm relevant sind. Sie dienen etwa der Festlegung symbolischer Namen, die bei der Übersetzung durch konkrete Werte (Adressen) ersetzt werden, oder der Reservierung von Speicherplatz für Variablen.

Die Syntax eines Assemblerbefehls ist durch Felder unterschiedlicher Bedeutung gekennzeichnet:

Marke	*Operationscode*	*Operanden*	*Kommentar*

- Das *Markenfeld* ist optional und dient zur symbolischen Kennzeichnung eines Assemblerbefehls; es entspricht auf der Maschinenebene einer Programmadresse.

- Das *Operationsfeld* enthält entweder den mnemotechnisch verschlüsselten Operationscode eines Maschinenbefehls oder einen Teil eines Pseudobefehls. Es entspricht bei Maschinenbefehlen dem Operationscode.
- Das *Operandenfeld* enthält (abhängig von der Befehlsart) einen / mehrere oder keinen Operanden, angegeben durch Konstanten oder Adreßangaben.
- Das *Kommentarfeld* ist optional. Es dient zur Dokumentation der Befehle und kann i.a. alle möglichen Zeichen enthalten.

Bevor wir im folgenden einen einfachen, modellhaften Prozessor und eine konkrete Assemblersprache untersuchen, wollen wir kurz auf einige Vor- und Nachteile von maschinenorientierten Sprachen gegenüber problemorientierten Sprachen eingehen:

- Es können die Eigenarten eines Prozessors zum Schreiben effizienter Programme ausgenutzt werden. Dies ist besonders bei häufig verwendeten, laufzeitkritischen Unterprogrammen sinnvoll.
- Assemblersprachen bieten i.a. nur wenige oder keine Konzepte zur Strukturierung von Daten und Programmabläufen.
- Assembler- und Maschinenprogramme sind dem konkreten Prozessor angepaßt und i.a. nicht ohne weiteres auf einen anderen Prozessor übertragbar.
- Die bestehende Vielfalt an Prozessoren und damit an Assembler- und Maschinensprachen verlangt dem Programmierer ein hohes Maß an Einarbeitungsaufwand ab, wenn er mit verschiedenen Prozessoren umgehen muß.
- Die Programmierung ist recht fehleranfällig und aufwendig. Größere Programme sind oft nur schwer erweiterbar und wartbar.

4.2 Ein einfacher Prozessor: Die Millimaschine

Im folgenden werden wir die Funktionsweise eines Prozessors kennenlernen. Es wird ein Beispielprozessor vorgestellt, mit dem die wesentlichen Abläufe in Prozessoren verdeutlicht werden können. Dieser fiktive Prozessor wird nicht so leistungsfähig und schnell sein wie ein echter Prozessor. Er kann auch nicht als stellvertretendes Exemplar aller Mikroprozessoren betrachtet werden, da die Konzepte in diesem Bereich zu unterschiedlich sind, jedoch verfügt er über viele typische Merkmale von Prozessoren, die auf der von-Neumann-Architektur basieren. Unser Prozessor wird aus zwei Ebenen bestehen, von denen wir die erste (die „Millimaschine") im folgenden Abschnitt betrachten werden. Die zweite Ebene (die „Mikroebene") ist für uns im Moment noch nicht relevant; sie wird erst am Ende des Kapitels in Abschnitt 4.5 behandelt.

4.2.1 Die Millimaschine

Die erste Ebene des Prozessors wollen wir *Millimaschine* nennen. Sie ist in Bild 4.2 dargestellt.

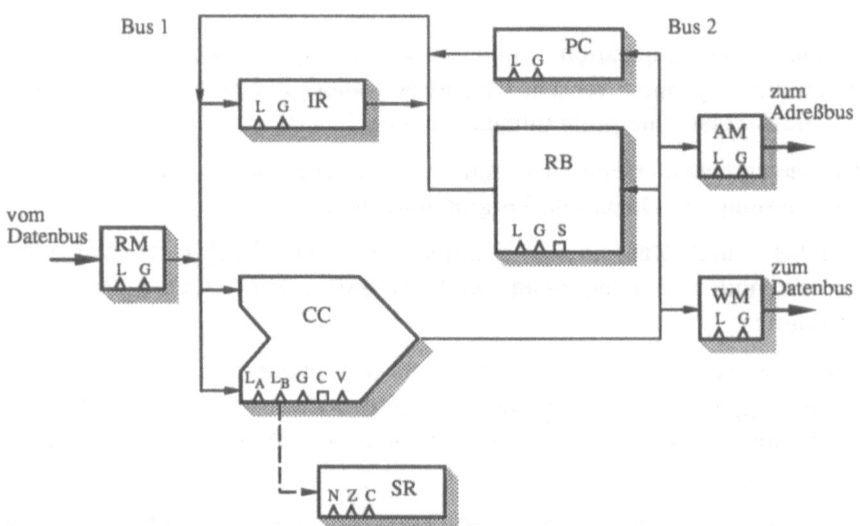

Bild 4.2: Die Millimaschine

Die Maschine setzt sich aus insgesamt 12 Bestandteilen zusammen. Betrachten wir zunächst die Verbindungen, die die Kommunikation zwischen den einzelnen Bauteilen sowie zwischen dem Prozessor und dem Hauptspeicher ermöglichen. Mit Hilfe dieser Verbindungen können Daten in Form von Bits übertragen werden. Jede Verbindung besteht aus 16 einzelnen Leitungen, so daß 16 Bits gleichzeitig übertragen werden können. Eine solche Verbindung bezeichnet man auch als *Bus*. Wir haben zwei interne Busse: Bus 1 und Bus 2. Diese verbinden ausschließlich Komponenten innerhalb des Prozessors. Dazu kommen zwei Busse, die die Kommunikation mit dem Speicher ermöglichen. Ein Bus, der

Adreßbus, dient zur Übertragung von Adressen an den Speicher. Damit kann dem Speicher mitgeteilt werden, aus welcher Speicherzelle er Daten holen bzw. in welche Speicherzelle er Daten schreiben soll. Diesen Vorgang bezeichnet man als *Adressierung* einer Speicherzelle. Auf dem *Datenbus* können Daten vom Prozessor zum Speicher übertragen werden. Diese werden dann in der Speicherzelle abgelegt, die durch den Adreßbus spezifiziert wird. Es können aber auch Daten vom Speicher zum Prozessor übertragen werden. Sie stammen wiederum aus der Speicherzelle, die über den Adreßbus bestimmt wird.

Um Daten auf die externen Busse zu geben oder von dort zu empfangen, hat der Prozessor drei Komponenten, zwei zum Senden und eine zum Empfangen:

Die Komponente, die für die Bedienung des Adreßbusses zuständig ist, nennen wir *Address Memory* oder kurz *AM*. In diesem Register wird die Adresse gespeichert, die auf den Adreßbus gegeben werden soll. Um Daten auf den Datenbus schreiben zu können, gibt es ein ähnliches Register. Es wird mit *WM* für *Write Memory* bezeichnet. Ebenso gibt es ein *Read Memory (RM)* für den Empfang von Daten. Diese drei Bausteine sind auf der einen Seite mit den internen Bussen und auf der anderen Seite mit den externen Bussen verbunden. Damit stellen sie die Verbindung zur „Außenwelt" dar.

Als Nächstes betrachten wir die Bauteile, die vom RM über den Bus 1 mit Daten versorgt werden.

Bevor ein Maschinenbefehl ausgeführt werden kann, muß er im Prozessor abgespeichert werden. Dazu dient das *Instruktionsregister (IR)*.

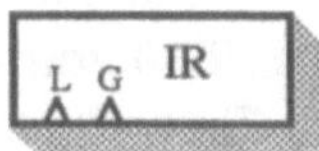

Zudem ist das Instruktionsregister die Verbindung zur zweiten Ebene, die wir an dieser Stelle noch nicht betrachten.

Eine weitere wichtige Komponente ist der *Calculator (CC)*. Er ist zuständig für Rechnungen aller Art und für den Datentransport von Bus 1 zu Bus 2:

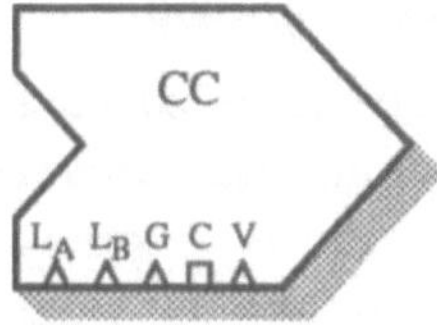

Intern besteht er aus drei Registern. Sie heißen *CCA*, *CCB* und *CCR*. Im CCA und CCB werden die Operanden einer Operation gespeichert, im CCR das Ergebnis. Die Daten für den Calculator können aber nicht nur vom RM kommen, sondern auch noch von zwei anderen Bausteinen.

Der *Registerblock (RB)* besteht aus acht Registern R0 bis R7. Aus diesen Registern können Daten auf Bus 1 ausgegeben werden. Außerdem besteht eine Verbindung zu Bus 2, von wo aus Daten in die Register geladen werden können.

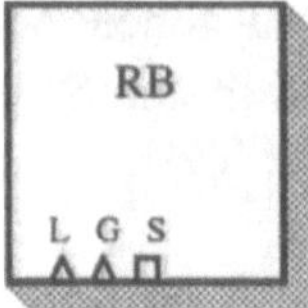

Der *Befehlszähler* (*PC* für *Program Counter*) enthält die Adresse der Hauptspeicherzelle, an der sich das Programm in seinem Ablauf gerade befindet:

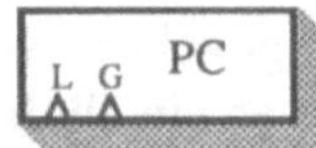

Das *Statusregister (SR)* nimmt eine Sonderstellung ein, da es mit keinem der Busse verbunden ist. Stattdessen gibt es Leitungen zwischen dem CC und dem SR.

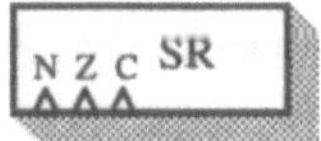

Im SR wird das Eintreten bestimmter Ereignisse gespeichert, damit später entsprechend darauf reagiert werden kann. Das Statusregister enthält dazu drei Bits, von denen jedes eine eigene Bedeutung hat. Das erste Bit wird als Negativ-Bit (oder *N-Bit*) bezeichnet. Es wird gesetzt, sobald bei einer Rechnung im CC ein Ergebnis mit einem negativen Vorzeichen entstanden ist. Es wird wieder gelöscht, sobald ein Ergebnis größer oder gleich Null herauskommt. Das *Z-Bit* (Z für Zero) wird gesetzt, wenn ein Ergebnis gleich Null herauskommt. Das Carry-Bit (*C-Bit*) wird gesetzt, wenn bei einer Rechnung das Ergebnis nicht mehr in den Bereich paßt, den das CCR aufnehmen kann. Mit diesen Bits kann der Ablauf des Programms gesteuert werden.

Um einzelne Bausteine der Millimaschine zu veranlassen, bestimmte Tätigkeiten auszuführen, verfügen die Bausteine über *Steueranschlüsse*. Diese Anschlüsse sind in den Abbildungen durch ein ∧ gekennzeichnet. Wenn ein Signal an einem solchen Anschluß anliegt, so führt das Bauteil eine bestimmte Aktion aus. Alle Anschlüsse, die mit einem „L" gekennzeichnet sind, bewirken, daß von einem der Busse Daten geladen werden. Die Anschlüsse, die mit einem „G" versehen sind, dienen zur Ausgabe von Daten. Die Buchstaben stehen für Load und Give. Der CC hat zwei L-Anschlüsse, einen für den CCA und einen für den CCB. Der CC hat noch einen weiteren Steueranschluß, der mit „V" bezeichnet ist. Dieser löst eine Verknüpfung zwischen CCA und CCB aus. Es kann manchmal unerwünscht sein, daß bei einer Rechnung die Statusbits verändert werden. Daher hat das SR drei Steueranschlüsse, für jedes Statusbit eines. Über diese Anschlüsse kann geregelt werden, welche der Statusbits durch eine Rechnung im CC beeinflußt werden sollen.

Obwohl bereits viele Funktionen durch die Steueranschlüsse ausgelöst werden können, reichen diese nicht aus, um Komponenten mit mehreren Funktionen vollständig zu kontrollieren. Man benötigt noch einen Anschluß, über den die auszuführende Funktion genauer bestimmt werden kann. Diesen Anschluß nennen wir *Wahlanschluß*. Ein Wahlanschluß kann in der Regel mehr als ein Bit übertragen. Durch eine entsprechende Bitkombination können dann die Funktionen der Komponente einzeln angewählt werden. So werden die Register des Registerblocks über den Wahlanschluß ausgewählt, ebenso geschieht die Auswahl der verschiedenen Rechenoperationen des CC über einen Wahlanschluß. Für die Wahlanschlüsse verwenden wir das Symbol ⊓.

Wir wollen nun noch die Zuordnung der Funktionen des CC zu den möglichen Werten des Wahlanschlusses angeben:

000 keine Operation: <CCA> → CCR
001 Addition: <CCA> + <CCB> → CCR
010 Negation: -<CCB> → CCB und CCR
011 logisches Nicht: NOT <CCA> → CCR
100 logisches Oder: <CCA> OR <CCB> → CCR
101 logisches Und: <CCA> AND <CCB> → CCR
110 Rechtsshift: LSR <CCA> → CCR
111 Linksshift: LSL <CCA> → CCR

Der Wahlanschluß besteht hier also aus drei Bits, mit denen acht unterschiedliche Funktionen ausgewählt werden können. Die Bitkombination 000 bewirkt lediglich, daß der Inhalt des Registers CCA in das Ergebnisregister CCR kopiert wird. Mit der Addition (001) ist eine 2-Komplement-Addition gemeint; dementsprechend bewirkt die Negation (010) die Bildung des 2-Komplements. Die logischen Operationen (011 bis 101) werden bitweise ausgeführt. Durch die letzten beiden Operationen „Rechtsshift" und „Linksshift" werden alle Bits eines Speicherwortes um eine Position nach rechts bzw. links verschoben, wobei jeweils ein Bit aus dem Wort „herausfällt", während die frei werdende Position mit „0" aufgefüllt wird:

Rechtsshift (LSR, logical shift right):

Linksshift (LSL, logical shift left):

Die Anwahl von Registern aus dem Registerblock erfolgt ebenfalls über einen Wahlanschluß mit drei Bits. Dabei ist der Kombination 000 das Register R0 zugeordnet, der Kombination 001 R1 usw., bis zur Kombination 111, mit der R7 angesprochen wird.

4.2.2 Der Hauptspeicher

Da die Millimaschine „nach außen" häufig mit dem Hauptspeicher kommuniziert, stellen wir zunächst dessen Aufbau vor. Wie bereits gesagt, hat die Millimaschine einen Adreßbus, der sich aus 16 Bits zusammensetzt. Man sagt dafür auch: Der Adreßbus ist 16 Bits breit. Die einzelnen Werte dieser 16 Bits können auf genau $2^{16} = 65536$ verschiedene Arten kombiniert werden. Das bedeutet, daß unser Prozessor genau diese Anzahl von Speicherzellen ansprechen (*adressieren*) kann.

Den Hauptspeicher (Bild 4.3) stellen wir uns nun als eine Folge von 2^{16} Speicherzellen vor. Jede Speicherzelle kann genau 16 Bits aufnehmen, und wir gehen davon aus, daß der Datenbus – der für den Transport dieser 16-Bit - Worte zur Verfügung steht – ebenfalls eine Breite von 16 Bits hat. Die Speicherzellen werden von 0 bis 65535 fortlaufend numeriert. In der hexadezimalen Darstellung[1], die wir oft verwenden werden, sind dies die Nummern $0000 bis $FFFF. Somit entspricht jede mögliche Bitkombination des Adressbusses genau einer Speicherzelle.

---

1 Hexadezimalzahlen kennzeichnen wir durch ein vorangestelltes „$" und Dualzahlen durch ein vorangestelltes „!". Dezimalzahlen werden nicht weiter gekennzeichnet.

\$0000	
\$0001	
\$0002	
\$0003	
...	...
\$FFFE	
\$FFFF	

Bild 4.3: Der Hauptspeicher

Ein Maschinenprogramm ist als Folge einzelner Befehle im Speicher abgelegt, wobei jeder Maschinenbefehl (dargestellt als Bitkombination) in der Regel eine und maximal drei Speicherzelle(n) belegt. Die erste Speicherzelle enthält in jedem Fall den Operationscode und weitere Informationen, die darauffolgenden Zellen können zudem noch Angaben über Operanden enthalten. Auf den genaueren Aufbau von Maschinenbefehlen gehen wir noch ein.

4.2.3 Die Befehlsausführung

Die Ausführung eines Maschinenbefehls verläuft *getaktet*, d.h. zu regelmäßig verteilten Zeitpunkten, in mehreren Schritten. Dabei wird veranlaßt (vgl. Kap.3):

(a) Veränderung des Befehlszählers;

(b) Holen des nächsten Befehls („FETCH");

(c) Decodierung und Ausführung des Befehls („DECODE" und „EXECUTE").

Zuerst wird also der Befehlszähler so verändert, daß er auf den nächsten Befehl zeigt (Schritt a). Dann wird dieser Befehl aus dem Hauptspeicher in das IR transportiert (Schritt b). Anschließend (in Schritt c) wird der Befehl von der zweiten Ebene, der *Mikroebene*, analysiert, und von dieser Ebene aus wird die Ausführung des Befehls gesteuert. Die genauen Vorgänge in dieser Ebene werden wir später betrachten. Von Interesse ist hier jedoch, daß die Steuer- und Wahlanschlüsse der einzelnen Komponenten der Milliebene durch die Mikroebene aktiviert werden. Damit übernimmt die Mikroebene die Kontrolle über die Milliebene.

Der genaue Ablauf ist folgender: Zuerst wird der Inhalt des PC, der gerade auf das Wort vor dem gewünschten Befehl zeigt, in den CCA geladen. Das IR speichert zu diesem Zeitpunkt den Wert 1, der vorher dort abgelegt wurde. Diese Konstante wird nun zum CCB transportiert und auf den CCA addiert, um die neue Adresse zu erhalten. Die Statusbits werden bei dieser Addition nicht geändert, da sonst die für den Benutzer interessanten Werte, die vom vorhergehenden Befehl dort abgelegt wurden, überschrieben würden. Das Ergebnis der Addititon gelangt über Bus 2 sowohl in den PC als auch in das AM. Von dort aus wird es auf den Adreßbus geschickt. Gleichzeitig wird der Speicher aufgefordert, den Wert der übergebenen Adresse, also den neuen Befehl, auf den Datenbus zu geben. Von diesem kann das RM nun den Befehl laden und an das IR weitergeben. Die Mikroebene kann anschließend den Befehl decodieren und über die Steuer- und Wahlleitungen nacheinander die Komponenten ansprechen, die zur Ausführung des Befehls nötig sind. Der Befehl selber läuft i.d.R. in mehreren Phasen ab, bevor sich der oben beschriebene Zyklus wiederholt.

Betrachten wir nun, welche Bits auf den Steuer- und Wahlleitungen in welcher Reihenfolge gesetzt werden müssen, um die oben beschriebenen Vorgänge durchzuführen.

Angenommen der PC hat nach dem vorhergehenden Befehl den Inhalt $968A. Im IR befindet sich momentan der Wert 1, der dort vorher abgelegt wurde. Die Steuerung der vorher beschriebenen Vorgänge kann nicht in einem Schritt erfolgen. Daher beschreiben wir den Ablauf durch eine Tabelle. Dabei bedeutet z.B. PC(G), daß das G-Bit des PC gesetzt wird, und CC(C = 001), daß die Wahlleitung C des CC auf 001 gesetzt wird. Steuerbits, die nicht gesetzt werden, sind nicht erwähnt.

Schritt	*Gesetzte Bits*	*Kommentar*
1	PC(G); CC(L_A)	Der Inhalt des PC gelangt in den CCA, d.h. dort steht nun der Wert $968A.
2	IR(G); CC(L_B); CC(C = 001); CC(V)	Wert 1 aus dem IR in den CCB schreiben und Addition ausführen. Im CCR steht nun $968B.
3	CC(G); PC(L); AM(L)	Inhalt des CCR in den PC und das AM schreiben.

Schritt	*Gesetzte Bits*	*Kommentar*
4	AM(G); RM(L)	Adresse im AM auf den Adreßbus geben und Wert vom Datenbus in das RM laden. Gleichzeitig wird der Speicher aufgefordert, den Wert an der Adresse im AM auf den Datenbus zu schreiben. Dieser Wert stellt den neuen Befehlscode dar.
5	RM(G); IR(L)	Den Wert im RM an das IR weitergeben. Dort wird er dann von der Steuereinheit decodiert und ausgeführt.

Bei diesem Modell werden die üblicherweise langen Wartezeiten auf den Speicher nicht berücksichtigt, so daß auch Zugriffe auf den Hauptspeicher innerhalb eines Taktzyklus durchgeführt werden können. Dies würde bei einer echten Maschine nicht funktionieren, wir machen diese Annahme jedoch, um das Modell möglichst einfach zu halten. In den folgenden Zeichnungen (Bild 4.4) verdeutlichen wir noch einmal die Datenflüsse in der Millimaschine während der einzelnen Schritte. Leitungen, auf denen Daten übertragen werden, sind grau dargestellt.

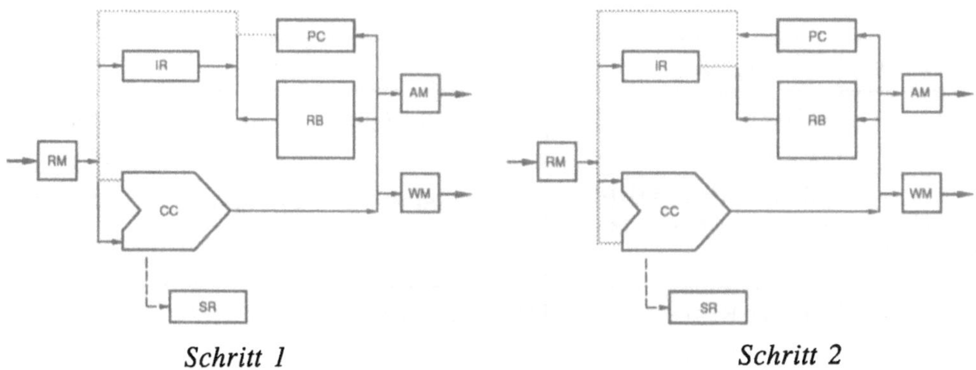

Schritt 1 *Schritt 2*

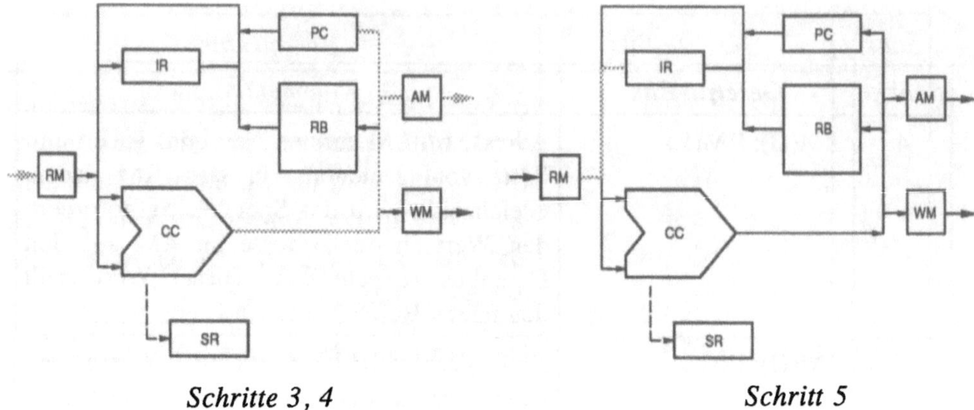

Schritte 3, 4 *Schritt 5*

Bild 4.4: Holen eines Befehls

Als Nächstes betrachten wir anhand von Beispielen, wie die Ausführung von Befehlen nach deren Decodierung ablaufen kann.

(4.1) Beispiel: (Ausführung von Befehlen)

Wir betrachten zwei einfache Operationen, die durch Maschinenbefehle ausdrückbar sind, und geben die zur Ausführung notwendigen Steuerbits an.

(a) `Addiere die Inhalte der Register R1 und R2 und lege das Ergebnis im Register R3 ab.`

Schritt	*Gesetzte Bits*	*Kommentar*
1	RB(G); RB(S = 001); CC(L_A)	Inhalt von Register R1 in CCA ablegen.
2	RB(G); RB(S = 010); CC(L_B); CC(C = 001); CC(V)	Inhalt von R2 in CCB schreiben und Addition ausführen, Ergebnis in CCR ablegen
3	CC(G); RB(L); RB(S = 011)	Inhalt von CCR in R3 ablegen.

(b) `Subtrahiere den Inhalt von R0 vom Inhalt der Speicherzelle, deren Adresse in R1 steht.`

Da der CC nicht in der Lage ist, Subtraktionen direkt auszuführen, müssen wir zuerst die Zahl, die abgezogen werden soll (Subtrahend), negieren. Danach kann eine Addition durchgeführt werden. Der Ablauf des Subtraktionsbefehls sieht also folgendermaßen aus:

Schritt	*Gesetzte Bits*	*Kommentar*
1	RB(G); RB(S = 000); CC(L_B); CC(C = 010); CC(V)	Inhalt von Register R0 in CCB ablegen und negieren.
2	RB(G); RB(S = 001); CC(L_A); CC(C = 000); CC(V)	Inhalt von R1 in CCA und CCR schreiben (C = 000: keine Operation)
3	CC(G); AM(L)	Inhalt von CCR in AM ablegen.
4	AM(G); RM(L)	Adresse im AM auf den Adreßbus geben und Wert vom Datenbus in das RM laden.
5	RM(G); CC(L_A); CC(C = 001); CC(V)	Inhalt von RM in CCA laden und Addition ausführen.
6	CC(G); WM(L)	Ergebnis in WM ablegen
7	AM(G); WM(G)	Inhalt von WM im Hauptspeicher ablegen

■

4.3 Eine einfache Assemblersprache

Wir wollen nun zuerst eine Assemblersprache für unseren Prozessor angeben und danach eine entsprechende Kodierung in Maschinensprache betrachten.

Eine Assembleranweisung besteht im wesentlichen aus dem Operationscode und einer festen Anzahl von Parametern (Operandenangaben). Bei unserer Sprache hat ein Befehl meistens zwei Parameter, Sprungbefehle haben nur einen Parameter. Nach der Klassifizierung in Abschnitt 4.1.1 handelt es sich also um eine 2-Adress-Maschine. Bei Befehlen, die zwei Parameter benötigen, bezeichnen wir den ersten als *Quelloperanden*, den zweiten als *Zieloperanden*. Wenn ein Befehl ein Ergebnis erzeugt, so wird dieses im Zieloperanden abgespeichert. Genaueres über die Operanden behandeln wir in Abschnitt 4.3.2. Zudem kann ein Befehl noch optional eine Marke bzw. einen Kommentar beinhalten. Befehle mit zwei Operandenangaben haben also folgendes Format:

Marke	*OpCode*	*Quelle*	*Ziel*	*Kommentar*

Die einzelnen Anweisungen werden symbolisch notiert, d.h. der Operationscode wird durch einen Mnemonic angegeben, und auch die Angabe der Operanden erfolgt durch eine spezielle symbolische Notation. Wir werden in Abschnitt 4.3.2 darauf eingehen, auf welche verschiedenen Arten man die Operanden spezifizieren kann. Wichtig ist an dieser Stelle jedoch, daß bei einer Operandenangabe „OpAng" die *effektive Adresse* und der *effektive Operand* unterschieden werden kann. Die effektive Adresse bezeichnet die durch „OpAng" spezifizierte Adresse eines Registers oder einer Speicherzelle, die wir mit *ea(OpAng)* bezeichnen. Der effektive Operand ist der Wert dieser Operandenangabe, d.h. in den meisten Fällen der Inhalt von ea(OpAng). Wir bezeichnen ihn mit *val(OpAng)*.

4.3.1 Assemblerbefehle

Wir unterscheiden die folgenden Befehlsarten:

- *Datentransportbefehle*:

```
MOVE quelle,ziel
```

Bedeutung: Der durch „quelle" spezifizierte Wert wird an die durch „ziel" spezifizierte Adresse kopiert, kurz: val(quelle) → ea(ziel)

- *Arithmetische Befehle*:

```
ADD quelle,ziel
```

Bedeutung: val(ziel) + val(quelle) → ea(ziel)

```
NEG ziel
```

Bedeutung: - val(ziel) → ea(ziel)

```
SUB quelle,ziel
```

Bedeutung: val(ziel) - val(quelle) → ea(ziel)

```
CMP quelle,ziel
```

Bedeutung: val(ziel) - val(quelle)

Der letztgenannte Befehl vergleicht seine beiden Operanden miteinander.

Dazu wird eine Subtraktion wie bei SUB ausgeführt, aber das Ergebnis wird nicht abgespeichert. Es werden nur die entsprechenden Statusbits gesetzt, an denen man dann das Ergebnis des Vergleichs ablesen kann (wichtig für bedingte Sprünge, siehe unten).

- *Logische Befehle:*

  `AND quelle,ziel`

  Bedeutung: val(ziel) ∧ val(quelle) → ea(ziel)

  `OR quelle,ziel`

  Bedeutung: val(ziel) ∨ val(quelle) → ea(ziel)

  `NOT ziel`

  Bedeutung: ¬ val(ziel) → ea(ziel)

  Die einzelnen logischen Verknüpfungen ∧, ∨ und ¬ werden bitweise ausgeführt.

- *Logische Schiebebefehle:*

  `LSL ziel`

  Bei diesem Befehl werden alle Bits des Operanden um eine Stelle nach links verschoben, an der letzten Stelle wird eine 0 nachgeschoben. Das Bit, das herausfällt, steht hinterher im C-Bit des Statusregisters.

  `LSR ziel`

  Dieser Befehl bewirkt eine Rechtsverschiebung aller Bits. Die Wirkung ist analog zu der des LSL-Befehls.

  `JMP ziel`

  Bedeutung: val(ziel) → PC

  Durch diesen Befehl wird ein *(absoluter) Sprung* zu einem Befehl mit der Adresse val(ziel) realisiert. Die Ausführung des Sprungs geschieht dadurch, daß der Wert val(ziel) in den PC geladen wird.

  `Bcc ziel`

  Hierbei handelt es sich um einen *bedingten Sprungbefehl*, d.h. einen Befehl, bei dem nur dann ein Sprung ausgeführt wird, wenn bestimmte Statusbits gesetzt sind. Die Buchstabenkombination „cc" ist als Platzhalter für drei andere mögliche Abkürzungen zu lesen, d.h. „cc" muß durch eine der möglichen Zeichenketten „EQ", „MI" oder „CS" ersetzt werden, um Bedingungen für den aktuellen Inhalt des Statusregisters zu formulieren. Die Statusbits werden dabei nicht verändert, unabhgängig davon, ob ein Sprung ausgeführt wird oder nicht.

cc	*Bedeutung*	*trifft zu, wenn*
EQ	gleich	Z = 1
MI	minus	N = 1
CS	Übertrag gesetzt	C = 1

Dieser Befehl veranlaßt – falls die Sprungbedingung zutrifft – einen sogenannten *relativen Sprung*, das bedeutet, daß val(ziel), falls eine Verzweigung stattfindet, auf den PC addiert wird, und nicht, wie beim JMP-Befehl, der PC mit dem effektiven Operanden neu geladen wird, d.h.:

Bedeutung: <PC> + val(ziel) → PC.

4.3.2 Adressierungsarten

Wir haben bisher noch offen gelassen, welche Arten von Operandenangaben möglich sind und wie durch diese Angaben die effektive Adresse und der effektive Operand bestimmt werden können. Man spricht bei der Festlegung von Adressen durch Operandenangaben auch von *Adressierung*. Eine Maschinensprache bietet im allgemeinen verschiedene Arten der Adressierung. Die wichtigsten Adressierungsarten sind auch in unserer Beispielsprache möglich. Wir werden sie im folgenden vorstellen und diskutieren:

(A) Direkte Adressierung:

Bei dieser Adressierungsart ist die Operandenangabe der Name eines Registers. Er wird mit keinen weiteren Zusätzen versehen. Kurz:

Operandenangabe: Rn, mit $n \in \{0,\ldots,7\}$

Effektive Adresse: Rn

Effektiver Operand: <Rn>

(4.2) Beispiel: (Direkte Adressierung)

Wir betrachten den Befehl: `MOVE R0,R6`

Bei diesem Beispiel sind sowohl der Quelloperand als auch der Zieloperand direkt adressiert. Der Befehl bewirkt, daß der Inhalt des Registers R0 in das Register R6 geschrieben wird. Der veränderte Inhalt in R6 ist durch Kursivschrift hervorgehoben:

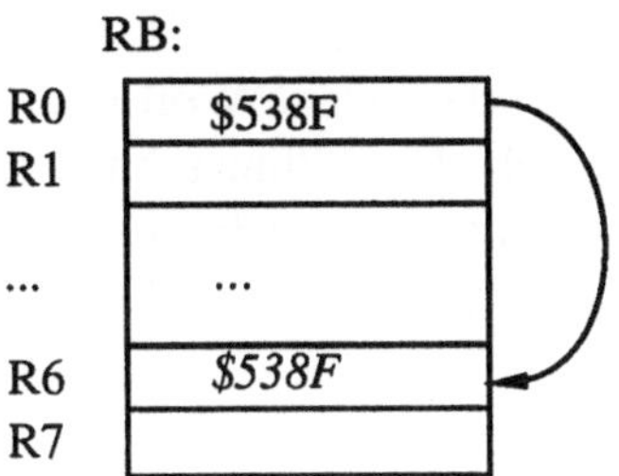

■

(B) Indirekte Adressierung:

Die Operandenangabe ist wieder die Adresse eines Registers, dessen Inhalt als effektive Adresse (eine Hauptspeicheradresse) interpretiert wird. Diese Adressierungsart ist dadurch gekennzeichnet, daß der Operand in Klammern eingeschlossen wird.

Operandenangabe: (Rn), mit n ∈ {0,...,7}

Effektive Adresse: <Rn>

Effektiver Operand: <<Rn>>

(4.3) Beispiel: (Indirekte Adressierung)

Wir betrachten den Befehl: `MOVE (R0),R6`

Hier ist der Quelloperand indirekt, der Zieloperand dagegen direkt adressiert. Der Inhalt des Registers R0 wird als Hauptspeicheradresse interpretiert. Der Inhalt dieser Hauptspeicheradresse ist der effektive Operand, der in das Register R6 geschrieben wird:

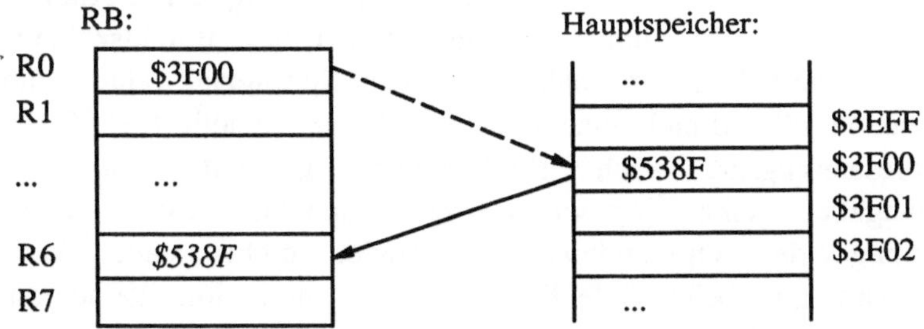

■

(C) Unmittelbare Adressierung:

Bei dieser Adressierungsart ist die Operandenangabe bereits der effektive Operand. Die effektive Adresse ist der Inhalt des PC erhöht um eins. Das liegt daran, daß Maschinenbefehle, die eine solche Adressierungsart enthalten, aus zwei Wörtern bestehen, wobei das zweite Wort den Operanden enthält. Bei der Bearbeitung des Befehls durch die Millimaschine muß der Operand zusätzlich geholt werden. Ein unmittelbar adressierter Operand ist dadurch gekennzeichnet, daß ihm ein Doppelkreuz („#") vorangestellt wird.

Operandenangabe: #zahl

Effektive Adresse: <PC> + 1

Effektiver Operand: zahl

(4.4) Beispiel: (Unmittelbare Adressierung)

Wir betrachten den Befehl: `MOVE #$1A10,R2`

Der Befehl bewirkt, daß die Hexadezimalzahl \$1A10 in das Register R2 geschrieben wird:

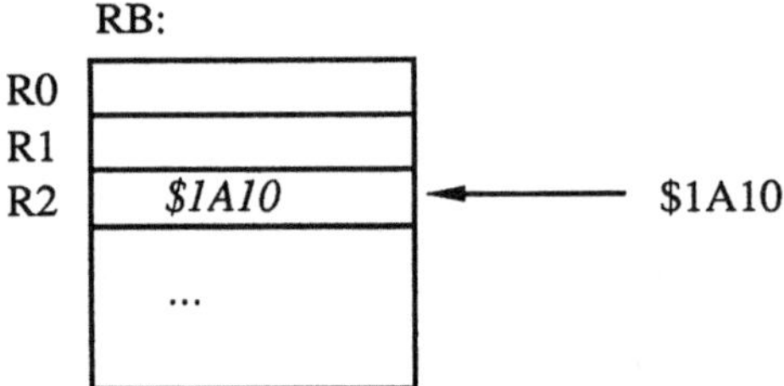

■

(D) Relative Adressierung:

Die relative Adressierung ist nur bei bedingten Sprungbefehlen zulässig. Dabei erhält man das Sprungziel (d.h. den effektiven Operanden) durch Addition der Operandenangabe zu dem um 1 erhöhten Inhalt des Befehlszählers. Die Bezeichnung „relativ" kommt daher, daß das Sprungziel relativ zum PC gesehen werden muß und nicht eine absolute Adresse darstellt. Der PC wird bei dieser Adressierungsart auch *Basisregister* genannt, während die Operandenangabe eine *Sprungdistanz* darstellt. Eine besondere Kennzeichnung der Operandenangabe findet nicht statt, da diese Adressierungsart nur beim Befehll Bcc auftritt und dort keine anderen Adressierungsarten zulässig sind.

Operandenangabe: zahl

Effektive Adresse: <PC> + 1

Effektiver Operand: <PC> + 1 + zahl

(4.5) Beispiel: (Relative Adressierung)

Wir betrachten den Befehl: `BEQ $3`

Wir nehmen an, daß der PC zu Anfang den Wert $3EFF hat, d.h. der Sprungbefehl steht an dieser Stelle im Hauptspeicher, wobei die Sprungdistanz in der nächsten Speicherzelle $3F00 steht:

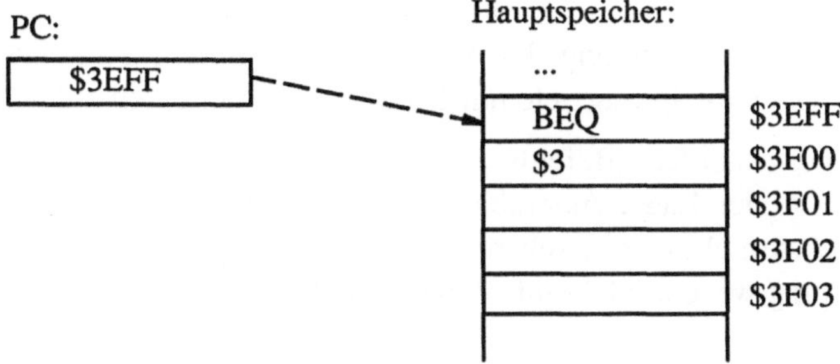

Bei der Ausführung des Sprungbefehls wird der PC um eins erhöht, um die Sprungdistanz, in diesem Fall $3, zu holen. Falls die Sprungbedingung erfüllt ist, d.h. das Z-Bit des Statusregisters ist gesetzt, so wird diese Sprungdistanz auf den aktuellen Wert des PC ($3F00) addiert und dadurch der Sprung realisiert. Nach Ausführung des Befehls zeigt der PC auf die Speicherzelle mit der Adresse $3F03.

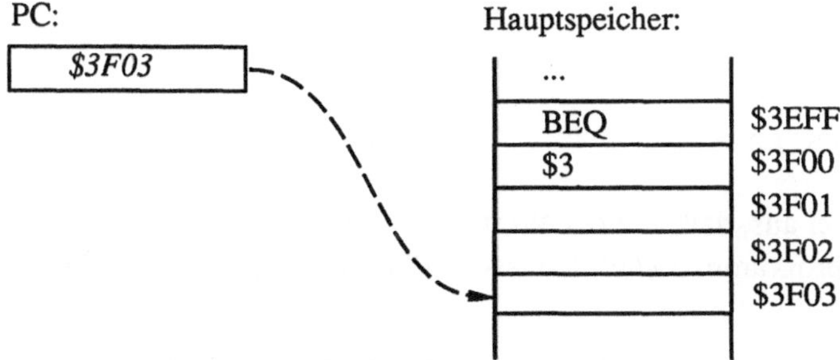

Sollte dagegen die Sprungbedingung nicht erfüllt sein, so würde der PC lediglich um $1 erhöht werden, um auf den nächsten auszuführenden Befehl zu zeigen. ∎

Abgesehen von den folgenden Einschränkungen, können alle Adressierungsarten beliebig mit den einzelnen Befehlsarten kombiniert werden:

- Die Verwendung der unmittelbaren Adressierung ist für Zieloperanden nicht sinnvoll und nicht zulässig, da es bei dieser Adressierung keine effektive Adresse gibt, an der das Ergebnis gespeichert werden kann. Die einzige Ausnahme ist der JMP-Befehl, da dieser sein Ergebnis implizit im PC speichert und nicht im Zieloperanden.
- Wie bereits erwähnt, kann die relative Adressierung ausschließlich von den Bcc-Befehlen verwendet werden und ist dort auch die einzig zulässige Adressierungsart.
- Weiterhin ist die Verwendung der direkten Adressierung beim JMP-Befehl nicht zulässig, da als Sprungziele nur Hauptspeicheradressen zulässig sind.

Mit dem bisher vorgestellten „Befehls- und Adressierungswortschatz" sind wir prinzipiell bereits in der Lage, Assemblerprogramme zu schreiben. Wir werden allerdings im nächsten Abschnitt sehen, daß sich mit einigen weiteren Befehlen die Programmierung wesentlich komfortabler gestaltet.

(4.6) Beispiel:

Wir realisieren das Hochzählen einer Schleife durch ein Assemblerprogrammstück. Das Programm entspricht in einer imperativen Programmiersprache den folgenden Anweisungen:

```
i := 0;
WHILE i ≠ 16 DO
    i := i + 1
END (* WHILE *)
```

Wir gehen davon aus, daß sich der Wert von i im Register R0 befindet, und daß das Assemblerprogramm ab der Adresse $0000 im Hauptspeicher abgelegt ist.

Adresse	*Befehl*	*Kommentar*
$0000	`MOVE #0,R0`	Startwert nach R0
$0002	`ADD #1,R0`	R0 hochzählen
$0004	`CMP #$10,R0`	Vergleich mit 16

Adresse	*Befehl*	*Kommentar*
$0006	`BEQ $3`	Bedingter Sprung
$0008	`JMP #$0002`	Rücksprung
$000A	...	...

Im Programm treten die direkte, die unmittelbare und die relative Adressierung auf. Anzumerken ist ferner, daß die oben angegebenen Befehle natürlich nicht als Assemblerbefehle im Hauptspeicher stehen, sondern bereits übersetzt in Form von Maschinenbefehlen, d.h. als Bitketten. Es fällt auf, daß die Befehle jeweils im Abstand von zwei Speicherworten im Hauptspeicher abgelegt sind. Der Grund ist, daß alle Befehle tatsächlich zwei Speicherworte im Maschinenprogramm einnehmen, denn in jedem Befehl kommt eine Konstante vor, die allein schon ein Wort beansprucht.

Betrachten wir nun die Wirkung der einzelnen Anweisungen: Der Befehl in Adresse $0004 (und $0005) vergleicht den Inhalt von Register R0 mit der Zahl 16 (hexadezimal: $10). Anschließend erfolgt ein Sprung zur Adresse $000A, falls Gleichheit zwischen beiden Werten besteht, d.h. falls durch den CMP-Befehl das Z-Bit gesetzt wurde. Falls keine Gleichheit besteht, wird mit dem Befehl in Adresse $0008 fortgefahren, und die Schleife wird erneut durchlaufen. ■

4.3.3 Pseudobefehle und Assemblierung

Die Programmerstellung mit den bisher vorgestellten Sprachkonzepten ist noch recht mühsam und unkomfortabel. Der Komfort kann durch einige zusätzliche Konzepte erheblich vergrößert werden.

So ist es sehr lästig, mit absoluten Hauptspeicheradressen umgehen zu müssen, und sich von vornherein überlegen zu müssen, an welcher Stelle im Hauptspeicher ein Programm abgelegt wird. Im obigen Beispiel 4.6 wird dies besonders dadurch deutlich, daß der Sprungbefehl „`JMP #$0002`" eine absolute Adresse als Sprungziel hat. Dieses Vorgehen ist unflexibel, und Programme sind nicht ohne weiteres im Hauptspeicher verschiebbar.

Man beseitigt dieses Problem, indem man *Marken* zur symbolischen Kennzeichnung von Befehlen zuläßt. Eine Marke ist ein Bezeichner, d.h. eine alphanumerische Zeichenkette, die mit einem Buchstaben beginnt und die einem Befehl vorangestellt werden kann. Die Marke vor einem Befehl repräsentiert diejenige Adresse, unter der der Befehl im Hauptspeicher abgelegt ist. Der eigentliche Nutzen der Marken besteht aber darin, daß man sie zur symbolischen Festlegung von Sprungzielen benutzen kann.

(4.7) Beispiel:

Wir betrachten noch einmal Beispiel 4.6 unter der Verwendung von Marken:

Adresse	*Befehl*
\$0000	`     MOVE #0,R0`
\$0002	`LOOP ADD #1,R0`
\$0004	`     CMP #$10,R0`
\$0006	`     BEQ ENDE`
\$0008	`     JMP LOOP`
\$000A	`ENDE ...`

Der Anfang der Schleife ist jetzt durch die Marke „LOOP" gekennzeichnet, und diese Marke wird als Sprungziel im Befehl „JMP LOOP" benutzt. Ebenso signalisiert die Marke „ENDE" das Ende der Schleife. Sie tritt ebenfalls als Sprungziel, und zwar im Befehl „BEQ ENDE" auf. ■

Neben der Verwendung von Marken gibt es verschiedene Befehle, die ebenfalls die Assemblerprogrammierung erleichtern. Es handelt sich dabei um sogenannte *Pseudobefehle*. Dies sind Befehle an das Übersetzungprogramm – den sogenannten *Assemblierer*, der die Befehle während der Übersetzung interpretiert. Zu diesen Pseudobefehlen gibt es keine entsprechenden Maschinenbefehle, d.h. sie werden nicht in Maschinenbefehle übersetzt. Es bezeichne zunächst (dargestellt in erweiterter Backus-Naur-Form):

```
zahl ::=        [ ! | $ ] { <Ziffer> } |
                <Buchstabe> | <symbol> | <marke>
symbol ::=      <Bezeichner>
marke ::=       <Bezeichner>
ausdruck ::=    <zahl> { + <zahl>| - <zahl>|
                         * <zahl>| / <zahl> }
liste ::=       <ausdruck> { , <ausdruck> }
```

Ziffern, Buchstaben und Bezeichner geben wir nicht explizit an. Sie sind wie bei höheren Programmiersprachen definiert, d.h. Bezeichner beginnen mit einem Buchstaben und können sich anschließend noch aus einer beliebigen Folge aus

Buchstaben und Ziffern zusammensetzen.

Für „zahl" können nicht nur Dezimal-, Hexadezimal- und Binärzahlen angegeben werden, sondern auch einzelne Buchstaben, Symbole und Marken. Ein „symbol" ist ein Bezeichner, dem ein Zahlenwert zugewiesen werden kann, ähnlich einer Konstanten in einer höheren Programmiersprache.

Die Bezeichnung „ausdruck" verwenden wir für einen mathematischen Term, der aus Zahlen, verknüpft durch die vier Grundrechenarten, bestehen kann. Eine „liste" besteht aus einem oder mehreren Ausdrücken, wobei zwischen je zwei Ausdrücken ein Komma zur Trennung stehen muß.

Mit diesen Vereinbarungen sind in unserer Beispiel-Assemblersprache folgende Pseudobefehle zulässig:

- `ORG ausdruck`
  Durch diesen Befehl (ORiGin) wird festgelegt, an welcher Stelle das übersetzte Programm im Hauptspeicher abzulegen ist, d.h es wird die Programmanfangsadresse absolut festgelegt. Diese Adresse bestimmt sich aus dem Wert von „ausdruck". In einem Programm können mehrere ORG-Befehle verwendet werden. Damit können Programme auch gestreut im Speicher verteilt werden, falls kein genügend großer zusammenhängender Speicherbereich zur Verfügung steht.

- `START ausdruck`
  Dieser Befehl initialisiert den Befehlszähler (PC) zu Beginn der Ausführung eines Programms. Er legt also fest, ab welcher Speicherzelle „mit der Arbeit" begonnen werden soll. Jedes Programm muß genau eine START-Anweisung enthalten.

- `END`
  Das Ende eines Assemblerprogramms wird mit „END" gekennzeichnet. Alle folgenden Programmzeilen werden dann ignoriert.

- `symbol EQU ausdruck`
  Mit diesem Befehl wird „symbol" der Wert von „ausdruck" permanent zugewiesen. Dies entspricht der Vereinbarung von Konstanten bei höheren Programmiersprachen. Innerhalb eines Programmes kann diese Zuweisung nicht rückgängig gemacht werden. Mit Hilfe dieses Pseudobefehls kann ein Assemblerprogramm lesbarer gestaltet werden, und es ist durch diese globale Vereinbarung von Konstanten zudem änderungsfreundlicher.

- `DS ausdruck`
  Durch den Befehl DS (Define Storage) kann Speicherplatz – zum Beispiel zur Ablage von Zwischen- oder Endergebnissen – reserviert werden. Ab

der aktuellen Speicherstelle werden so viele Speicherzellen freigelassen, wie es dem Wert von „ausdruck" entspricht.

- `DC liste`
  Dieser Befehl (Define Constant) hat eine ähnliche Wirkung wie der vorhergehende, d.h. er dient zur Reservierung von Speicherplatz. Darüber hinaus werden die Speicherplätze mit Konstanten belegt, deren Anzahl, Werte und Reihenfolge durch „liste" spezifiziert werden.

Ein kleines Beispiel soll die Bedeutung der Pseudobefehle veranschaulichen.

(4.8) Beispiel: (Pseudobefehle)

Eine Folge von Pseudobefehlen lautet zum Beispiel wie folgt:

```
        ORG $200
VAR1    DS 1
VAR2    DC 1
ARRAY   DC $0,$1,$2,$7,$14
AVAR1   DC VAR1 + 2
```

Zuerst wird die Speicherzelle angegeben, ab der das Programm abgelegt wird. Durch den zweiten Befehl wird ein Wort freigelassen, in dem später Daten des Programms gespeichert werden können. Diese Speicherzelle kann über die Marke „VAR1" angesprochen werden. Die Speicherzelle mit der Marke „VAR2" wird mit dem Wert 1 belegt. In der darauffolgenden Zeile werden fünf Speicherzellen mit Werten belegt. Die erste dieser Speicherzellen erhält die Marke „ARRAY". Die letzte Zeile ist ein Beispiel für einen Ausdruck, der durch den Assemblierer berechnet werden muß. In der Speicherzelle mit der Marke „AVAR1" wird die Adresse der Speicherzelle „VAR1", erhöht um 2, abgelegt. Diese Speicherzelle enthält also die Adresse von „ARRAY". Der Speicher würde nach Ausführung der Befehle wie folgt aussehen:

Adresse	*Inhalt*	*Marke*
	...	
$200	undefiniert	VAR1
$201	$0001	VAR2
$202	$0000	ARRAY
$203	$0001	

Adresse	*Inhalt*	*Marke*
\$204	\$0002	
\$205	\$0007	
\$206	\$0014	
\$207	\$0202	AVAR1
	...	

Bild 4.5: Speicherbelegung zu Beispiel 4.8 ■

Die Wirkung von Pseudobefehlen ist eng mit der Übersetzung von Assemblerprogrammen in Maschinenprogramme verbunden. Ein Übersetzungsprogramm, das dies bewerkstelligt, wird – wie bereits erwähnt – *Assemblierer* genannt. Die Aufgaben des Assemblierers umfassen:

- Assemblerbefehle müssen auf syntaktische Korrektheit überprüft und in Maschinenbefehle übersetzt werden;
- Pseudobefehle müssen zur Ausführung kommen;
- Konstanten sind in Binärdarstellung zu konvertieren;
- für jeden Befehl ist eine Hauptspeicheradresse zu berechnen, an der der Befehl vor der Ausführung des Programms abgelegt wird;
- es sind alle Adressen zu berechnen, die durch Symbole oder Marken repräsentiert werden;
- es wird ein *Protokoll* über den Übersetzungsvorgang geführt, in dem z.B. die einzelnen Befehle, ihre Adressen und gegebenenfalls Fehlermeldungen aufgeführt sind.

In Assemblerprogrammen können, im Gegensatz zu einigen höheren Programmiersprachen, *Vorwärtsreferenzen* auftreten. Darunter verstehen wir die Benutzung von Konstanten, Marken und Symbolen (in Befehlen), die erst an einer weiter vorwärts liegenden Stelle einen Wert zugewiesen bekommen. Dadurch wird die Übersetzung des Programms in nur einem Durchlauf – d.h. mit nur einmaligem Lesen und Übersetzen jeder Programmzeile – erschwert, und die meisten Assemblierer arbeiten deshalb mit zwei oder mehr Durchläufen. Man bezeichnet einen solchen Durchlauf als *pass* und nennt einen Assemblierer beispielsweise einen *2-Pass-Assemblierer*, wenn dieser ein Programm in zwei Durchläufen übersetzt.

Wir wollen am Beispiel eines solchen 2-Pass-Assemblierers zeigen, wie ein Übersetzungsvorgang ablaufen kann – erklärend in Bild 4.6 illustriert.

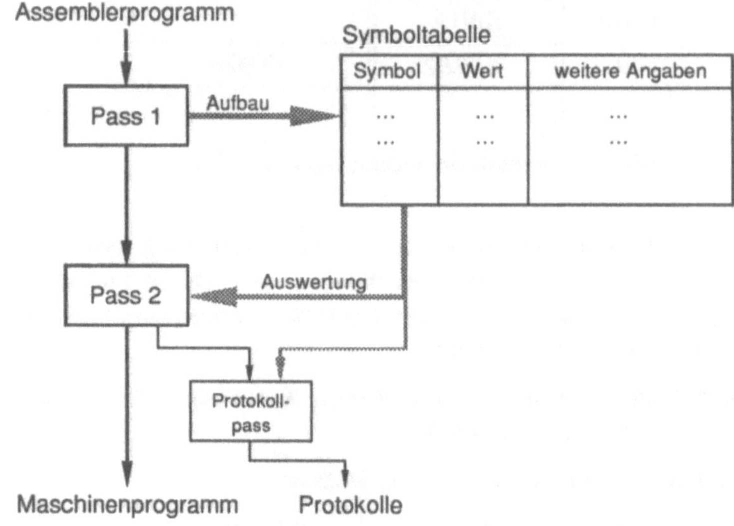

Bild 4.6: 2-Pass-Assemblierer

Im ersten Durchlauf (*Pass 1*) werden die Pseudobefehle ausgeführt, und es wird eine Syntaxprüfung der Befehle vorgenommen. Dabei wird die Gültigkeit der Operationscodes und die formale Korrektheit der Operanden kontrolliert. Außerdem wird in Pass 1 eine sogenannte *Symboltabelle* aufgebaut. Eine Symboltabelle ist eine Datei, in der der Assemblierer alle verwendeten Bezeichner zusammen mit ihrem Wert bzw. der Adresse, die sie repräsentieren, und eventuell weiteren Angaben sammelt. Diese weiteren Angaben können z.B. Kennungen sein, die angeben, ob eine Adresse relativ oder absolut zu interpretieren ist. Im Fall einer relativen Adresse (etwa beim Bcc-Befehl) handelt es sich um eine Distanz, die auf die aktuelle Adresse (auf die der PC zeigt) zu addieren ist. Bei einer absoluten Adresse (beim JMP-Befehl) ist dagegen die tatsächliche Adresse gemeint.

Im zweiten Durchlauf (*Pass 2*) werden für die Bezeichner, die in die Symboltabelle eingetragen wurden, die entsprechenden Werte bzw. Adressen berechnet. Diese werden in die Tabelle eingetragen. Auch die Generierung der Maschinenbefehle erfolgt im zweiten Schritt.

Im sogenannten *Protokollpass* erstellt der Assemblierer ein Protokoll der

Übersetzung. Es beinhaltet u.a. Fehlermeldungen, die Symboltabelle, die Kreuzreferenztabelle, in der die Zeilennummer jedes vorkommenden Symbols festgehalten ist, und ein Programmprotokoll. Im Programmprotokoll findet man jeden Assemblerbefehl des Programmes, die zugehörige Zeilennummer, den zugehörigen Adreßwert und den durch die Assemblierung erzeugten Maschinenbefehl. Eventuell werden noch weitere Durchläufe für Sonderfunktionen vorgenommen – etwa zur Codeoptimierung.

4.3.4 Beispiele

Wir sehen uns nun einige interessantere Beispiele für Assemblerprogramme an.

(4.9) Beispiel: (Sequentielles Suchen)

Es soll das Durchsuchen einer Folge von im Speicher befindlichen 16-Bit-Zahlen realisiert werden. In diesem speziellen Beispiel ermitteln wir das Minimum der Folge. Es wird davon ausgegangen, daß die Startadresse der Folge im Register R0 abgelegt ist. Die Länge der Folge sei in R1 gespeichert, das Minimum soll hinterher in R2 stehen. Dann löst das folgende Programm die Aufgabe. Dabei werden Kommentare durch ein Semikolon eingeleitet. Sie bleiben bei der Übersetzung unberücksichtigt.

```
      ORG $0000
      START $0000
      MAXPOS EQU $FFFF  ;größte positive 16-Bit-Zahl
      CMP #0,R1         ;Überprüfen, ob Folge leer
      BEQ NULL          ;Sofort Ende, falls die Länge der
                         Folge
      BMI NULL          ;kleiner oder gleich Null ist
      MOVE #MAXPOS,R2   ;Startwert in R2 laden
LOOP  CMP (R0),R2       ;vergleichen, ob neues Minimum
                         gefunden
      BMI NOMIN         ;verzweigen, falls nein
      MOVE (R0),R2      ;sonst: neues Minimum in R2
                         eintragen
NOMIN SUB #1,R1         ;Folgenzähler erniedrigen
      BEQ ENDE          ;falls er Null geworden ist:
                         verzweigen
      ADD #1,R0         ;sonst: Adresse erhöhen
```

```
      JMP LOOP           ;weiterer Durchlauf
NULL  MOVE #-1,R1        ;als Fehlerkennung steht in R1 eine
                          -1
ENDE  END
```

Der Algorithmus ist so aufgebaut, daß immer der bis dahin gefundene kleinste Wert im Register R2 aufbewahrt wird. Dieser wird mit jedem weiteren Folgenelement verglichen. Wenn ein kleinerer Wert gefunden wird, so wird dieser in das Register R2 geladen und als neues Minimum betrachtet. Falls die Folge leer ist, so wird im Register R1 als „Fehlermeldung" der Wert -1 abgelegt, sonst ist der Wert dort nach Ablauf des Programmstücks 0.

Bei den Bcc- und JMP-Befehlen haben wir Marken verwendet. Die Verwaltung dieser Marken übernimmt der Assembler. Wir brauchen lediglich diejenigen Befehle durch Marken zu kennzeichnen, die für uns eine besondere Bedeutung, z.B. als Sprungziel, haben. Das Symbol „MAXPOS" erhält am Anfang den Wert 32767 zugewiesen. Dies ist die größte 2-Komplement - Zahl, die mit 16 Bits darstellbar ist. Alle Zahlen in der zu durchsuchenden Folge sind also kleiner oder gleich dieser Zahl, so daß die Zahl als Startwert für das aktuelle Minimum geeignet ist. An zwei Stellen in diesem Programm wird die indirekte Adressierung verwendet, und zwar jedesmal, wenn auf die Zahlenfolge im Speicher zugegriffen wird. Das Register R0 enthält jeweils die Adresse des aktuellen Folgenelements, das gerade bezüglich der Minimum-Eigenschaft untersucht wird. Wenn wir also auf R0 indirekt zugreifen, so ist der effektive Operand der Inhalt der Speicherzelle, deren Adresse in R0 steht. ■

(4.10) Beispiel:

Wir möchten mit diesem Beispiel eine Anwendung des LSR-Befehls vorführen. Es soll die Anzahl der auf „1" gesetzten Bits in einem Register ermittelt werden. Hier bietet der LSR-Befehl eine einfache Möglichkeit, dies zu realisieren. Das zu untersuchende Register sei R0; das Ergebnis soll in R1 stehen:

```
      ORG $0000
      START $0000
      MOVE #0,R1
      MOVE R0,R2   ;R0 sichern (soll nicht verändert werden)
LOOP  CMP #0,R2
      BEQ ENDE     ;verzweigen, falls keine Bits mehr gesetzt
      LSR R2       ;alle Bits um eins nach rechts schieben
```

```
      BCS BIT     ;verzweigen, falls „1" herausgeschoben

      JMP LOOP    ;sonst weiter bei LOOP
BIT   ADD #1,R1   ;ein Bit gefunden
      JMP LOOP    ;weitersuchen
ENDE  END
```

Der Verzweigungsbefehl BCS hinter LSR prüft, ob das C-Bit gesetzt ist. Im C-Bit wird nach Ausführung des LSR-Befehls dasjenige Bit abgelegt, welches durch die Schiebeoperation rechts „herausgeschoben" wurde. Auf der linken Seite wird das Wort jeweils mit einer „0" aufgefüllt, wodurch das Wort nach spätestens 16 Durchläufen nur noch Nullen enthält. Wenn dieser Zustand erreicht ist, wird das Programm beendet. ■

4.3.5 Mögliche Erweiterungen der Sprache

Die vorgestellte Sprache stellt lediglich ein Gerüst an Befehlen und Adressierungsarten zur Verfügung, das die wichtigsten Sprachelemente von Assemblersprachen im allgemeinen enthält. Sie ist für Ausbildungszwecke konzipiert worden und hat dennoch einen ausgeprägten Realitätsbezug, da sie einen Teil des Sprachumfangs eines bekannten und weit verbreiteten Prozessortyps – die Prozessoren der 68000er-Serie von Motorola – abdeckt. Unsere Sprache kann also als Teilsprache der 68000-Assemblersprache angesehen werden.

Mikroprozessoren, wie beispielsweise die 68000er - Prozessoren von Motorola, haben einen erheblich größeren Sprachumfang und eine größere Funktionalität als die vorgestellte Millimaschine mit der diskutierten Assemblersprache. Einige wichtige Erweiterungen sind zum Beispiel:

- Der Befehlssatz ist umfangreicher. So besitzt der 68000-Prozessor unter anderem noch die folgenden Befehlsarten:
  - zusätzliche arithmetische und logische Befehle sowie Schiebebefehle, wie etwa Multiplikation, Division, zyklisches Verschieben;
  - Unterprogrammsprünge;
  - zusätzliche Sprungbefehle und wesentlich mehr Bedingungen (16 verschiedene) beim Bcc-Befehl;
  - Sonderbefehle.

- Es sind unterschiedliche Operandengrößen erlaubt. Neben 16-Bit-Operanden, die in unserer Sprache möglich sind, sind beim 68000er auch 8-Bit- und 32-Bit-Operanden zulässig. Damit kann zum Beispiel die Rechengenauigkeit beeinflußt werden.
- Es steht ein wesentlich größeres Repertoire an Adressierungsarten zur Verfügung, und es können manche der Adressierungsarten miteinander kombiniert werden.

4.4 Darstellung in Maschinensprache

Wir sind bereits in Abschnitt 4.1.1 kurz auf Maschinensprachen eingegangen. Eine *Maschinensprache* umfaßt die Menge aller Befehle, die direkt von der CPU eines Rechners ausgeführt werden können. Diese *Maschinenbefehle* werden im Gegensatz zu Assemblerbefehlen nicht symbolisch notiert, sondern sie setzen sich aus *binären* Worten fester Länge zusammen. Eine Folge von Maschinenbefehlen bezeichnet man als *Maschinenprogramm.* Ein solches Programm könnte z. B. folgendes Aussehen haben, wobei wir jedem Binärwort ein Ausrufezeichen voranstellen:

!1100101110111001
!0110110101011011
!0010110101101101

Wir wollen nun eine Maschinensprache skizzieren, die unserer Beispiel-Assemblersprache entspricht. Damit soll deutlich werden, wie jedem Assemblerbefehl ein eindeutig bestimmter Maschinenbefehl durch den Assemblierer zugeordnet werden kann. Ein Maschinenbefehl besteht aus mindestens einem und maximal zwei Binärworten. Die wichtigsten Informationen, wie der Operationscode und Kennungen für die Adressierungsarten, sind immer im ersten Wort untergebracht. Das zweite Wort (falls vorhanden) enthält zusätzliche Angaben, wie etwa unmittelbare Operanden oder Sprungdistanzen. Das erste Befehlswort hat bei Befehlen, die zwei Operandenangaben haben, folgenden Aufbau:

0	1	2	3	4	5	6	7	8	9	10	11	12	13	14	15
														0	0
OpCode				*OpAng1*					*OpAng2*						

Die vier linken Bits, Bit 0 bis Bit 3, geben die Art der Operation an. Dazu wird folgende Codierung verwendet:

Code	*Befehl*
0000	MOVE
0001	ADD
0010	SUB
0011	JMP
0100	CMP
0101	LSL
0110	LSR
0111	NOT
1000	OR
1001	AND
1010	NEG
1011	Bcc

Anschließend folgen zweimal jeweils 5 Bits zur Angabe der Operanden. Die beiden linken Bits – Bit 4 und 5 sowie Bit 9 und 10 – bezeichen jeweils die Adressierungsart der Operanden. Danach kommen drei Bits für die Registernummer, falls in Kombination mit der Adressierungsart ein Register spezifiziert sein muß. Die letzten zwei Bits in der Codierung haben keine Bedeutung und sind immer auf 0 gesetzt. Die Adressierungsarten werden wie folgt codiert:

Code	*Adressierungsart*
00	direkt
01	indirekt
10	unmittelbar

Für die relative Adressierung ist keine eigene Nummer vorgesehen. Diese Adressierungsart nimmt, in Kombination mit dem Bcc-Befehl, eine Sonderstellung ein. Da sie nur mit dem Bcc-Befehl verwendet werden kann, dort aber die einzig mögliche Adressierungsart darstellt, ist es bei den bedingten

Verzweigungen nur nötig, die ersten vier Bits zu kennen und einen zwei Bits langen Code für die Art der Verzweigung, der an der Stelle steht, an denen sonst die Adressierungsarten gespeichert sind.

Code	*Verzweigung*
00	BEQ
01	BMI
10	BCS

Bei der unmittelbaren Adressierung und bei Sprüngen wird im Befehl ein Operand angegeben, der nicht in den Befehlscode integriert werden kann, da der Operand selbst 16 Bits benötigt. In einem solchen Fall wird der unmittelbare Operand bzw. die Zieladresse (beim JMP-Befehl) bzw. die Sprungdistanz (beim Bcc-Befehl) in einem zweiten Befehlswort abgelegt, so daß die entsprechenden Befehle *zwei* Speicherzellen benötigen. Operanden werden in 2-Komplement-Darstellung codiert.

(4.11) Beispiel: (Maschinenbefehle)

(a) Die Codierung des Assemblerbefehls

```
SUB #$4A, (R2)
```

lautet:

```
!0010 10000 01010 00
!0000 0000 0100 1010
```

Das erste Befehlswort beinhaltet den Operationscode für die Subtraktion (0010), anschließend die erste Operandenangabe, von der nur Bit 4 und 5 relevant sind (unmittelbare Adressierung), und danach die zweite Operandenangabe, bei der 01 für die indirekte Adressierung und 010 für das Register R2 steht.

(b) Die Codierung des Befehls

```
BMI $6498
```

lautet:

```
!1011 01 0000000000
!0110 0100 1001 1000
```

Im ersten Befehlswort sind nur die Bits 0 bis 5 relevant. Der Code 1011 steht für den Bcc-Befehl, anschließend folgt die Bitkombination 01 für die Art des bedingten Sprungs (cc = MI). Das zweite Wort enthält die angegebene Sprungdistanz. Falls das Sprungziel im Assemblerbefehl durch eine Marke spezifiziert ist, so muß der Assemblierer die Sprungdistanz explizit berechnen, um sie dann in das zweite Befehlswort schreiben zu können. ■

4.5 Mikroprogrammierung

Wir wollen uns nun der zweiten Ebene unseres Prozessors zuwenden. Hier werden die Signale erzeugt, mit denen die Millimaschine gesteuert wird. Wir werden sie *Mikroebene* nennen. Allgemein bezeichnet man diesen Teil eines Prozessors als *Steuerwerk*. Das Steuerwerk ist für die Decodierung der Maschinenbefehle und die Erzeugung der Steuersignale zuständig. Betrachten wir zuerst die verschiedenen Möglichkeiten, ein solches Steuerwerk zu realisieren.

4.5.1 Konzepte der Prozessorsteuerung

Wir haben bereits gesehen, daß die Datenströme im Prozessor über Steuersignale gelenkt werden. Dies wird in der Regel für jedes Steuersignal durch eine solche Schaltung, die aus einem einfachen Und-Gatter besteht, verwirklicht:

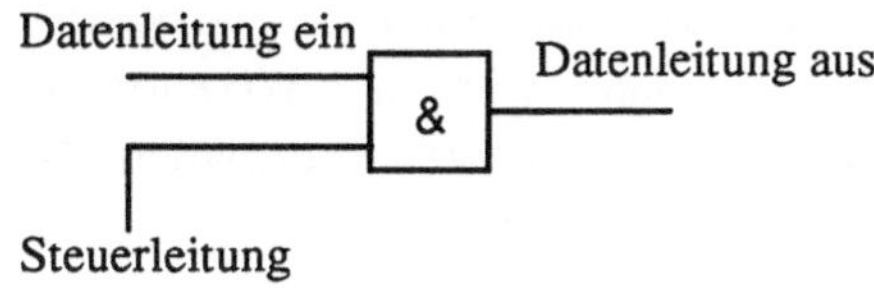

Bild 4.7: Und-Verknüpfung eines Steuersignals

Bei der Ansteuerung eines Busses wird für jedes Bit des Busses eine solche Schaltung benötigt. Das bedeutet, daß beispielsweise die G-Leitung des CC in unserem Modellprozessor an 16 solcher Schaltungen angeschlosssen ist:

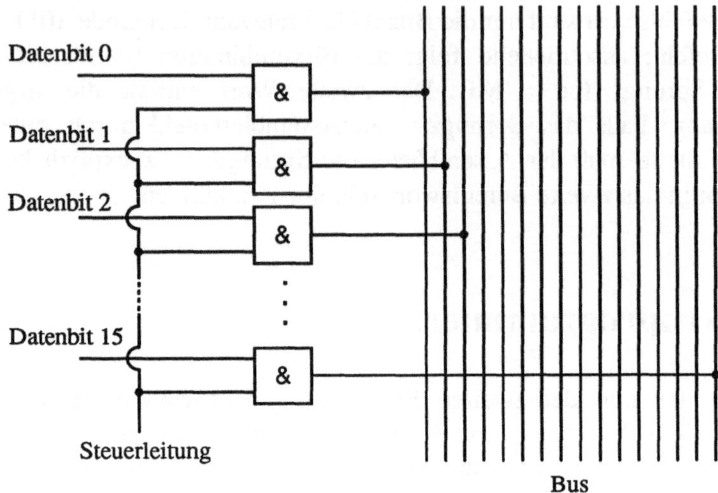

Bild 4.8: Ansteuerung eines Busses

Man unterscheidet heute zwischen zwei Methoden, die Steuerung eines Prozessors zu implementieren.

Eine Möglichkeit ist die *feste Verdrahtung*. Hier werden die Abläufe im Prozessor ausschließlich durch die logischen Schaltungen der Hardware bestimmt. Eine Änderung des Befehlssatzes zieht automatisch eine Änderung der internen Verschaltung des Prozessors nach sich.

Die andere Möglichkeit ist die *Mikroprogrammierung*. Dabei ist das Steuerwerk mit einem Speicher versehen, in dem die möglichen Steuersignale und ihre Abfolge festgehalten sind. Die einzelnen Steuerworte (d.h. Folgen von Steuerbits) in diesem Speicher werden *Mikrobefehle* genannt. Jeder Maschinenbefehl ist in diesem Speicher gewissermaßen als ein *Mikroprogramm* realisiert.

Die Mikroprogrammierung hat den Vorteil, daß der Prozessor wesentlich flexibler aufgebaut ist als bei der festen Verdrahtung. Eine Erweiterung oder Veränderung der Maschinensprache und natürlich auch die Fehlersuche und -korrektur werden erheblich vereinfacht, da nur der Inhalt des Speichers mit den Mikrobefehlen geändert werden muß. Bei den meisten moderneren Prozessoren hat man diesen Weg der Mikroprogrammierung beschritten.

Bei dem Aufbau eines mikroprogrammierten Prozessors können zwei Wege beschritten werden. Zum einen kann ein Mikrobefehl *vertikal*, zum anderen *horizontal* gespeichert werden. Auf die Steuersignale hat dies keinen Einfluß, da diese sich immer nur aus einem einzelnen Bit zusammensetzen. Bei der horizontalen Speicherung der Steuerbits muß für jede mögliche Aktion eine Leitung reserviert werden. Beispielsweise müßten acht Auswahlleitungen zum Registerblock der Millimaschine geführt werden, um jedes Register ansteuern zu können. Bei der vertikalen Methode werden nur $\log_2 n$ Auswahlleitungen benötigt. Das bedeutet, daß lediglich 3 Leitungen verwendet werden, um acht Zustände darzustellen. Dafür muß die angesprochene Einheit die anliegenden Auswahlsignale noch decodieren (s. Bild 4.9).

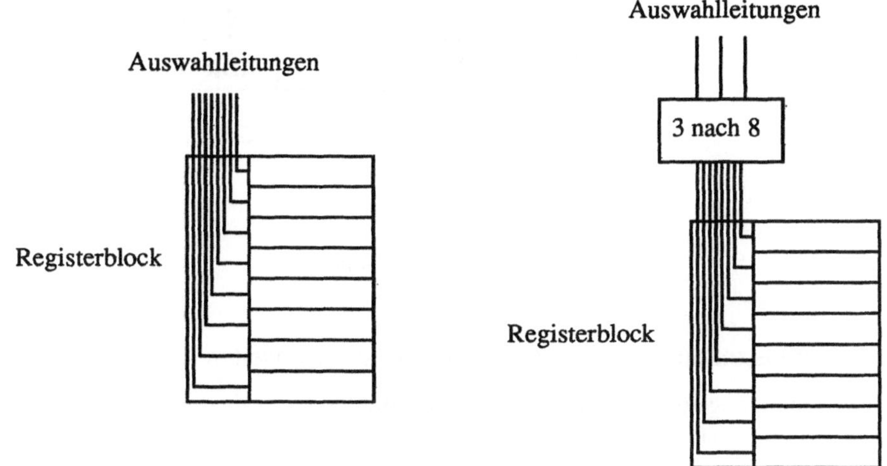

Bild 4.9: Horizontale und vertikale Codierung

4.5.2 Komponenten einer Mikromaschine

Unser fiktiver Beispiel - Prozessor besitzt eine mikroprogrammierte Steuerung, deren Auswahlsignale vertikal codiert sind. Wir wollen nicht alle Details einer solchen Mikromaschine erklären und betrachten im wesentlichen die Schnittstelle zwischen Mikro- und Millimaschine (Bild 4.10).

Über das Instruktionsregister (IR) hat die Mikromaschine Zugriff auf den aktuell auszuführenden Maschinenbefehl. Nachdem dieser gelesen wurde, wird er durch die Mikromaschine decodiert und „verarbeitet". Das Ergebnis dieser Verarbeitung ist eine Folge von Steuersignalen, die über das *Micro Instruction Register (MIR)* wieder an die Millimaschine gesendet werden.

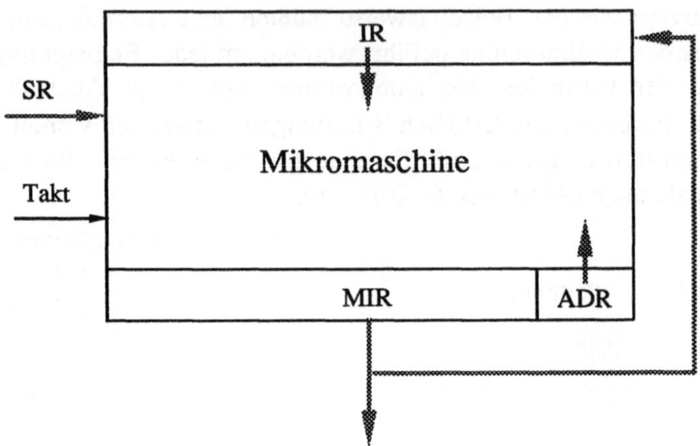

Bild 4.10: Mikroebene

Außer dem Instruktionsregister hat die Mikromaschine weitere Eingänge:

- Vom Statusregister kommt eine Leitung, mit deren Hilfe die Mikromaschine die drei Statusbits abfragen und bedingte Sprünge durchführen kann.
- Die Taktleitung bestimmt die Dauer der einzelnen Schritte. Wir gehen vereinfachend davon aus, daß jeder Mikroprogrammschritt genau einen Taktzyklus benötigt.

Wir wollen nun das MIR genauer betrachten, da hierüber die Steuerung des gesamten Prozessors läuft. Jedes Bit in diesem Register legt den Wert genau einer Steuerleitung fest oder steuert einen Teil einer Auswahlleitung, deren Wert von mehreren Bits bestimmt wird. Jedes Bit des MIR ist mit einer Komponente der Millimaschine verbunden. Wenn ein Bit einer Steuerleitung im MIR auf 1 gesetzt wird, so wird dadurch eine Reaktion der damit verbundenen Komponente ausgelöst. Diejenigen Bits, die zu einer der Wahlleitungen gehören, geben der angesprochenen Komponente genauere Informationen über die auszuführende Funktion. Wir wollen den Rest der Mikroebene vorerst als "Black Box" betrachten und uns den Aufbau des MIR etwas genauer ansehen. Für unsere Maschine verwenden wir ein MIR mit 30 Bits. Wir wollen folgende Aufteilung vereinbaren:

s	s	s	G	L	c	c	c	G	L_A	L_B	V	G	L	d	A	G	L	G	L	G	L	G	L	N	C	Z	k	k	S
RB					*CC*							*PC*		*Mem*		*RM*		*AM*		*WM*		*IR*		*SR*			*Konst.*		

In der oberen Zeile ist jeweils die Bezeichnung des Bits in der zugehörigen Komponente angegeben, in der unteren Zeile ist vermerkt, um welche Komponente es sich dabei handelt. Die Bits, die zu einer Auswahlleitung gehören, sind durch Kleinbuchstaben gekennzeichnet. Die Bezeichnungen der einzelnen Bits entspricht weitgehend den Bezeichnungen der Anschlüsse der einzelnen Komponenten in der Millimaschine. Bits, die mit "G" benannt sind, dienen folglich zur Ausgabe von der Komponente auf einen Bus, Bits mit der Bezeichnung "L" steuern das Laden von Werten in die Komponente, wie dies im Abschnitt über die Millimaschine bereits erläutert wurde. Die drei s-Bits für den Registerblock bilden zusammen die S-Leitung, mit der die angesprochenen Register ausgewählt werden. Die C-Leitung des CC setzt sich analog dazu aus den drei c-Bits zusammen. Zwei Komponentenbezeichnungen sind allerdings noch unbekannt. Die beiden Bits, die unter "Mem" zusammengefaßt sind, dienen zur Ansteuerung des Speichers. Das Bit "d" ist eine Auswahlleitung und gibt an, ob der Speicher einen Wert vom Prozessor annehmen und speichern oder ob ein Wert zum Prozessor geschickt werden soll. Zum Ablegen von Werten im Speicher wird das d-Bit auf 1 gesetzt, zum Laden aus dem Speicher auf 0. Das Steuerbit mit der Bezeichnung "A" löst dann die ausgewählte Operation aus. Mit Hilfe der drei Bits, die unter "Konst." zusammengefaßt sind, kann der Inhalt des IR manipuliert werden. Wie wir bei der Millimaschine gesehen hatten, wurden bei der Erhöhung des PC die Konstante 1 aus dem IR geholt und auf den PC addiert. Wir hatten aber nicht geklärt, woher diese Konstante kam und wie sie in das IR gelangte. Die beiden k-Bits geben die Größe der Konstanten an, die in das IR geladen werden soll. Obwohl wir nur die Konstante 1 benötigen, ist es hier möglich, Werte zwischen 0 und 3 anzugeben. Das Steuerbit "S" führt dazu, daß der neue Wert in das IR geladen wird.

Der ADR-Teil (Adreßteil) des MIR, der in Abb. 4.11 zu sehen ist, dient intern zur Auswahl des nächsten Mikrobefehls und wird erst später behandelt.

4.5.3 Der interne Aufbau der Mikromaschine

Im folgenden wollen wir uns mit dem Teil beschäftigen, der zwischen IR und MIR liegt. Dazu stellen wir ein stark vereinfachtes Modell des internen Aufbaus der Mikromaschine vor.

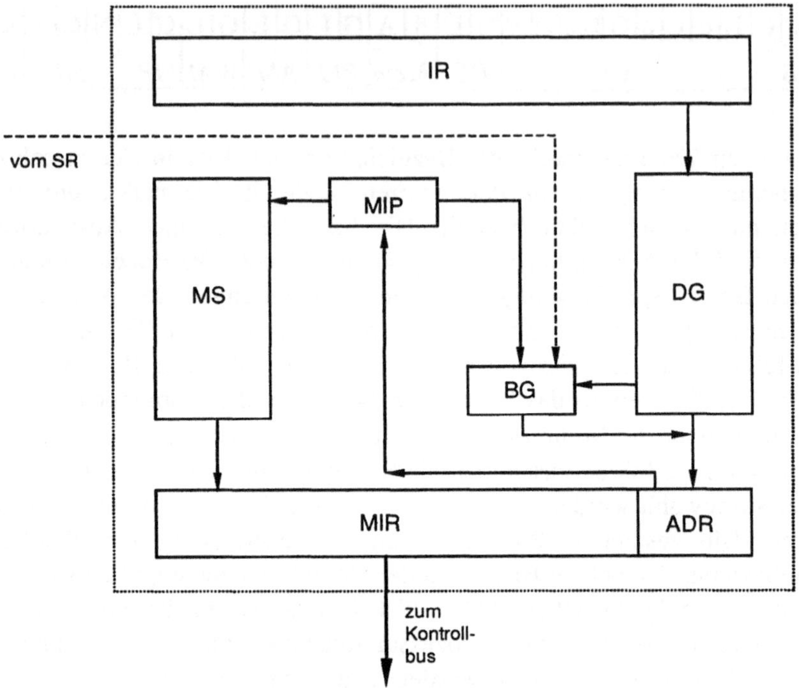

Abb. 4.11: Interner Aufbau der Mikromaschine

Um einen Maschinenbefehl ausführen zu können, muß er zuerst decodiert und die in ihm enthaltene Information ausgewertet werden. Diese Aufgabe übernimmt das *Decode Gate (DG).* Es sorgt dafür, daß das richtige Mikroprogramm ausgewählt und abgearbeitet wird und stellt wichtige Parameter während der Abarbeitung bereit. Die Mikroprogramme, die zur Ausführung der einzelnen Maschinenbefehle benötigt werden, sind im *Micro Store (MS)* gespeichert. Für jeden Maschinenbefehl existiert im MS ein eigenes Programm. Einige Routinen, die mehrfach benötigt werden, sind als Unterprogramme abgelegt. Die Adresse des aktuellen Befehls im MS wird im *Micro Instruction Pointer (MIP)* gespeichert. Bei normaler, linearer Abarbeitung des Mikroprogramms erhöht der MIP seinen Wert automatisch um 1, sobald ein Mikrobefehl abgearbeitet ist. Es kann jedoch aus dem ADR-Teil des MIR ein neuer Wert in den MIP geladen werden. Die Überprüfung der Statusbits, die für die bedingten Sprungbefehle notwendig ist, wird vom *Branch Gate (BG)* übernommen. Dazu ist es an die Leitung vom SR angeschlossen. Der an den MIR angehängten Adreßteil *(ADR)* kann vom DG oder vom BG mit einem neuen Wert geladen werden. Zusätzlich besteht die Möglichkeit, den

Inhalt des ADR im Mikrocode fest vorzugeben. Damit enthält jede Anweisung im MS 30 Bits, die an die Millimaschine weitergegeben werden, sowie einige Bits für ADR. Die genaue Größe des ADR hängt von der Größe des MS ab. Wir werden in diesem Buch nicht den Mikrocode abdrucken, den wir für diese Maschine entwickelt haben. Ein MIP mit 8 Bits reichte jedoch für die Adressierung des gesamten Speichers aus.

Wir wollen nun kurz die Funktionsweise der beiden komplexesten Bestandteile der Mikromaschine betrachten: das Branch Gate und das Decode Gate.

Das *Branch Gate (BG)* ermöglicht die Abarbeitung von bedingten Sprüngen. Dazu besitzt es die Fähigkeit, zwei Adressen zu speichern. Die eine Adresse wird aus dem MIP geladen, die zweite ist fest vorgegeben. Die fest gespeicherte Adresse ist die Startadresse einer Routine im MS, die einen relativen Sprung ausführt. Je nachdem, welche Statusbits im SR gesetzt sind und welches Bit überprüft werden soll, wird eine der beiden Adressen vom BG in den ADR-Teil des MIR geladen. Falls es sich dabei um die Adresse aus dem MIP handelt, so fährt das Programm ohne Sprung fort, andernfalls wird der Programmteil zur Verzweigung aufgerufen. Welches Bit geprüft werden soll, wird dem BG durch das DG mitgeteilt. Dies geschieht über drei Leitungen, von denen jede für ein Statusbit zuständig ist.

Das *Decode Gate (DG)* ist der Baustein mit den meisten und den komplexesten Funktionen der Mikromaschine. Dazu gehören das Decodieren der Maschinenbefehle, das Übergeben der Startadresse zur Ausführung des aktuellen Befehls an den MIP und das Bereitstellen der Parameter des Befehls in verwertbarer Form. Bei der Decodierung eines Maschinenbefehls stellt das DG die Startadresse der Routine im MS zur Verfügung, die den Maschinenbefehl ausführt. Dazu werden die oberen vier Bits des Maschinenbefehls, die diesen eindeutig identifizieren, in die Startadresse des zugehörigen Mikroprogramms umgerechnet Die Adressierungsarten als wichtigste Parameter des Maschinenbefehls werden ebenfalls in Form von Sprungadressen auf Abruf bereitgestellt. Diese Adressen markieren die Startadressen von Programmteilen im MS, die eine effektive Adresse berechnen können. Die Übergabe der Startadressen geschieht wieder über den Adr-Teil des MIR.

Allgemein stellt sich nun die Abarbeitung eines Maschinenbefehls folgendermaßen dar:

Zuerst wird der Befehl im DG decodiert. Die ersten vier Bits werden in eine Adresse umgerechnet und diese über den MIR an den MIP übergeben. Das Mikroprogramm, das an dieser Stelle beginnt, wird nun in der Regel verschiedene Unterprogramme aufrufen, deren Adressen es, wie oben beschrieben, aus dem BG und DG erhält. In den meisten Fällen sorgen diese Routinen dafür, daß die Werte in die effektiven Adressen, die durch den Maschinenbefehl spezifiziert worden sind, in den CCA oder CCB der Millimaschine gelangen. Dann wird die gewünschte Funktion durchgeführt und gegebenenfalls das Ergebnis wiederum mit Hilfe einer Unterroutine an dem gewünschten Platz gespeichert.

Die Mikromaschine muß zur Durchführung ihrer Aufgaben in der Lage sein, einige ihrer Funktionen selbst zu steuern. Dazu haben die einzelnen Komponenten Auswahl- und Steueranschlüsse ähnlich denen der Millimaschine. Wir haben diese in der Abbildung weggelassen, da durch diese interne Steuerung das Modell zu kompliziert geworden wäre. Wir wollen hier nur kurz den Zweck dieser Anschlüsse anreißen. Das DG hat einen Auswahlanschluß, mit dem die gewünschte Unterroutine für die Adressierungsarten ausgewählt werden kann. Zusätzlich benötigt es noch ein Steuerbit, um die ausgewählte Adresse in den ADR zu schreiben. Das BG enthält ein Steuerbit, mit dem eine Adresse angefordert werden kann. Die Adresse wird vom BG bestimmt, je nach der gewünschten Abfrage und den gesetzten Statusbits. Außerdem erhält der MIP ein Steuerbit, mit dem angegeben werden kann, ob eine neue Adresse geladen oder ob mit dem nächsten Befehl fortgefahren werden soll. Um diese Anschlüsse anzusteuern, kann der MIR noch um einige Bits erweitert werden, wir wollen aber zu Gunsten der Anschaulichkeit darauf verzichten.

4.5.4 Der Mikrocode

Wir wollen in diesem Abschnitt zuerst einige Regeln angeben, die der Mikrocode erfüllen muß, um ein korrektes Arbeiten des Prozessors zu gewährleisten.

Um Zeit zu sparen, wird man in der Regel versuchen, so viele Schritte wie möglich in einem Taktzyklus durchzuführen. Dabei läßt sich die Tatsache ausnutzen, daß die Millimaschine zwei interne Busse besitzt, die voneinander getrennt sind. Es muß jedoch darauf geachtet werden, daß niemals zwei verschiedene Komponenten gleichzeitig Daten auf denselben Bus schreiben, da sonst die Daten nicht korrekt übertragen werden. Es können jedoch mehrere Komponenten gleichzeitig denselben Wert vom gleichen Bus empfangen. Es ist möglich, einzelne Komponenten so anzusteuern, daß sie gleichzeitig einen Wert von einem Bus laden und diesen Wert auf den anderen Bus ausgeben. Man sollte aber dabei darauf achten, daß dies nur für *eine* Komponente pro Schritt gilt. Sonst kann es zu undefinierten Datenflüssen auf den Bussen kommen.

Zum Abschluß dieses Kapitels folgen nun zwei Beispiele für Mikroprogramme. Wir haben dabei nicht den vollständigen Mikrocode abgedruckt, sondern die Steuersignale, die in den ersten 30 Bits des MIR erscheinen. In den einzelnen Schritten der Beispiele werden nur die Bits angezeigt, die auf 1 gesetzt werden. Ein Bit, bei dem keine Zahl steht, wird automatisch als 0 angenommen.

(4.12) Beispiel:

Wir können nun die Abläufe in der Millimaschine durch eine Folge von Mikrobefehlen steuern. Nehmen wir einmal an, wir hätten soeben den Maschinenbefehl

MOVE R0, (R1)

im IR abgelegt. Die Mikromaschine wird sich jetzt um die Decodierung kümmern und die Ausführung des passenden Mikroprogramms in die Wege leiten. Im MIR werden jetzt nacheinander folgende Befehle erscheinen:

RB					*CC*							*PC*		*Mem*		*RM*		*AM*		*WM*		*IR*		*SR*			*Konst.*		
s	s	s	G	L	c	c	c	G	L_A	L_B	V	G	L	d	A	G	L	G	L	G	L	G	L	N	C	Z	k	k	S
		1	1						1		1																		
								1											1										
			1						1		1													1		1			
								1													1								
														1	1			1		1									
									1			1																	
																												1	1
							1			1	1																		
								1					1						1										
															1		1	1											
																1							1						

Es wird also zuerst der Inhalt des Registers R1 in den CCA geladen und von dort sofort in den CCR weitergeschoben. Im nächsten Schritt wird der Wert im CCR zum AM weitergegeben. Nun wird der Inhalt von R0 geholt und in den CCA geladen. Dort wird er sofort ohne Änderung an den CCR weitergegeben. Es ist zu beachten, daß bei diesem Schritt das N- und das Z-Bit gesetzt sind. Diese Bits können also in diesem Schritt verändert werden, während in allen anderen Schritten diese Bits unverändert bleiben. Vom CCR gelangt der Wert nun in das RM. Dann wird der Speicher aktiviert und der Wert am gewünschten

Ort abgelegt. Die nächsten Schritte sind für das Holen des nächsten Befehls zuständig. Dazu wird der PC in den CCA geladen, eine 1 aus dem IR dazuaddiert, das Ergebnis in den PC zurückgeschrieben und in das AM geschrieben, und der neue Befehl vom Speicher angefordert. Dieser übergibt ihn an das RM, von wo aus er im IR landet. Danach beginnt der gleiche Zyklus mit Decodierung und Ausführung von neuem, diesmal mit dem nächsten Befehl.

■

Im nächsten Beispiel wollen wir die letzten sechs Schritte weglassen, da das Holen eines Befehls immer gleich abläuft.

(4.13) Beispiel:

Wir wollen nun einmal den Ablauf eines beliebigen Bcc-Befehls verfolgen. Der Ablauf ist bei allen Bcc-Befehlen gleich, da die Überprüfung der Statusbits im BG stattfindet und sich nicht im Mikroprogramm niederschlägt. Daher genügt ein einziges Mikroprogramm für alle Bcc-Befehle. Wir betrachten nun den Fall, daß eine Verzweigung stattfindet, da im anderen Fall bereits nach dem dritten Schritt zu der Routine verzweigt wird, die den nächsten Befehl holt. Die ersten drei Schritte sind in beiden Fällen gleich:

RB					*CC*							*PC*		*Mem*		*RM*		*AM*		*WM*		*IR*		*SR*			*Konst.*		
s	s	s	G	L	c	c	c	G	L_A	L_B	V	G	L	D	A	G	L	G	L	G	L	G	L	N	C	Z	k	k	S
									1			1																1	1
							1			1	1											1							
								1					1						1										
															1		1	1											
										1						1													
							1		1		1	1																	
								1					1																

Nun folgen die Schritte zum Holen des nächsten Befehls, allerdings ohne das Erhöhen des PC um 1, welches normalerweise durchgeführt wird, um den PC auf den aktuellen Wert zu setzen. Diese Aufgabe hat jedoch bereits der Bcc-Befehl für uns übernommen. ■

Aufgaben zu 4.3:

1) Gegeben seien folgende Register- und Hauptspeicherinhalte:

Register

R0	
R1	
R2	
R3	$3F01
R4	
R5	
R6	
R7	

Hauptspeicher

...	
$538F	$3EFF
$358F	$3F00
$853F	$3F01
$F538	$3F02
...	

Beschreiben Sie die Wirkungsweise der folgenden drei Assemblerbefehle, indem Sie die Inhalte der Register- und Hauptspeicherzellen nach Ausführung jedes Befehls angeben.

(a) MOVE R3, R7

(b) MOVE (R3), R4

(c) MOVE #$3F02, R1

2) Gegeben sei eine Folge der Länge n von 16-Bit-Worten, die ab Speicherzelle $2000 fortlaufend abgelegt ist. Die Länge n befindet sich in Register R0.

Schreiben Sie ein Assemblerprogramm, das die Folge in umgekehrter Reihenfolge ab Speicherzelle $3000 fortlaufend ablegt.

5 Dateiverwaltung

Die Hauptaufgabe der kommerziellen Datenverarbeitung liegt im Alltag weniger in der Bearbeitung komplizierter Algorithmen, sondern vielmehr im Umgang mit oft umfangreichen Daten und deren Manipulation. Entsprechende Softwaresysteme wie Datenbanksysteme gehören deshalb zu den wichtigsten Produkten der Informatikindustrie. Sie dienen primär dazu, einfach klingende Aufgaben wie Einfüge-, Such-, Lösch- und Änderungsoperationen möglichst effizient auszuführen. Ziel dieses Kapitels ist es, einen Überblick über die Organisation von Daten sowie über entsprechende Zugriffsmethoden zu geben.

5.1 Ein einführendes Beispiel

Ein kleines Beispiel aus dem kaufmännischen Bereich soll uns den Einstieg in die Thematik erleichtern. Betrachten wir zu diesem Zweck ein typisches Handelsunternehmen, das einen gewissen Kundenkreis, eine Palette von Artikeln sowie eine Anzahl von Lieferanten besitzt.

Ein Geschäftsvorgang, der dort täglich mehrfach auftritt, ist eine gewöhnliche Bestellung durch einen Kunden. Dadurch werden eine Reihe von Aktivitäten in der Datenverarbeitung ausgelöst:

- In der Kundendatei wird zunächst nachgesehen, ob der Besteller schon registriert ist. Ist dies nicht der Fall, wird er durch die Vergabe einer Kundennummer und eine entsprechende Zuordnung von Name und Adresse aufgenommen.
- In jedem Fall muß der eingegangene Auftrag dem Kunden als offener Auftrag zugeordnet werden. Dies erfolgt meist in einer eigenen Datei für offene Aufträge – wobei die Zuordnung über die Kundennummer erfolgt –, doch ist es auch denkbar, den Auftrag in der Kundendatei zu speichern.
- In der Artikeldatei des Unternehmens muß nun nachgesehen werden, ob die Bestellangaben korrekt sind. Trifft dies zu, so muß in der Lagerbestandsdatei überprüft werden, ob das gewünschte Produkt in genügender Menge im Lager vorhanden ist. Ist dies der Fall, so erhält der Kunde eine

Auftragsbestätigung und die Lagerverwaltung einen Lieferauftrag. Die ausgelieferte Menge wird dann in der Artikeldatei verbucht. Ist der Artikel nicht in genügender Menge gelagert, so muß das Handelsunternehmen seinerseits bei einem Lieferanten nachbestellen. Die dazu erforderlichen Daten sind in der Lieferantendatei gespeichert. Eventuell erhält der Kunde eine Benachrichtigung. Nach erfolgter Lieferung durch den Lieferanten erfolgt die Einlagerung und ein entsprechender Vermerk in der Artikeldatei. Parallel veranlaßt das Unternehmen die Zahlung der Rechnung, was wiederum in der Lieferantendatei verzeichnet wird. Dann kann auch hier die Auslieferung der Ware an den Kunden veranlaßt werden.

- Mit der Auslieferung ist die Rechnungserstellung an den Kunden verbunden. Auch diese wird im allgemeinen in einer eigenen Datei für offene Rechnungsposten über die Kundennummer dem Kunden zugeordnet. Prinzipiell ist es jedoch auch hier möglich, die Verbuchung in der Kundendatei vorzunehmen. An dieser Stelle erfolgt übrigens anhand der gespeicherten Kundendaten meist eine Bonitätsprüfung. Geniest der Kunde nicht die seinem Zahlungsziel entsprechende Solvenz, ist eine Nachnahmelieferung zu empfehlen.
- Schließlich muß der Eingang der Zahlung überwacht und verbucht werden. Gegebenenfalls erfolgen entsprechende Mahnungen.

Diese Beschreibung ist sicherlich idealisiert und stark vereinfacht. Doch zeigt schon die Betrachtung dieser wenigen Punkte die Komplexität der Aufgaben. Schon bei relativ wenigen Produkten, Lieferanten und Kunden müssen die entsprechenden Vorgänge in Schriftform kontrolliert werden.

Grundsätzlich ist das Beherrschen der entsprechenden Daten beispielsweise mit Karteien möglich. Alle Daten werden dann auf Karteikarten festgehalten. Man unterscheidet dabei zwischen *Stammdaten* und *Bewegungsdaten*. Die Stammdaten (z.B. Adressen der Kunden und Lieferanten) sind recht selten zu ändern, während die Bewegungsdaten (z.B. Lagerbestandsdaten) fortlaufend erneuert werden müssen. Alle Daten müssen strukturiert und geordnet werden. Ordnung erreicht man beispielsweise durch folgende Maßnahmen:

- Unterschiedliche Datenstrukturen werden in unterschiedlichen Karteien abgelegt. Die Kundenkartei ist beispielsweise von der Lieferantenkartei zu trennen.
- Innerhalb jeder Kartei ist in der Regel eine Ordnung definiert, z.B. eine alphabetische, z.B. nach Kundennamen, oder eine numerische, z.B. nach der Kundennummer. Ist eine Kundenkartei alphabetisch sortiert, so kann durch ein entsprechendes zusätzliches Register dennoch ein Kundenzugriff über die Kundennummer erfolgen.

- Die einheitliche Haltung aller Karteien in einem Schrank sichert die Vollständigkeit der Daten.

Struktur wird durch die Einhaltung der folgenden Punkte ermöglicht:

- Die Karten einer Kartei besitzen eine einheitliche Datenstruktur. So werden beispielsweise von allen Kunden in einer Kundenkartei die gleichen Daten erhoben und geführt. Daten gleichen Typs stehen immer an einer definierten Stelle auf der Karteikarte.
- Redundante Daten werden vermieden. So wird z.B. für jeden Kunden genau eine Karte mit seinen Stammdaten geführt.

Das Karteisystem muß sorgfältig gepflegt und aktualisiert werden. Dadurch entsteht ein entsprechender Aufwand für Aufnahme, Ergänzung, Korrektur, Suche und Entfernung von Karteikarten. Bei einer großen Zahl von Kunden, Artikeln und Lieferanten – man denke etwa an den Versandhandel – steigt der Pflegeaufwand. Eine Datenverarbeitungsanlage bietet die Möglichkeit, solche sich wiederholenden Routineaufgaben zu rationalisieren. An ihren Einsatz knüpft sich allerdings eine Reihe von Forderungen:

- Die *Strukturierung* zusammengehörender Daten zu einer Einheit muß weiterhin möglich sein, d.h. der hierarchische Aufbau der Daten über Datenelement, Karteikarte, Kartei, Schrank sollte ein Äquivalent in der Datenverarbeitung finden.
- Die *Speicherung* der Daten muß auf großen, nichtflüchtigen externen Speichermedien erfolgen, die Sicherungsmöglichkeiten bei einer gleichzeitig preiswerten Datenhaltung zur Verfügung stellen.
- Trotz großer Datenmengen soll ein schneller *Datenzugriff* der Programme auf Einzeldaten möglich sein. Das Hinzufügen, Ändern, Entfernen von Daten soll zügig und sicher vonstatten gehen.

Die Verwaltung von Daten in einer Datenverarbeitungsanlage erfolgt meist mit Hilfe der Dateiverwaltungskomponente des Beriebssystems. Zur Gewährleistung der oben genannten Anforderungen wurden für solche Dateiverwaltungssysteme entsprechende Modelle und Mechanismen geschaffen, die wir im folgenden betrachten werden.

5.2 Grundbegriffe und Grundlagen

5.2.1 Logische Ebene: Satz, Satztyp, Datei, Schlüssel

In diesem Abschnitt definieren wir wichtige Begriffe aus der Sicht eines Dateibenutzers. Da Aspekte der (physischen) Speicherung in diese Sichtweise nicht eingehen, sprechen wir auch von der logischen Ebene der Dateiverwaltung.

(5.1) Definition: (Satz)

Als *Satz* bezeichnet man die Zusammenfassung logisch zusammengehörender Daten, die dasselbe Objekt oder denselben Sachverhalt betreffen, zu einer logischen Einheit. ■

Zwei Synonyme für Satz sind *logischer Satz* und *record.* Ein Beispiel für einen Satz ist etwa die Zusammenfassung der Daten über einen bestimmten Kunden unseres eingangs erwähnten Handelsunternehmens.

Einem Satz liegt nach dieser Definition immer eine einfache oder zusammengesetzte Datenstruktur zugrunde. Die Komponenten dieser Datenstruktur lassen sich wie folgt unterteilen:

(5.2) Definition:
(Feld, Elementarfeld, strukturiertes Feld, Wiederholungsgruppe)

Ein *Feld* ist eine benannte Komponente der Datenstruktur eines Satzes. Folgende Arten von Feldern lassen sich unterscheiden:

(a) Ein *Elementarfeld* ist ein Feld ohne eine weiter angegebene semantische Untergliederung.

(b) Ein *strukturiertes Feld* besteht aus einer festen Anzahl von Komponenten evtl. unterschiedlichen Typs.

(c) Eine *Wiederholungsgruppe* besteht aus einer beliebigen Anzahl von Komponenten desselben Typs. ■

Grundsätzlich kann ein Feld seinerseits aus Feldern aufgebaut sein. Elementarfelder sind meist Felder vom Typ INTEGER, REAL oder CHAR. Daneben sind auch benutzerdefinierte Felder anderen Typs als Elementarfelder möglich, beispielsweise

Datum: <Tag, Monat, Jahr>
Polarkoordinaten: <Winkel, Betrag>

Bei diesen Feldern ist zwar eine syntaktische, aber keine weitere semantische Untergliederung sinnvoll. Ein Datum wird erst durch die Angabe der Komponenten Tag, Monat und Jahr genau spezifiziert. Entsprechendes gilt für das Elementarfeld Polarkoordinaten.

In MODULA-2 entspricht einem strukturierten Feld ein RECORD- oder ein ARRAY-Typ. Eine Entsprechung zur Wiederholungsgruppe existiert zwar in MODULA-2 nicht, doch stellen andere Sprachen wie etwa C entsprechende Typen zur Verfügung. Einen solchen Typ kann man sich als ARRAY [1..*] OF FELD vorstellen – wobei * für eine beliebige Anzahl von ARRAY-Komponenten steht. In Band II dieses Kurses haben wir einen fiktiven Typ mit diesen Eigenschaften für MODULA-2 kreiert und ihn als SEQUENZ-Typ bezeichnet.

(5.3) Definition: (Satztyp)

Den formalen Aufbau eines Satzes aus Feldern entsprechend der Definitionen 5.1 und 5.2 bezeichnet man als *Satztyp*. Er umfaßt den Satznamen, die Feldnamen sowie deren Typ. ■

Die Unterscheidung zwischen Satz und Satztyp findet ein Äquivalent in den meisten höheren Programmiersprachen. So kann man sich in MODULA-2 unter einem Satztyp beispielsweise die Definition eines RECORD-Typs und unter einem Satz eine Variable des Typs vorstellen.

Beispiel 5.4 illustriert zusammenfassend die bisherigen Definitionen.

(5.4) Beispiel:

Wir betrachten den Aufbau eines Satzes mit dem Namen KUNDE, der geeignet ist, Informationen über Kunden für das in Kapitel 5.1 vorgestellte Handelsunternehmen zu erfassen.

Die Feldnamen haben dabei folgende Bedeutung:

KDDAT	:	Kundendaten	RGNR	:	Rechnungsnummer
KDNR	:	Kundennummer	OFAUF	:	offene Aufträge
OFPOS	:	offene Rechnungsposten	ARTNR	:	Artikelnummer

Die übrigen Feldnamen sind selbsterklärend. Elementarfelder sind jeweils kursiv geschrieben.

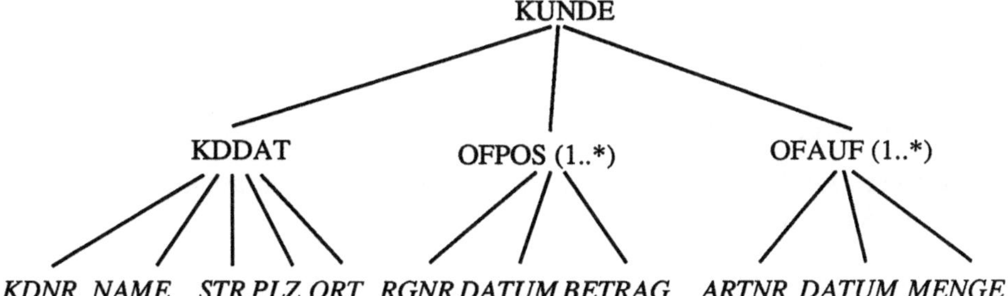

Ein strukturiertes Feld ist in diesem Beispiel das Feld KDDAT. Wiederholungsgruppen sind OFPOS (1..*) und OFAUF (1..*).

Angenommen in MODULA-2 existiere ein ARRAY-Typ, mit dem sich Wiederholungsgruppen realisieren lassen. Satz bzw. Satztyp lassen sich dann durch folgende Typdefinitionen, bzw. Variablendeklarationen darstellen:

```
TYPE  KNDTYP   = RECORD
        KDDAT:  RECORD
           KDNR :   CARDINAL;
           NAME :   ARRAY [0..29] OF CHAR;
           PLZ  :   ARRAY [0..3] OF CHAR;
           ORT  :   ARRAY [0..29] OF CHAR;
           STR  :   ARRAY [0..29] OF CHAR;
        END; (* RECORD KDDAT *)
        OFPOS:  ARRAY [1..*] OF RECORD
           RGNR :   CARDINAL;
           DATUM :  ARRAY [0..5] OF CHAR;
           BETRAG:  INTEGER;
        END; (* RECORD ZU OFPOS *)
        OFAUF:  ARRAY [1..*] OF RECORD
           ARTNR :  CARDINAL;
           DATUM :  ARRAY [0..5] OF CHAR;
           MENGE :  CARDINAL;
        END; (* RECORD ZU OFAUF *)
      END; (* RECORD KNDTYP *)

VAR   KUNDE:  KNDTYP
```

Man erkennt hier deutlich den Unterschied zwischen dem Satztyp KNDTYP und einem Satz, d. h.einem einzelnen Elements des durch den Satztyp definierten Wertebereichs. In unserem Fall wird die Variable KUNDE zur Aufnahme einzelner Sätze verwendet. ■

(5.5) Definition: (Datei)

Unter einer *Datei* (engl. *file*) versteht man die Zusammenfassung von Sätzen desselben Satztyps. ■

Gelegentlich faßt man zwar auch Sätze unterschiedlichen Typs zu einer Datei zusammen (etwa bei rein sequentieller Verarbeitung), doch ist dies für die weiteren Ausführungen nicht von Bedeutung.

Hier stellt sich die Frage, wie ein gewünschter Satz in einer Datei gefunden werden kann bzw. an welcher Stelle ein neuer Satz einzufügen ist. In beiden Fällen muß es möglich sein, die Sätze einer Datei voneinander zu unterscheiden.

Eine Forderung, die wir deshalb an eine Datei D stellen, ist die *eindeutige Identifizierbarkeit* der Sätze. Hierfür muß jeder Satz der Datei Informationen enthalten, die ihn von den anderen Sätzen dieser Datei unterscheidet. Wir definieren in diesem Zusammenhang:

(5.6) Definition: (identifizierend, Schlüssel, Primärschlüssel, Sekundärschlüssel)

Sei D eine Datei mit Satztyp R, und sei ferner A ein Elementarfeld bzw. eine Kombination aus Elementarfeldern von R. Weiterhin sei kein Elementarfeld von A Teil eines ARRAY´s oder einer Wiederholungsgruppe von R.

(a) A heißt *identifizierend* in D genau dann, wenn alle Sätze von D unterschiedliche A-Werte haben. A nennt man dann auch *Identifikationsschlüssel.*

(b) A heißt *Schlüssel* in D genau dann, wenn A identifizierend in D und minimal ist, d.h. A ist identifizierend und entweder ist A Elementarfeld oder keine echte Teilmenge von A ist identifizierend.

(c) A heißt *Primärschlüssel* in D genau dann, wenn A Schlüssel in D ist, und A von vornherein als solcher (für einen bestimmten Zweck – vgl. unten) festgelegt ist.

(d) Ein *Sekundärschlüssel* ist ein beliebiges Elementarfeld (oder eine Elementarfeldkombination), mit dessen Hilfe man auf die Sätze von D zugreift. ■

(5.7) Beispiel:

Identifikationsschlüssel in Beispiel 5.4 sind das Elementarfeld KDNR sowie die Elementarfeldkombination (KDNR, NAME). KDNR ist zudem minimal und nach obiger Definition somit ein Schlüssel. Die Kombination (KDNR, ORT) hingegen ist kein Schlüssel, da ja bereits KDNR selbst Schlüssel ist und die Elementarfeldkombination daher nicht minimal ist.

In unserem Beispiel bietet sich das Elementarfeld KDNR als Primärschlüssel an. Dieses Feld ist ohnehin nur in den Satztyp aufgenommen worden, um der Datei einen Primärschlüssel zur Verfügung zu stellen. Ansonsten besitzt dieses Feld kaum inhaltliche Aussagekraft. Ein Primärschlüssel wird i.a. durch Unterstreichen kenntlich gemacht. Die Schreibweise für unseren Primärschlüssel wäre also KDNR. ■

Insbesondere numerische Felder finden oft als Schlüssel Verwendung. Angestelltennummer oder Matrikelnummer sind z.B. solche künstlich geschaffenen „Ident-Nummern“. Praktische Beispiele für Sekundärschlüssel sind Name, Postleitzahl oder Wohnort. Ein Sekundärschlüssel ist nicht notwendigerweise ein Schlüssel, aber jeder Schlüssel ist auch Sekundärschlüssel.

An dieser Stelle sei noch ein Hinweis zur Nomenklatur angefügt: einige Autoren verwenden den Begriff Schlüssel ohne die Forderung der Identifizierbarkeit. In diesem Fall ist der Sekundärschlüssel ebenfalls ein Schlüssel. Wir wollen jedoch im weiteren Verlauf die oben eingeführten Definitionen zugrunde legen.

5.2.2 Physische Ebene: Speicherstruktur, Dateispeicherraum, Adressierung

In diesem Abschnitt beschreiben wir unterschiedliche Sichtweisen auf Externspeicher – genauer: auf Strukturen des von ihnen bereitgestellten Speicherraumes, in dem Dateien dauerhaft abgelegt werden können. Da die Strukturen mit den physischen Gegebenheiten der Speicher verknüpft sind, sprechen wir auch von der physischen Ebene der Dateiverwaltung.

5.2.2.1 Blöcke und Satzspeicher

Die Datenübertragung zwischen Hauptspeicher und Externspeicher erfolgt nicht satz- oder gar feldweise, sondern in vorgegebenen Einheiten fester Größe, sogenannten *Blöcken*. Bei einer Diskette umfassen die Blöcke typischerweise 128, 256 oder 512 Byte, bei einer Magnetplatte dagegen häufig 1, 2, 4 oder 8 Kilobyte.

Um eine Datenübertragung vom und zum Externspeicher zu ermöglichen, ist es also notwendig, eine Datei im Hauptspeicher in Blöcke einzuteilen. Ein entsprechendes Verfahren wollen wir im folgenden entwickeln.

Für den weiteren Verlauf vereinbaren wir, daß sich innerhalb eines Blocks nur Sätze derselben Datei befinden und daß die Blockgröße für eine Datei fest und vorgegeben ist. Außerdem gehen wir von der vereinfachenden Annahme aus, daß die Satzlänge fest und kleiner gleich der Blocklänge ist. Typischerweise mißt man sowohl Blocklänge als auch Satzlänge in der Einheit „Byte". Aufgrund der letzten Annahme kann ein Block mehrere Sätze enthalten. Wieviele Sätze ein Block einer Datei D enthalten kann, gibt der Blockungsfaktor BF(D) an:

$$\textit{Blockungsfaktor } BF(D) ::= \left[\frac{\text{Blocklänge}}{\text{Satzlänge}} \right]$$

Der Ausdruck [a] gibt die größte ganze Zahl an, die kleiner gleich a ist; aufgrund unserer Annahmen ist der Blockungsfaktor immer größer oder gleich 1.

Somit bietet ein Block von D Speicherplatz für genau BF(D) Sätze. Man sagt auch, ein Block stellt BF(D) *Satzspeicher* bereit. Besteht eine Datei aus maximal M Sätzen, so müssen ebenso viele Satzspeicher zum Speichern der Datei bereitgestellt werden. Diese Satzspeicher werden nun von 0 bis M-1 durchnumeriert. Die Nummer des Satzspeicher eines Satzes mit Schlüsselwert s bezeichnet man als *relative* oder auch *interne Satznummern* von *s* und schreibt dafür *RSN(s)* bzw. *ISN(s)*. Formal ist RSN eine Funktion, die die Sätze einer Datei D auf die Menge der natürlichen Zahlen abbildet.

Aus der Satzspeicheranzahl M einer Datei können wir unmittelbar die Anzahl der zum Speichern der Datei benötigten Blöcke N_D bestimmen, denn wegen

$$M := N_D \cdot BF(D) \qquad \text{gilt offensichtlich} \qquad N_D = \left\lfloor \frac{M}{BF(D)} \right\rfloor$$

Dabei ist für $x \in \mathbf{R}$ $\lfloor x \rfloor$ die kleinste ganze Zahl größer gleich x.

Ist für einen Satz mit Schlüsselwert s seine relative Satznummer bekannt, so gilt aufgrund der obigen Zusammenhänge ferner:

(a) B(s) := RSN(s) DIV BF(D)

wobei B(s) die zu s gehörende *logische Blocknummer* ist

(b) ρ(s) := RSN(s) MOD BF(D)

wobei ρ(s) die Nummer des zu s gehörenden Satzspeichers im Block B(s) angibt.

(Formal sind B und ρ Funktionen, die Sätze bzw. Schlüsselwerte einer Datei D auf die Menge der natürlichen Zahlen abbildet – vgl. Aufgabenteil.)

Wir stellen fest: Die relative Satznummer bleibt bei einer Änderung des Blokkungsfaktors BF(D) erhalten. Dadurch erreicht man eine relativ große physische Datenunabhängigkeit. Außerdem ist ein Satz innerhalb eines Blockes durch ρ(s) direkt ansprechbar, d.h. ein Durchsuchen des Blockes im Hauptspeicher ist nicht erforderlich. Folgendes Beispiel verdeutlicht diese Sachverhalte:

(5.8) Beispiel:

Eine Datei D bestehe aus 60 Sätzen und benötige daher M = 60 Satzspeicher, so daß sich die relativen Satznummern zwischen 0 und 59 bewegen. Ein Satzspeicher habe eine Länge von 80 Byte. Ein Block sei 512 Byte lang.

Der Blockungsfaktor BF(D) ergibt sich aus dem Quotient von Blocklänge und Satzlänge und ist hier gleich 6, d.h. jeder Block enthält 6 Satzspeicher. Somit benötigen wir zum Speichern der Sätze insgesamt $N_D = \lfloor M / BF(D) \rfloor = \lfloor 6 / 60 \rfloor = 10$ Blöcke.

Ein zu lesender Satz mit dem Schlüsselwert s besitze die relative Satznummer 37. Wir können damit den zugehörigen Block einschließlich der Nummer des zugehörigen Satzspeichers bestimmen:

$$B(s) := 37 \text{ DIV } 6 = 6 \text{ und} \qquad \rho(s) := 37 \text{ MOD } 6 = 1.$$

Der Satz befindet sich demnach in dem Block mit der Nummer 4 – das ist der fünfte Block (da die Numerierung bei 0 beginnt) – und innerhalb des fünften Blockes im zweiten Satzspeicher (Satz mit der Nummer 1). ■

Damit sind wir unserem Ziel, die Sätze einer Datei Blöcken zuzuordnen schon näher gekommen. Wir können konkret formulieren:

Sei S der Primärschlüssel des Satztyps einer Datei D und bezeichne *dom(S)* den Wertebereich (domain) von S. Bezeichne ferner *AR(D)* den Adreßraum von D, wobei AR(D) entweder die Menge der relativen Satznummern $\{RSN(s) \mid s \in dom(S)\}$ oder die Menge der Paare aus Blocknummer und Satzspeichernummer $\{(B(s), \rho(s)) \mid s \in dom(S)\}$ für D ist. Dann ist eine Abbildung f gesucht, die jedem Primärschlüsselwert s eine Adresse adr(s) des Adreßraumes zuordnet:

$$f := dom(S) \rightarrow AR(D), s \mapsto adr(s)$$

An dieser Stelle tauchen zwei Fragen auf:

1.) Wie kann eine solche Abbildung konkret aussehen?

Dieser Frage wenden wir uns in den Abschnitten über Formen der Primärorganisation von Dateien zu.

2.) Wie können die durch Adressen adr(s) identifizierten logischen Speichereinheiten auf dem Externspeicher angeordnet sein (in entsprechenden physischen Speichereinheiten)?

Auf diese Frage gehen wir im folgenden Abschnitt ein.

5.2.2.2 Struktur des physischen Speicherraums

Der *Gesamtspeicherraum* Φ eines Externspeichers besteht aus N physischen Blöcken gleicher Größe. Diese Blöcke sind von 0 bis N-1 durchnumeriert. Jede Nummer identifiziert einen physischen Block B eindeutig und heißt *physische Blocknummer* $\pi(B)$.

Die Ansteuerung eines Blocks B durch die Hardware erfolgt durch die geräteabhängige *physische Adresse* $\varphi(B)$. Diese physische Adresse kann sich zum Beispiel aus drei Komponenten zusammensetzen:

$\varphi(B)$ = (Zylindernummer, Spurnummer, Sektornummer).

Die Zuordnung zwischen der physischen Blocknummer $\pi(B)$ und der physischen Adresse $\varphi(B)$ übernimmt das Betriebssystem. Diese funktionale Beziehung soll uns deshalb nicht mehr beschäftigen, so daß wir vereinfachend $\pi(B)$ als physische Adresse schreiben können.

Bild 5.1 veranschaulicht die Sicht auf den Externspeicher — in diesem Fall ein Magnetplattenspeicher —, wie sie von dem Betriebssystem bereitgestellt wird.

Wir wollen nun überlegen, wie die logischen Blöcke einer Datei D (N_D Blöcke, identifizierbar durch logische Blocknummern $B = 0, ..., N_D-1$) in den Gesamtspeicherraum Φ, (N Blöcke, identifizierbar durch physische Blocknummern $\pi(B) = 0, ..., N-1$) eingebettet werden können, vgl. dazu Bild 5.2.

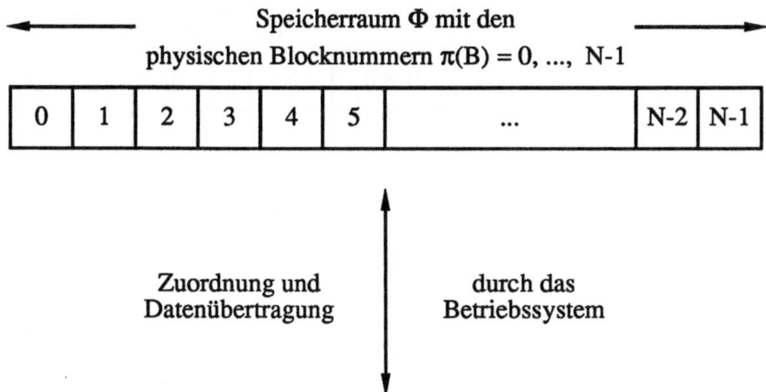

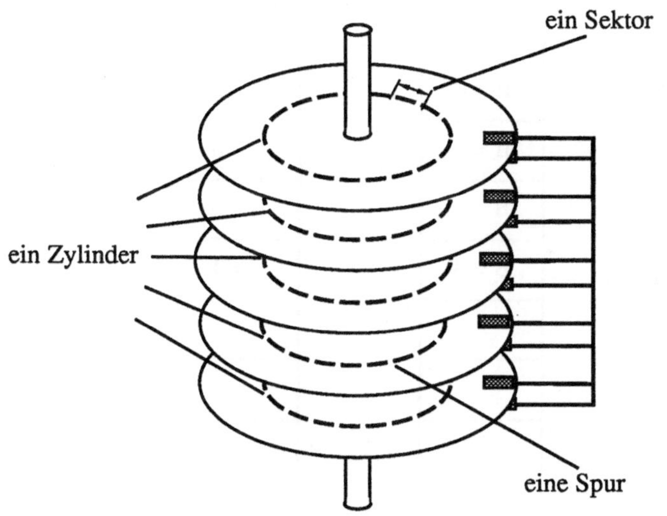

Bild 5.1: Sicht auf den Speicherraum eines Magnetplattenspeichers

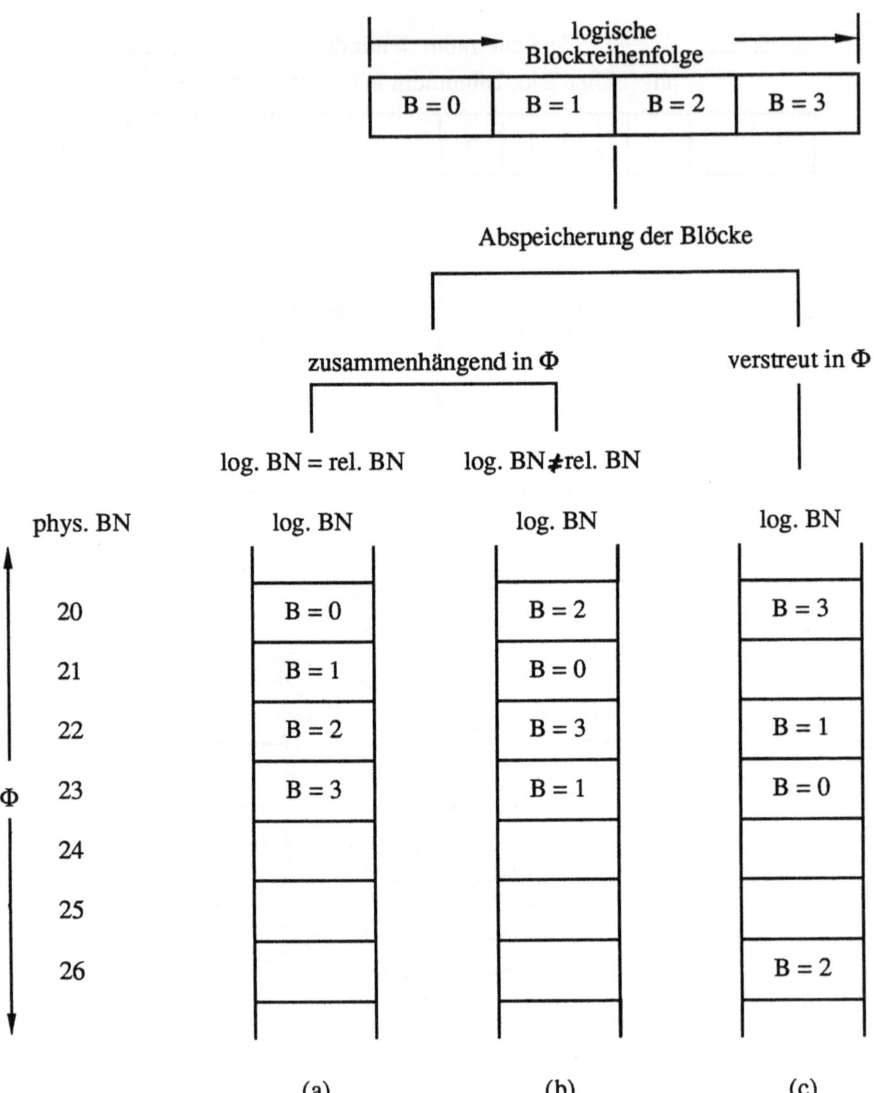

Bild 5.2: Anordnung logischer Blöcke im Speicherraum

Grundsätzlich gibt es für die Anordnung logischer Blöcke im Speicherraum drei Möglichkeiten:

(a) Die logischen Blöcke sind im Gesamtspeicherraum zusammenhängend angeordnet, und die logische Blocknummer entspricht der relativen Blocknummer.

(b) Die logischen Blöcke sind im Gesamtspeicherraum zusammenhängend angeordnet, jedoch entspricht die logische Blocknummer nicht unbedingt der relativen Blocknummer.

(c) Die logischen Blöcke sind verstreut im Gesamtspeicherraum angeordnet.

Die N_D Blöcke zur Speicherung der Datei D nennen wir im folgenden *Dateispeicherraum.* Im Bild 5.2 haben wir die möglichen Anordnungen des Dateispeicherraumes im Gesamtspeicherraum anhand eines Schaubildes illustriert. Dabei setzen wir $N_D = 4$; Blocknummer sei mit BN abgekürzt.

Im folgenden bezeichnen wir den physischen Dateianfang mit $\pi^*(D)$, d.h. $\pi^*(D) = \min \{\pi(B) \mid B \text{ ist Block der Datei } D\}$. $\pi^*(D)$ ist somit die minimale physische Blocknummer eines zur Datei D gehörigen Blocks. Dann läßt sich im Fall (a) die physische Blocknummer $\pi(B)$ aus der logischen Blocknummer B unmittelbar errechnen als $\pi(B) = \pi^*(D) + B$. In Bild 5.2 hat $\pi^*(D)$ beispielsweise den Wert 20. Für den Block mit der logischen Blocknummer 2 ergibt sich dann $\pi(B{=}2) = \pi^*(D) + B = 20 + 2 = 22$.

Um in den Fällen (b) und (c) die physische Blocknummer $\pi(B)$ bestimmen zu können, sind zusätzliche Informationen notwendig, beispielsweise Zuordnungstabellen zwischen logischen und physischen bzw. relativen Blocknummern. In den Fällen (a) und (b) sind die Blöcke durch *relative Blocknummern* $\pi_D(B)$ identifizierbar. Diese relativen Blocknummern bewegen sich zwischen 0 und N_D-1. Relativ bedeutet in diesem Zusammenhang immer die Adressierung bezüglich des physischen Dateianfangs $\pi^*(D)$.

Der Vorteil der Methode (c) liegt nicht nur in einer gewissen Speicherunabhängigkeit und eventuell in einer besseren Ausnutzung des Speichers, da für die Datei kein physisch zusammenhängender Speicherbereich benötigt wird, sondern auch in einer – bei geschickter Wahl der physischen Blöcke in Abhängigkeit von der durch das Betriebssystem bestimmten physischen Adresse – besseren Zugriffszeit auf die Datei.

5.2.3 Verbindung zwischen logischer und physischer Ebene

Sicherlich ist klar, daß für jeden logischen Satz einer Datei ein entsprechend großer physischer Satzspeicher im Dateispeicherraum bereitgestellt werden muß. Wenn es darüber hinaus keine weiteren Forderungen an eine Datei gibt, so kann etwa im einfachen Fall einer unsortierten Datei ein neuer Satz am bestehenden Dateiende angefügt werden. Dies bedarf auch auf physischer Ebene keiner besonderen Organisation: Es genügt, den Satz in den nächsten freien Satzspeicher abzulegen; auch ein Primärschlüssel wird in diesem Fall nicht benötigt.

Häufig jedoch wird von einer Datei eine Sortierung ihrer Sätze nach Primärschlüsselwerten gefordert. Insbesondere bei einer großen Anzahl von Sätzen ist dann (aus Effizienzgründen) eine Unterstützung der Sortierung durch eine geeignete Nachbildung der Sortierung auf physischer Ebene erforderlich.

Was physisch wo abgespeichert wird, ist durch die Abbildungsvorschrift f (siehe Abschnitt 5.2.2.1) bestimmt. Die daraus resultierende physische Speicherung der Sätze einer Datei bezeichnet man auch als *Primärorganisation* der Datei. Je nach Art der Primärorganisation wird die Sortiereigenschaft (wie auch andere Eigenschaften) unterschiedlich unterstützt. Wir gehen später ausführlich darauf ein.

Im Gegensatz zur Primärorganisation beeinflußt die *Sekundärorganisation* nicht die Anordnung der Sätze bei der physikalischen Speicherung. Sie bietet jedoch eine *andere Sicht* auf eine gegebene physische Anordnung und dient dem Zweck, die Adresse eines Satzes möglichst schnell aufzufinden. Dies erfolgt durch die Wahl einer geeigneten Datenstruktur (*Zugriffspfad*). Beispielsweise kann es nötig sein, auf eine Datei, die nach den Kundennummern primär organisiert ist, über den Sekundärschlüssel Postleitzahl zuzugreifen. Die Sekundärorganisation wird mit Hilfe des Sekundärschlüssels realisiert. Häufig ist es auch notwendig oder wünschenswert, über einen *Mehrfachzugriff*, d.h. Zugriffspfad(e) für mehrere Sekundärschlüssel, zu verfügen.

Gegebenenfalls müssen wir unterscheiden, ob der Sekundärschlüssel ein Schlüssel oder ein Nichtschlüssel ist. Diese Unterscheidung bedingt unterschiedliche Verfahren. Mehr über diese Verfahren in Kapitel 5.5.

5.3 Primärorganisation

Die Primärorganisation beschäftigt sich einerseits mit der Aufgabe, wie die Sätze bei der physischen Abspeicherung angeordnet werden sollen, und andererseits mit dem Ablauf von Such- und Einfügeoperationen. Für einen neu einzufügenden Satz benötigen wir einen freien Satzspeicher innerhalb des Dateispeicherraums. Die Bestimmung dieses Satzspeichers, d.h. seiner physischen Adresse wird durch die Primärorganisation bewerkstelligt. Die Primärorganisation selbst kann wiederum in zwei grundlegend verschiedene Organisationsformen eingeteilt werden: in die sequentielle und in die gestreute Primärorganisation.

5.3.1 Sequentielle Primärorganisation

Werden die Sätze einer Datei in einer physisch zusammenhängenden Folge im Dateispeicherraum abgelegt, so nennt man diese Form der Dateiorganisation auch sequentielle Dateiorganisation. Lesen und Schreiben von Sätzen ist in diesem Fall nur sequentiell, d.h. einer nach dem anderen möglich (vgl. Bild 5.3).

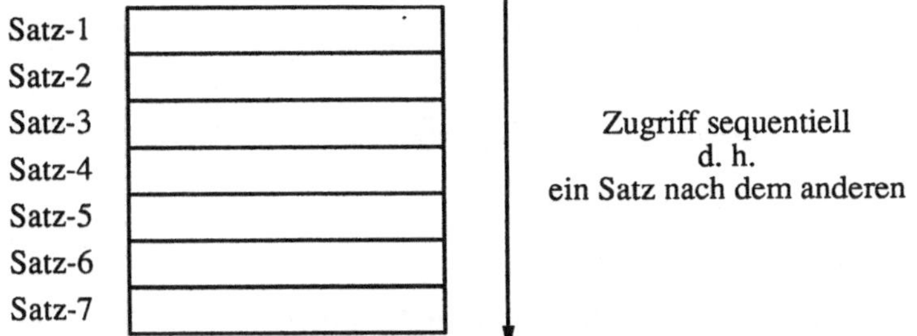

Bild 5.3 sequentielle Dateiorganisation

Bei einer sequentiellen Primärorganisation können die Sätze unsortiert oder sortiert abgespeichert sein. Dementsprechend spricht man von sortierter bzw. unsortierter sequentieller Primärorganisation. Im unsortierten Falle werden die Sätze gemäß der Reihenfolge ihres Eingangs abgelegt. Es wird deshalb kein Primärschlüssel benötigt. Im Gegensatz dazu ist im sortierten Fall die Reihenfolge der Sätze durch den Primärschlüssel gegeben.

5.3.2 Gestreute Primärorganisation

Hier bilden die Sätze einer Datei nicht notwendigerweise eine physisch zusammenhängende Folge. Ein neuer Satz könnte daher an einer beliebigen Stelle des unbelegten Dateispeicherraums abgelegt werden. Zur Unterstützung des Wiederfindens der Sätze geschieht dies jedoch mit Hilfe bestimmter Verfahren. Grundsätzlich kann die Bestimmung eines freien Speicherplatzes für einen neuen Satz auf zwei Weisen erfolgen. Bei der *Hash-Organisation* wird der Speicherplatz mit Hilfe einer mathematischen Funktion bestimmt. Bei der *index-sequentiellen Organisation* wird der freie Speicherplatz auf der Basis einer Tabelle lokalisiert.

Welche Wahl der Primärorganisation getroffen werden sollte, ist zunächst abhängig

(a) auf logischer Ebene von der gewünschten *Zugriffsart* auf die Sätze einer Datei, wobei zwischen *sequentiellem* oder *wahlfreiem* Zugriff unterschieden wird.

(b) auf physischer Ebene von den *Zugriffsmöglichkeiten* auf den Hintergrundspeicher. Wir bezeichnen im folgenden mit:

- S: die *physisch sequentielle* Zugriffsmöglichkeit.

  Man findet sie z.B. bei Bandspeichern, wo Informationen technisch bedingt nur „der Reihe nach" gelesen oder geschrieben werden können.

- D: die *(blockweise) direkte* Zugriffsmöglichkeit auf Speicherblöcke.

  Sie ist typisch für Plattenspeicher.

Bild 5.4 gibt einen Überblick über die grundsätzlich möglichen Kombinationen zwischen Zugriffswünschen und Zugriffsmöglichkeiten. Sie verdeutlicht, daß außer der Möglichkeit, eine sequentiell organisierte Datei wahlfrei zu lesen, zunächst jede Kombination erlaubt ist.

		gewünschte Zugriffsart	
		sequentiell (lese/schreibe ersten/nächsten Satz)	wahlfrei (lese/schreibe ersten/nächsten Satz)
Zugriffsmöglichkeit (physisch)	sequentiell	möglich	nicht möglich
	direkt	möglich	möglich

Bild 5.4: Zugriffsarten und Zugriffsmöglichkeiten

5.3.3 Beurteilungskriterien für Dateiorganisationsformen

Wir wollen im weiteren Verlauf dieses Kapitels die unterschiedlichen Dateiorganisationsformen anhand von *fünf Kriterien* beurteilen. Dies soll dem Leser einen Vergleich ermöglichen und ihm einen kurzen Überblick über die Leistungsfähigkeit der jeweiligen Organisationsformen geben. Diese Kriterien sind:

- Aufwand für Lesen/Schreiben bei sequentieller Zugriffsart,
- Aufwand für Lesen/Schreiben bei wahlfreier Zugriffsart,
- Aufwand für das Einfügen eines Satzes, inklusive Aufwand für die Verwaltung der Dateiorganisation,
- Aufwand für das Entfernen eines Satzes, ebenfalls inklusive Aufwand für die Verwaltung der Dateiorganisation und letztendlich die
- Speicherplatzausnutzung, wobei der Speicherplatz auch den für die Verwaltungsinformationen umfaßt.

Um in den weiteren Abschnitten eventuelle Mißverständnisse auszuschließen, sei hier noch angemerkt, daß der obige Begriff des „Schreibens“ von dem des „Einfügens“ unterschieden wird. Unter „Schreiben“ versteht man das Ändern eines vorhandenen Satzes.

Das Bild 5.5 veranschaulicht, welche verschiedenen Kombinationsmöglichkeiten zwischen Zugriffsmöglichkeit und Zugriffsart im Rahmen der Primär- und Sekundärorganisation existieren. Diese Übersicht dient als Gliederungshilfe für den Rest des Kapitels, wenn wir die Organisationsformen einzeln besprechen.

5.4 Sequentielle Primärorganisation

Eine Datei wird häufig dann sequentiell organisiert, wenn eine „Ein-Satz-nach-dem-anderen-Verarbeitung“ im Vordergrund steht oder wenn eine lückenlose Abspeicherung der Sätze wichtig ist. Darüber hinaus ist oftmals der einfache Dateientwurf und die unkomplizierte Verwaltung einer sequentiellen Datei von Bedeutung; dieser Aspekt wird deutlich werden, wenn im weiteren Verlauf die anderen Dateiorganisationsformen besprochen werden. Schließlich gestattet eine sequentielle Primärorganisation auch eine sparsame Nutzung des Externspeichers – ein Argument, das angesichts des in den letzten Jahren sehr preiswert gewordenen Magnetplattenspeichers allerdings nur noch in seltenen Ausnahmefällen die Wahl der Primärorganisation beeinflußt.

Eine sequentielle Datei kann sowohl auf einem Externspeicher mit ausschließlich sequentieller Zugriffsmöglichkeit (S-Bandspeicher) wie auch auf einem Speicher mit blockweise direkter Zugriffsmöglichkeit (D-Plattenspeicher) abgespeichert sein. Nur im zweiten Fall wird auch der wahlfreie Zugriff auf einen Satz technisch unterstützt, wie dies beispielsweise für das binäre Suchen erforderlich sein kann.

Zugriffsmöglichkeit auf Hintergrundsp.	S : nur sequentiell		D : blockweise direkt						
	sequentiell		sequentiell				gestreut		
Primärorganisation ohne/mit PS	unsortiert (ohne PS)	sortiert (mit PS)	unsortiert (ohne PS)		sortiert (mit PS)		index-sequ. (mit PS)		Hash-Org. (mit PS)
Zugriffsart auf Sätze	sequ.	sequ. (RF nach PS)	sequ.	wahlfrei (RSN)	sequ. (RF nach PS)	wahlfrei (RSN)	sequ. (RF nach PS)	wahlfrei (PS)	wahlfrei (PS)
Sekundärorganisation mit SS			logisch sequentiell (Listenstrukturen)				mit Index-Verwendung (Sekundärindex)		
			unsortiert		sortiert (RF nach SS)		vollst. Index		Index-Hash (SS)
Zugriffsart auf Sätze			sequentiell		sequentiell		sequ. (RF nach SS)	wahlfrei (SS)	wahlfrei (SS)

Bild 5.5: Kombinationen: Zugriffsmöglichkeiten - Primär-/Sekundärschlüssel - Zugriffsarten

Eine sequentielle Datei kann außerdem unsortiert oder sortiert organisiert sein. Im unsortierten Fall erfolgt die Aufnahme der Sätze in die Datei gemäß Eingangsreihenfolge („entry sequenced"); aus diesem Grund wird für unsortierte Dateien ein Primärschlüssel nicht benötigt. Im sortierten Fall hingegen sind die Sätze der Datei zu jedem Zeitpunkt nach ihren Primärschlüsselwerten geordnet.

In den nächsten Abschnitten besprechen wir nacheinander die unsortierte und die sortierte Primärorganisation, und zwar jeweils für S wie auch für D.

5.4.1 Unsortierte sequentielle Primärorganisation auf S

Zugriffsmöglichkeit auf Hintergrundsp.	S : nur sequentiell		D : blockweise direkt			
	sequentiell		sequentiell			
Primärorganisation ohne/mit PS	unsortiert (ohne PS)	sortiert (mit PS)	unsortiert (ohne PS)		sortiert (mit PS)	
Zugriffsart auf Sätze	sequ.	sequ. (RF nach PS)	sequ.	wahlfrei (RSN)	sequ. (RF nach PS)	wahlfrei (RSN)

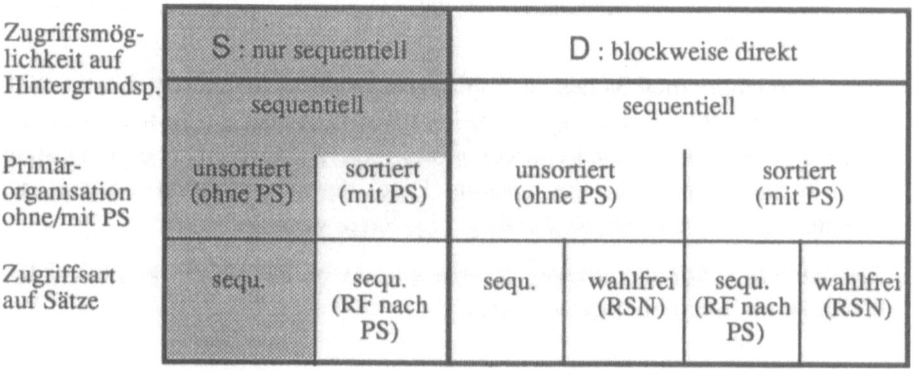

Bild 5.6: Unsortierte sequentielle Primärorganisation auf S

Betrachten wir zunächst den Fall einer unsortierten sequentiellen Primärorganisation auf Speicher mit sequentieller Zugriffsmöglichkeit (vgl. Bild 5.6). Ein typisches Anwendungsbeispiel ist etwa die Lagerbestandsverwaltung eines Unternehmens, welche sämtliche Lagerzu- und -abgänge eines Tages in einer sequentiellen Datei eines Bandspeichers erfaßt. Jede Lagerbestandsveränderung wird in einem Satz festgehalten.

Die Sätze einer Datei sind bei dieser Organisationsform auf physischer Ebene nicht geordnet. Die Aufnahme der Sätze in die Datei erfolgt gemäß Eingangsreihenfolge. Es ist deshalb kein Primärschlüssel zur Identifikation der einzelnen Sätze erforderlich.

Da auf den Externspeicher nur sequentiell zugegriffen werden kann, muß eine *serielle Abspeicherung* der Datei erfolgen, d.h. ein neuer Satz wird als letzter Satz der Datei an deren Ende eingefügt. Man spricht dann auch von einer *Datei in Eingangsreihenfolge* (engl.: *entry sequenced*).

Für die Beurteilung der unsortierten sequentiellen Primärorganisation auf S kann man festhalten:

- *Sequentielles Lesen und Schreiben* ist mit geringem Aufwand möglich: die ungeordneten Sätze der Datei werden sukzessive, d.h. „von vorne nach hinten" gelesen. Soll ein bestimmter Satz selektiert werden, so wird dabei das entsprechende Elementarfeld mit dem Vorgabewert des Suchschlüssels verglichen.
- *Wahlfreies Lesen und Schreiben* ist bei unsortierter sequentieller Primärorganisation auf S nicht möglich.
- Das *Einfügen* eines neuen Satzes ist einfach: er wird am Dateiende anfügt. Je nach Position des Speichers muß das Dateiende allerdings erst noch erreicht werden.
- Das *Entfernen* eines Satzes ist – solange es sich nicht um den letzten Satz der Datei handelt – allerdings recht kompliziert, da beim Löschen zwischen zwei Sätzen nicht einfach ein leerer Satzspeicher verbleiben darf. Deshalb muß in fast allen Fällen die gesamte Datei derart umkopiert werden, daß wieder eine sequentielle Reihenfolge der Sätze vorliegt.
- Die *Speicherplatzausnutzung* ist sehr gut, da es innerhalb der physischen Datei keine freien Satzspeicher gibt.

5.4.2 Sortierte sequentielle Primärorganisation auf S

Zugriffsmöglichkeit auf Hintergrundsp.	S : nur sequentiell		D : blockweise direkt			
	sequentiell		sequentiell			
Primär-organisation ohne/mit PS	unsortiert (ohne PS)	sortiert (mit PS)	unsortiert (ohne PS)		sortiert (mit PS)	
Zugriffsart auf Sätze	sequ.	sequ. (RF nach PS)	sequ.	wahlfrei (RSN)	sequ. (RF nach PS)	wahlfrei (RSN)

Bild 5.7: Sortierte sequentielle Primärorganisation auf S

Bei dieser Organisationsform sind die Sätze einer Datei mit Hilfe eines Primärschlüssels physisch sequentiell sortiert. Für manche Bearbeitungszwecke kann dies notwendig oder vorteilhaft sein. Es ist zum Beispiel denkbar, daß die Lagerbestandsverwaltung eines Unternehmens sämtliche gelagerten Artikel nach der Artikelbezeichnung alphabetisch geordnet erfaßt. Auf diese Weise läßt sich wesentlich schneller feststellen, ob ein Artikel im Lager vorhanden ist oder nicht.

Für die sortierte sequentielle Primärorganisation auf S ergibt sich folgende Beurteilung:

- *Sequentielles Lesen und Schreiben* ist wie im unsortierten Fall mit geringem Aufwand verbunden. Da die Sätze in sortierter Form vorliegen, kann eine erfolglose Suche nach einem Satz eventuell vor Erreichen des Dateiendes abgebrochen werden. Die Sortierung reduziert den Suchaufwand im Mittel um die Hälfte.
- *Wahlfreies Lesen und Schreiben* ist analog zur unsortierten sequentiellen Primärorganisation auf S nicht möglich.
- Das *Einfügen* eines neuen Satzes ist mit erheblichem Aufwand verbunden, da auf physischer Ebene ein Einsortieren des Satzes in die Datei erforderlich ist. Da auf den Externspeicher nur sequentiell zugegriffen werden kann, lassen sich umfangreiche Kopieroperationen in der Regel nicht vermeiden. Im wesentlichen müssen die Sätze, die dem einzufügenden Satz folgen, um je einen Satzspeicher nach hinten verschoben werden.
- Das *Entfernen* eines Satzes funktioniert genauso wie im unsortierten Fall und ist ebenso kompliziert.
- Die *Speicherplatzausnutzung* ist ebenso gut wie im unsortierten Fall.

5.4.3 Lesen und Pflegen einer sequentiellen Datei auf S

Aus den bisherigen Überlegungen geht hervor, daß Lesevorgänge und Kopieroperationen die Grundlage für weitere Dateioperationen wie Ändern, Einfügen und Entfernen von Sätzen bilden. Wir wollen uns daher mit den Mechanismen, nach denen eine Datei gelesen und kopiert wird, etwas näher beschäftigen.

Beim Lesen einer Datei unterscheiden wir logisches und physisches Lesen. Durch einen logischen Lesevorgang wird ein logischer Satz einer Datei gelesen, während durch einen physischen Lesevorgang ein ganzer Block einer Datei vom Externspeicher in einen sogenannten Blockpuffer im Hauptspeicher gelesen wird.

Einen Befehl, der logisches *Lesen* ermöglicht, stellen wir im folgenden als MODULA-2-ähnliche Prozedur „LiesSeq" vor. Die Anweisung „LiesSeq nächsten Satz R der Datei D" verhilft also dazu, den nächsten logischen Satz der Datei D zu lesen. Das Betriebs- oder Datenverwaltungssystem wandelt eine solche Anweisung in den Aufruf einer System-Koroutine (vgl. Band II dieses Kurses) um. Eine solche System-Koroutine besitzt nachstehenden Programmcode, wobei folgende globalen Variablen vereinbart sein sollen:

```
R   :   Variable des Typs Satz
D   :   Variable vom Typ Sequentielle Datei.

PROCEDURE LiesSeq;

VAR BN, RSN : INTEGER;
    (*  BN bezeichne Blocknummer und
        RSN relative Satznummer *)
    BP  : Blockpuffer;

BEGIN

    BN := 0; RSN := 0;
    (*  Initialisierung von BN und RSN *)
    WHILE NOT EOF(D) DO
    (*  führe aus, solange das Dateiende noch nicht
        erreicht ist *)
        BP := Block BN;
        (*  lies physisch den Block mit der Blocknummer BN
            und weise diesen Block dem Blockpuffer zu *)
        WHILE NOT EOF(B) DO
        (*  solange das Ende des Blockpuffers noch nicht
            erreicht ist *)
            R := nächster Satz;
            (*  weise der Variablen R den nächstfolgenden
                Satz im Blockpuffer zu *)
            RSN := RSN + 1;
            TRANSFER (LiesSeq; Hauptprogramm);

            (*  Kontrollübergabe an Hauptprogramm; dort Wei-
                terverarbeitung dieses Satzes R. Nach dessen
                Bearbeitung wird die Kontrolle vom Hauptpro-
                gramm wieder an die Prozedur LiesSeq überge-
                ben. Der Rücksprung erfolgt genau an diese
                Stelle. *)
```

```
        END;(* NOT EOF(B) *)
        BN := BN + 1;
    END;(* NOT EOF(D) *)
END LiesSeq;
```

Auf einer solchen Leseoperation aufbauend läßt sich sowohl das Ändern als auch das unsortierte Einfügen eines Satzes in eine sequentielle Datei implementieren. Schwieriger gestaltet sich das Entfernen und im Fall einer sortierten sequentiellen Datei auch das korrekte Einfügen eines Satzes. Hier sind zusätzliche Kopiervorgänge erforderlich. Um uns die prinzipielle Funktionsweise eines solchen Kopiervorgangs klarzumachen, nehmen wir an, daß auf einem Magnetband eine sortierte Bestandsdatei sowie eine Datei unsortierter Änderungen vorliegen. In allen Dateien soll derselbe Primärschlüssel verwendet werden. In zwei Schritten werden die Änderungen in die Bestandsdatei aufgenommen:

1.) In einem ersten Lauf werden zunächst die Änderungen (– gegebenenfalls unter Zuhilfenahme weiterer Magnetbänder und temporärer Dateien –) sortiert. Die so erhaltene Datei wird auf einem Magnetband abgespeichert.

2.) Ein zweiter Lauf spielt dann diese sortierten Änderungen in die sortierte Bestandsdatei ein. Dieser zweite Lauf ist die eigentliche *Update*-Operation, denn hier wird die Bestandsdatei „auf den neuesten Stand“ gebracht.

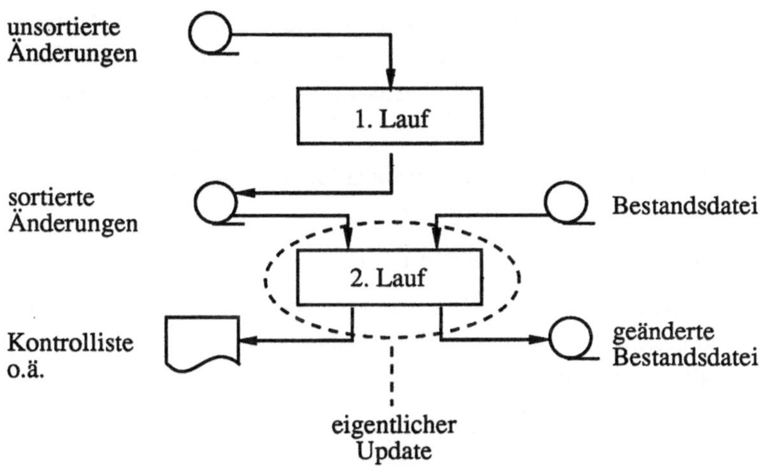

Bild 5.8: Dateipflege

5.4.4 Unsortierte sequentielle Primärorganisation auf D

Zugriffsmöglichkeit auf Hintergrundsp.	S : nur sequentiell		D : blockweise direkt			
	sequentiell		sequentiell			
Primärorganisation ohne/mit PS	unsortiert (ohne PS)	sortiert (mit PS)	unsortiert (ohne PS)		sortiert (mit PS)	
Zugriffsart auf Sätze	sequ.	sequ. (RF nach PS)	sequ.	wahlfrei (RSN)	sequ. (RF nach PS)	wahlfrei (RSN)

Bild 5.9: Unsortierte sequentielle Primärorganisation auf D

Prinzipiell sind bei blockweise direkter Zugriffsmöglichkeit (D) dieselben Anwendungsbeispiele denkbar wie bei physisch sequentieller Zugriffsmöglichkeit (S). Zusätzlich zur sequentiellen Zugriffsart kann ein Satz bei dieser Organisationsart jedoch auch direkt über die relative Satznummer angesprochen werden.

Typische Anwendungsbeispiele sind Dateien ohne Zu- oder Abgänge. Beispielsweise könnte man die Orte eines Landes mit den zugehörigen Postleitzahlen in einer sequentiell unsortierten Datei auf D abspeichern. Die gewählte Primärorganisation garantiert in solchen Fällen eine ökonomische Nutzung des Externspeichers. Zugleich bietet sich durch den physisch direkten Zugriff die Möglichkeit, zusätzliche Zugriffspfadstrukturen für einen Sekundärschlüssel anzugeben.

Eine unsortierte sequentielle Primärorganisation bei blockweise direkter Zugriffsmöglichkeit ist wie folgt zu bewerten:

- *Sequentielles Lesen und Schreiben* ist ohne großen Aufwand möglich.
- *Wahlfreies Lesen und Schreiben* ist zwar möglich, doch – da unter Umständen die gesamte (unsortierte) Datei nach einem Satz durchsucht werden muß – relativ zeitraubend.
- Das *Einfügen* eines Satzes ist einfach: er wird am Dateiende angefügt.
- Wir unterscheiden zwischen dem *logischen und dem physischen Entfernen* eines Satzes. Für das *physische Entfernen* eines Satzes – darunter versteht man das tatsächliche Löschen des Satzes aus einem Satzspeicher – müssen alle nachfolgenden Sätze um einen Satzspeicher nach vorne verschoben

werden. Man kann sich leicht überlegen, daß dabei im Mittel auf die Hälfte aller Blöcke der entsprechenden Datei zugegriffen werden muß. Das *logische Entfernen* eines Satzes ist vergleichsweise einfach, denn ein zu entfernender Satz wird hier lediglich als gelöscht markiert, bleibt aber im Dateispeicherraum vorhanden. Dadurch entstehen sogenannte *Dateileichen*, die von Zeit zu Zeit im Rahmen einer Reorganisation der Datei entfernt werden müssen.

- Auch die unsortierte sequentielle Primärorganisation auf D weist eine sehr gute *Speicherplatzausnutzung* auf.

5.4.5 Sortierte sequentielle Primärorganisation auf D

Zugriffsmöglichkeit auf Hintergrundsp.	S : nur sequentiell		D : blockweise direkt			
	sequentiell		sequentiell			
Primär-organisation ohne/mit PS	unsortiert (ohne PS)	sortiert (mit PS)	unsortiert (ohne PS)		sortiert (mit PS)	
Zugriffsart auf Sätze	sequ.	sequ. (RF nach PS)	sequ.	wahlfrei (RSN)	sequ. (RF nach PS)	wahlfrei (RSN)

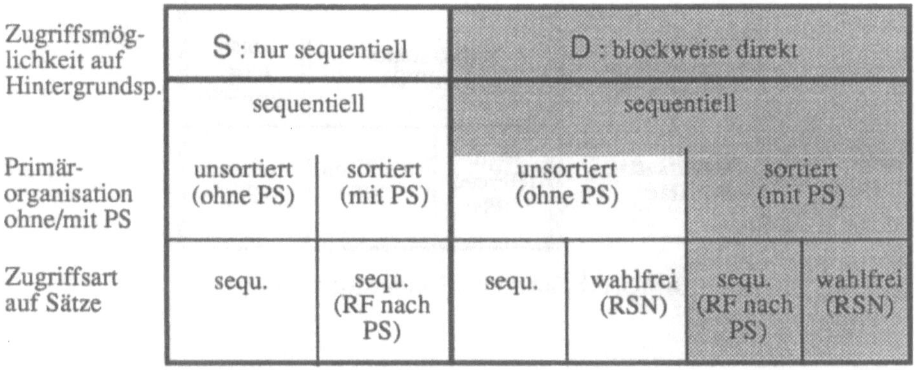

Bild 5.10: Sortierte sequentielle Primärorganisation auf D

Eine sortierte sequentielle Primärorganisation auf D weist prinzipiell die gleichen Charakteristika wie der unsortierte Fall auf. Durch die Sortierung der Sätze ergeben sich jedoch einige zusätzliche Aspekte:

- Für das *wahlfreie Lesen und Schreiben* ergeben sich erhebliche Vorteile. So ermöglicht eine Sortierung beispielsweise eine binäre Suche.
- *Sequentielles Lesen/Schreiben*, *Einfügen* und *Entfernen* von Sätzen sowie *Speicherplatzausnutzung* sind wie im unsortierten Fall zu bewerten (vgl. 5.4.4).

Typische Anwendungsbeispiele für eine sortierte sequentielle Primärorganisation bei blockweiser direkter Zugriffsmöglichkeit sind Fälle, wo – etwa aus Kostengründen – einerseits Wert auf eine effektive Nutzung des Externspeichers bei großen Datenmengen gelegt wird, andererseits durch die Sortierung eine bessere mittlere Zugriffszeit erreicht werden soll. Die sortierte sequentielle Primärorganisation bietet dann oft einen guten Kompromiß zwischen knappem Externspeicher und kurzen Suchzeiten (etwa bei beschränkter Rechnerzeit).

5.5 Gestreute Primärorganisation

Zugriffsmöglichkeit auf Hintergrundsp.	D : blockweise direkt		
	gestreut		
Primär-organisation ohne/mit PS	index-sequ. (mit PS)		Hash-Org. (mit PS)
Zugriffsart auf Sätze	sequ. (RF nach PS)	wahlfrei (PS)	wahlfrei (PS)

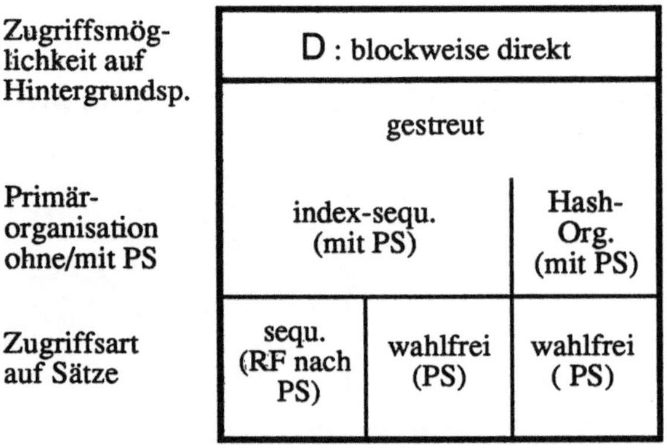

Bild 5.11: Gestreute Primärorganisation

Bei einer gestreuten Organisation können die physischen Blöcke einer Datei im Speicherraum verteilt sein (vgl. Bild 5.11). Um eine effiziente Verarbeitung der Datei zu ermöglichen, ist eine gestreute Organisation nur auf Externspeichern mit blockweise direkter Zugriffsmöglichkeit sinnvoll. Um diese Zugriffsmöglichkeit ausnutzen zu können, benötigt man Informationen darüber, in welchem Block ein Satz mit gegebenem Primärschlüsselwert abgespeichert ist.

Erinnern wir uns an dieser Stelle an den Abschnitt 5.2.2.1, wo wir den Informationsbedarf als Abbildung formuliert haben:

$$f := \mathrm{dom}(S) \rightarrow AR(D), s \mapsto \mathrm{adr}(s)$$

Grundsätzlich gibt es gibt zwei Arten der Zuordnung $s \mapsto \mathrm{adr}(s)$:

- Verfahren, bei denen die Zuordnung auf einer Berechnung basiert, d.h. adr(s) wird aus s berechnet. Prominente Vertreter dieser Klasse sind Hash-Verfahren. Wir wollen sie im nächsten Abschnitt genauer betrachten.

- Verfahren, bei denen die Zuordnung explizit vorgehalten wird. Prominenter Vertreter dieser Klasse ist die index-sequentielle Organisation. Wir gehen in Abschnitt 5.5.2 ausführlich darauf ein.

5.5.1 Hash-Organisation

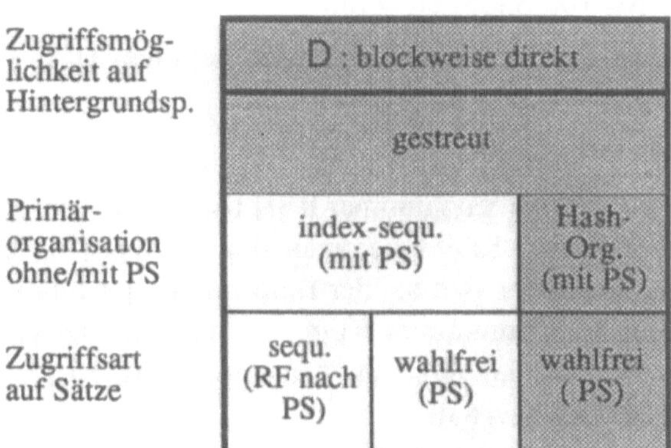

Bild 5.12: Hash-Organisation

Grundidee einer Hash-Organisation für eine Datei D mit dem Primärschlüssel S ist die Zuordnung $s \mapsto adr(s)$ durch eine sogenannte *Hash-Funktion* $h: dom(S) \rightarrow AR(D)$. Diese Funktion h ist eine Abbildung aus dem Wertebereich des Primärschlüssels S in den Adreßraum von D. Sie berechnet für alle möglichen Primärschlüsselwerte s die Nummer h(s) des zu s gehörenden Satzspeichers. h(s) bezeichnet man oft auch als *Satzadresse* oder *Hausadresse* von s. Die Hausadresse h(s) kann je nach Vereinbarung eine relative Satznummer oder eine Blocknummer bezeichnen. Im ersten Fall spricht man von einer *Hash-Organisation auf Satzebene*, im zweiten Fall von einer *Hash-Organisation auf Blockebene*.

Da die einzelnen Sätze im Dateispeicherraum verstreut abgespeichert werden, nennt man diese Art der Abspeicherung auch *Streuspeicherung mit Hash-Verfahren.*

Die gebräuchlichste Hash-Funktion bei numerischen Primärschlüsseln nutzt das *Divisions-Rest-Verfahren.* Die Berechnung der Adresse erfolgt dabei nach der Gleichung $h(s) = s$ modulo M, wobei M der Anzahl der Satzspeicher einer Datei, bzw. der Anzahl der Blöcke der Datei entspricht.

Da der Wertebereich des Primärschlüssels i.a. weit größer als die Gesamtzahl der Satzspeicher ist, haben häufig mehrere Datensätze die gleiche Hausadresse. Dann sind sogenannte *Kollisionen* zu erwarten, d.h. der für einen neuen Schlüsselwert errechnete Satzspeicher ist bereits belegt.

(5.9) Beispiel:

Gegeben sei eine Datei KUNDENDATEI mit dem Primärschlüssel KDNR. Die Datei bestehe aus M=100 Satzspeichern.

Nach dem Divisions-Rest-Verfahren ergibt sich bei einer Hash-Organisation auf Satzebene eine Hash-Funktion der Form

h(KDNR) = KDNR modulo 100,

wobei h(KDNR) die relative Satznummer RSN bezeichnet. Für die Sätze mit den Kundennummern 8738 und 1439 berechnen sich die relativen Satznummern 38 und 39. Eine Kollision ergibt sich bei der Berechnung der relativen Satznummer für den Satz mit der Kundennummer 9338: der mit Hilfe der Hash-Funktion errechnete Satzspeicher mit der relativen Satznummer 38 ist bereits belegt. Bild 5.13 verdeutlicht den Sachverhalt.

RSN	NAME	KDNR
0	...	...
:	:	:
38	Schmidt *Müller?*	8738 *9338?*
39	Huber	1439
40		
:	:	:
99	...	...

Bild 5.13: Hash-Tabelle zu Beispiel 5.9 ■

Kollisionsprobleme lassen sich auf unterschiedliche Weise lösen. Drei Möglichkeiten der Behandlung seien hier genannt:

- Speicherung im ersten freien Satzspeicher nach h(s). Insbesondere bei einer Hash-Organisation auf Satzebene werden Kollisionen auf diese Weise behandelt.

- Speicherung in einem separaten Überlaufbereich bzw. in einem Folgeblock. Auf diese Weise können Kollisionen bei einer Hash-Organisation auf Blockebene behandelt werden.
- Anwendung einer zweiten Hash-Funktion.

Die beiden ersten Möglichkeiten werden wir in Abschnitt 5.5.1.1 bzw. 5.5.1.2 näher betrachten.

(5.10) Beispiel:

Das Kollisionsproblem in Beispiel 5.9 läßt sich durch die Speicherung des Satzes mit der Kundennummer 9338 im ersten freien Satzspeicher nach der relativen Satznummer 38 – das ist der Satzspeicher mit der relativen Satznummer 40 – lösen. Bild 5.14 zeigt die entstandene Hash-Tabelle.

RSN	NAME	KDNR
0	...	...
:	:	:
38	Schmidt	8738
39	Huber	1439
40	Müller	9338
:	:	:
99	...	...

Bild 5.14: Hash-Tabelle zu Beispiel 5.10 ■

Durch die geschickte Wahl einer Hash-Funktion können Kollisionen zwar erheblich reduziert, jedoch kaum ganz vermieden werden. Für die Operationen Suchen und Entfernen ergeben sich durch Kollisionen erhebliche Konsequenzen. Bei der Suche nach einem Satz ergibt sich ein erhöhter Aufwand, da der Vorgang des Abspeichern nachvollzogen werden muß, denn der mit Hilfe der Hash-Funktion errechnete Satzspeicher kann einen anderen, nicht gesuchten Satz enthalten. In Beispiel 5.10 erwartet man, daß sich der Satz mit der Kundennummer 9338 im Satzspeicher mit der relativen Satznummer 38 befindet. Wegen der bei der Speicherung vorgelegenen Kollision befindet sich dort jedoch der Satz mit der Kundennummer 8738, so daß die folgenden relativen Satznummern durchsucht werden müssen. Es stellt sich die Frage, wieviele Sätze mindestens durchsucht werden müssen, bevor man die Suche abbrechen kann. Beim Entfernen von Sätzen können durch Kollisionen Abspeicherungsketten unterbrochen werden. Wird etwa in Beispiel 5.10 der Satz mit der Kundennummer 8738 entfernt, so müßte eigentlich dem Satz mit der Kundennummer 9338 die entsprechende relative Satznummer zugeordnet werden. Die Behandlung der Sätze nach einem entfernten Satz muß daher geklärt werden.

5.5.1.1 Kollisionsbehandlung bei Hash-Organisation auf Satzebene

Wir betrachten den Fall einer Hash - Organisation auf Satzebene, wobei das Divisions-Rest-Verfahren als Hash-Funktion diene. Im Falle einer Kollision wird ein neu einzufügender Satz in den nächsten freien Satzspeicher nach h(s) geschrieben.

Das *Einfügen* eines Satzes mit dem Primärschlüsselwert s läßt sich dann durch folgenden Algorithmus beschreiben:

```
RSN := h(s);
WHILE Satzspeicher mit dieser RSN belegt DO
    RSN := (RSN + 1) MOD M;
END;
Satz in Satzspeicher RSN speichern;
```

Mit Hilfe der Hash-Funktion wird zunächst eine relative Satznummer errechnet. In einer Schleife wird diese inkrementiert, bis sie auf einen freier Satzspeicher verweist. Die Modulofunktion gewährleistet die Fortsetzung der Satzspeichersuche am Anfang des Dateispeicherraumes bei Erreichen von dessen Ende. Je weniger freie Satzspeicher existieren, um so länger dauert im Mittel das Einfügen eines neuen Satzes. In der Praxis hat sich gezeigt, daß bei einem Speicherbelegungsgrad von über 70% ein kritisches Zeitverhalten zu erwarten ist.

Auch das *Lesen* eines Satzes mit dem Primärschlüsselwert s erfolgt nach einem ähnlichen Algorithmus:

```
RSN := h(s);
Satz R von Satzspeicher RSN lesen;
WHILE Primärschlüsselwert (R) ≠ s DO
    RSN := (RSN + 1) MOD M;
    Satz R von Satzspeicher RSN lesen;
END;
```

Probleme ergeben sich mit diesem Algorithmus allerdings, wenn ein Satz überhaupt nicht vorhanden ist. Durch die Aufnahme geeigneter Abbruchkriterien, z.B. bei Erreichen des Dateiendes oder bei Erreichen eines unbelegten Satzspeichers läßt sich das Lesen eines Satzes auch gegen diesen Fall absichern.

Werden in einem Bereich des Dateispeicherraums besonders viele Sätze abgespeichert, spricht man von einer sogenannten *Klumpung*. In diesem Fall sind die oben beschriebenen Verfahren des Einfügens und Lesens wegen häufigen Durchlaufens der Schleifen und dem dadurch verursachten häufigen Lesen mehrerer Blöcke sehr langwierig.

(5.11) Beispiel:

Gegeben sei wieder eine Datei KUNDENDATEI mit dem Primärschlüssel KDNR, dessen Wertebereich dom(KDNR) die natürlichen Zahlen zwischen 0 und 9999 seien. Die Datei bestehe aus M = 8 Satzspeichern.

Wir legen wiederum eine Hash-Organisation auf Satzebene mit einer Hash-Funktion nach dem Divisions-Rest-Verfahren zugrunde. Die Hash-Funktion lautet demzufolge:

h(KDNR) = KDNR modulo 8

Insgesamt acht Sätze mit den Primärschlüsselwerten

9 - 30 - 11 - 17 - 18 - 16 - 23 - 31

seien in dieser Reihenfolge in den Dateispeicherraum aufzunehmen.

Schlüssel KDNR	9	30	11	17	18	16	23	31
h(KDNR)	1	6	3	1	2	0	7	7
RSN	**1**	**6**	**3**	1	2	**0**	**7**	7
				2	3			0
					4			1
								2
								3
								4
								5

Bild 5.15: Bestimmung der relativen Satznummern zu Beispiel 5.11

Bild 5.15 verdeutlicht die Zuweisung der relativen Satznummern: Die Sätze mit den Primärschlüsseln 9, 30 und 11 erhalten die mittels der Hash-Funktion errechneten relativen Satznummern 1, 6 und 3. Zur ersten Kollision kommt es bei der Bearbeitung des Satzes mit dem Primärschlüssel 17. Der Satzspeicher mit der errechneten Hausadresse 1 ist bereits belegt. Der Satz wird in den nächsten freien Satzspeicher mit der relativen Satznummer 2 geschrieben. Analog wird mit 18, 16 und 23 verfahren. Eine besondere Behandlung erfährt der Satz mit dem Primärschlüssel 31: er müßte eigentlich die bereits belegte relative Satznummer 7 erhalten. Aufgrund der Modulo-Operation kommt es nun zu einem Sprung zu der RSN 0. Der einzige freie Satzspeicher wird an der Stelle 5 gefunden.

Letztendlich hat der Speicher folgendes Aussehen:

RSN	**KDNR**	**Rest des Satzes**
0	16	...
1	9	...
2	17	...
3	11	...
4	18	...
5	31	...
6	30	...
7	23	...

Bild 5.16: Hash-Tabelle zu Beispiel 5.11

Betrachten wir nun einige Lesevorgänge: Unter Verwendung des obigen Algorithmus sollen die Sätze mit den Primärschlüsselwerten 30 - 16 - 18 gelesen werden. Die nachfolgende Tabelle gibt an, wieviele und welche Satzspeicher dabei inspiziert werden müssen.

KDNR	**RSN**		
30	6		
16	0		
18	2	3	4

■

5.5.1.2 Kollisionsbehandlung bei Hash-Organisation auf Blockebene

Bei einer Hash-Organisation auf Blockebene ist das Ergebnis der Hash-Funktion eine logische Blocknummer. Dem entsprechenden Satz wird die erste freie Satzspeichernummer innerhalb dieses Blocks zugewiesen. Ist der zugehörige physische Block voll belegt, verursacht das Einfügen eines neuen Satzes mit entsprechender Hausadresse eine Kollision. Eine Möglichkeit der Kollisionsbehandlung besteht darin, im physischen Block einen Zeiger auf einen Folgeblock vorzusehen. Der Folgeblock nimmt dann den abzuspeichernden Satz auf.

Auf der logischen Ebene erzeugt man dadurch die Illusion, daß der logische Block noch nicht vollständig belegt war. Physisch muß man durch Hinzurechnen eines weiteren Blockes den Platz auch bereitstellen. Das folgende Bild skizziert diesen Sachverhalt.

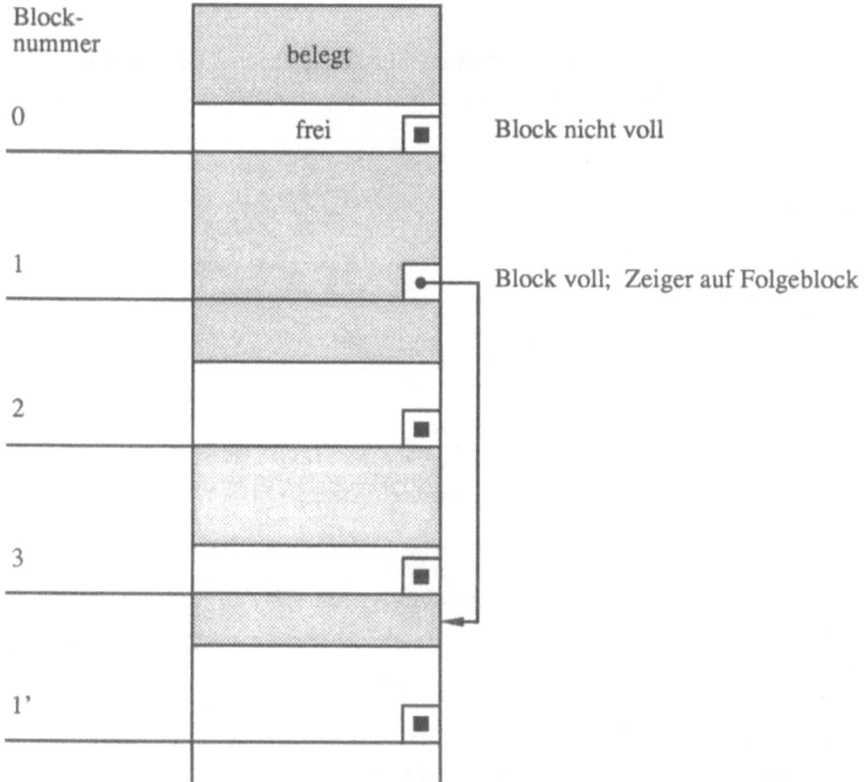

Bild 5.17: Kollision auf Blockebene

Auch hier läßt sich das *Einfügen* eines Satzes mit dem Primärschlüsselwert s durch einen kleinen Algorithmus beschreiben:

```
BN := h(s);
IF Block mit Blocknummer BN nicht voll THEN
    Satz in Block BN speichern;
ELSE
    Folgeblock BN´ mit einbeziehen;
    Satz in Block BN oder BN´ nach vorgegebener
    Reihenfolge speichern;
    (*  eventuell ist eine Umspeicherung innerhalb der
        Blöcke BN und BN´ erforderlich; gegebenenfalls sind
        auch mehrere Folgeblöcke mit einzubeziehen *)
END;
```

Das *Lesen* eines Satzes mit dem Primärschlüsselwert s auf Blockebene kann nach dem folgenden Algorithmus erfolgen:

```
BN := h(s);
REPEAT
    Satz in Block BN suchen;
    IF Satz gefunden THEN
        gefunden := 1;
    ELSE
        IF Folgeblock existiert THEN
            BN := BN´;
        ELSE
            nicht-vorhanden := 1;
            (* Folgeblock existiert nicht *)
        END;
    END;
UNTIL (gefunden = 1) OR (nicht-vorhanden = 1);
IF gefunden = 1 THEN
    ausgeben „Satz gefunden“;
END;
IF nicht-vorhanden = 1 THEN
    ausgeben „Satz nicht vorhanden“;
END;
```

5.5.1.3 Beurteilung der Hash-Organisation

- Eine mittels Hash-Verfahren organisierte Datei erlaubt kein *sequentielles Schreiben*: ausschließlich die Hash-Funktion bestimmt für einen Satz den Ort der Speicherung. Dementsprechend ist auch *kein sequentielles Lesen* möglich.
- Dagegen ist ein *wahlfreies Lesen* bzw. *Schreiben* auf Basis des Primärschlüssels sehr gut möglich.
- Bei geringer Belegung des Dateispeicherraumes ist das *Einfügen* eines Satzes sehr effizient durchführbar. Hingegen erhöhen Kollisionen bei einer dichten Belegung den Einfügeaufwand z.T. erheblich.
- Das *Entfernen* eines Satzes auf der logischen Ebene ist einfach: ein Satz wird lediglich als gelöscht markiert. Durch Kollisionen kann dagegen das physische Entfernen erheblichen Aufwand verursachen, wenn durch den zu entleerenden Satzspeicher eine Abspeicherungskette unterbrochen wird.
- Die *Speicherplatzausnutzung* ist geringer als bei den bisher behandelten Formen. Sie liegt im allgemeinen im Bereich von 60 bis 70%, da bei größerer Speicherplatzausnutzung das Verfahren ineffizient wird.

5.5.1.4 Direkte Dateiorganisation

Ein Spezialfall der Hash-Organisation ist die *direkte Dateiorganisation.* Voraussetzung ihrer Anwendung ist, daß für jeden möglichen Primärschlüsselwert ein eigener Satzspeicher zur Verfügung steht, d.h. formal muß gelten:

$|\text{dom}(S)| \leq |\text{AR}(D)|$

Für numerische Primärschlüsselwerte besitzt die Hash-Funktion die Form

$h: s \mapsto \text{RSN}(s) = s + C$; C: ganzzahlige Konstante

Die Hausadresse eines Satzes ist bei einer direkten Dateiorganisation besonders einfach zu berechnen. Ferner sind Kollisionen ausgeschlossen.

In der Praxis ist die direkte Dateiorganisation jedoch meist mit der Verschwendung von Speicherplatz verbunden. Eine direkte Dateiorganisation ist daher nur zu empfehlen, wenn für einen Großteil der möglichen Primärschlüsselwerte auch tatsächlich Sätze existieren.

5.5.2 Index-Sequentielle Organisation

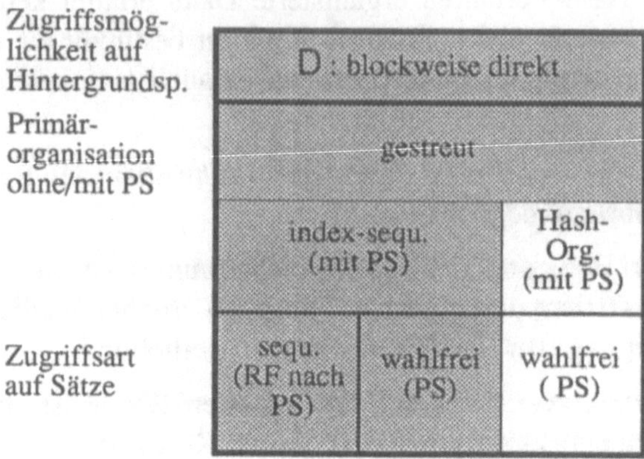

Bild 5.18: Index-Sequentielle Organisation

(5.12) Definition: (Index, Primärindex, Sekundärindex, vollständiger Index)

Sei D eine Datei mit Satztyp R und S ein Feld von R.

(a) Ein *Index* über D ist eine Datei, die für ein Feld S einer Datei D Sätze der Form (w, G(w)) enthält. Dabei ist w ein Wert des Feldes S und G(w) ein Hinweis, wo sich ein Satz mit dem Feldwert w befindet

(b) Ein Index ist ein *Primärindex*, falls das Feld S Primärschlüssel der Datei D ist. Ansonsten handelt es sich um einen *Sekundärindex*.

(c) Ein Index heißt vollständig, falls es zu jedem Satz der Datei einen Eintrag (w, G(w)) im Index gibt. ■

Ein Index ist somit ein Verzeichnis, das Informationen über Feldwerte und die zugehörigen Sätze enthält. G(w) ist typischerweise meist die Adresse adr(s(w)) eines Satzes; dabei sei s(w) Primärschlüsselwert des Satzes mit Feldwert w. Offensichtlich ist das Feld S bei einem Sekundärindex ein Sekundärschlüssel der Datei, ein Sachverhalt, den wir in Kapitel 5.6.2 näher untersuchen werden. Deshalb kann es dann zu einem Feldwert w mehrere Sätze und dementsprechend zu w mehrere Adressen geben. Dies kann im Index beispielsweise durch eine entsprechende Anzahl von Einträgen der Form (w, adr(s(w))) berücksichtigt werden, oder aber der Index enthält nur einen Eintrag (w, Ladr(s(w))), wobei Ladr(s(w)) eine Liste der Adressen aller Sätze mit dem Wert w ist. Zur Unterstützung der Suche sind die Einträge im Index nach Feldwerten aufsteigend sortiert. Eine erweiterte Form des Index ist der mehrstufige Index:

(5.13) Definition: (mehrstufiger Index)

Ein *mehrstufiger Index* für ein Feld S der Datei D ist eine Folge von Indexen $I_0, ..., I_{k-1}$. I_0 ist hierbei ein Index für S über D und I_j ist ein Index für S über I_{j-1} (j = 1,...,k-1). Man nennt einen solchen Index dann auch *k-stufigen Index.* ∎

Im allgemeinen ist die Adresse eines Satzes im Anwendungsprogramm nicht bekannt. Sie muß vielmehr mit Hilfe bestimmter Informationen wie z.B. Hash-Funktionen in Verbindung mit Kollisionsstrategien oder durch eine Suche in der Datei bestimmt werden. Eine weitere Möglichkeit der Adreßbestimmung ist die Verwendung eines Index. Man spricht in diesem Fall von einer *index-sequentiellen Primärorganisation.* Ihr Ziel ist, die Anzahl der vom Hintergrundspeicher in den Arbeitsspeicher zu übertragenden Blöcke zu minimieren.

Für eine index-sequentielle Organisation werden zunächst die Sätze der Datei nach dem Primärschlüssel S sortiert. Anschließend wird ein Index angelegt, der für jeden Block i genau einen Eintrag der Form $(s^i, adr(s^i))$ enthält. Dabei bezeichnet s^i den höchsten Primärschlüsselwert (oder alternativ: den niedrigsten Primärschlüsselwert) im Block i. Der Index selbst wird nach aufsteigenden Schlüsselwerten sortiert. Die Angabe der Adresse $adr(s^i)$ des Satzes mit dem Schlüsselwert s^i kann entfallen, falls die logische und die physische Reihenfolge der Blöcke übereinstimmt, d.h. wenn dem i-ten Schlüsselwerteintrag im Index immer der i-te physische Block entspricht.

(5.14) Beispiel:

Es sei wieder eine Datei KUNDENDATEI gegeben. Ihr Dateispeicherraum bestehe aus 64 aufeinanderfolgenden Blöcken, die jeweils 32 Sätze aufnehmen können (BF(KUNDENDATEI) = 32). In der Datei können daher maximal $64 \cdot 32 = 2048$ Sätze gespeichert werden. Bei der Anordnung der Blöcke muß die logische Reihenfolge nicht notwendigerweise der physischen Reihenfolge entsprechen.

Wir betrachten nun den Fall einer index-sequentielle Organisation mit dem Primärschlüssel KDNR und der relativen Blocknummer als Satzadresse. Dabei seien die Blöcke – um Kollisionen auszuschließen – nicht voll belegt; einige Blöcke können auch völlig leer sein. Bild 5.19 illustriert den Sachverhalt.

Der Index ist nach dem Primärschlüssel KDNR aufsteigend sortiert. Das rechte, grau unterlegte Zahlenfeld des i-ten Indexeintrags enthält die relative Blocknummer des logischen Blockes i, dessen letzter Satz den Primärschlüsselwert dieses Indexeintrags enthält. Dies ist zugleich der höchste Primärschlüsselwert in Block i. Im vorliegenden Beispiel entspricht beispielsweise die relative

Blocknummer 56 der logischen Blocknummer 2 (= Nummer des dritten logischen Blocks).

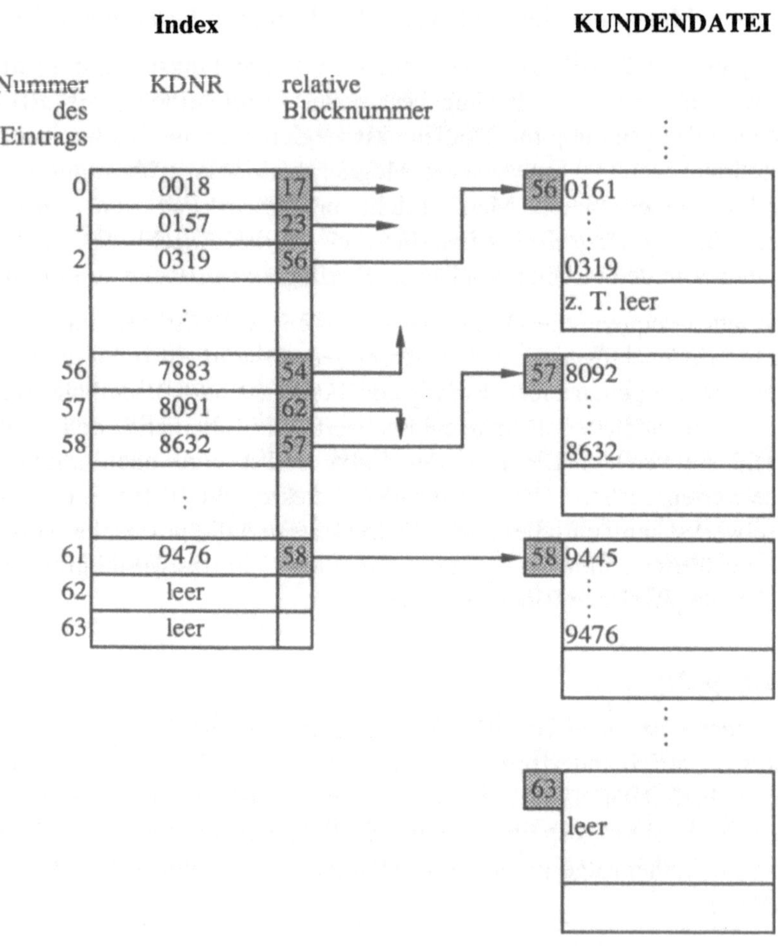

Bild 5.19: Index-sequentielle Organisation der KUNDENDATEI

■

5.5.2.1 Suchen und Einfügen von Sätzen

Das Suchen eines Satzes in einer index-sequentiellen Datei vollzieht sich nach dem im Flußdiagramm von Bild 5.20 dargestellten Algorithmus.

Der Aufwand für die Suche nach einem Satz läßt sich wie folgt abschätzen:

- Auf den Index wird mindestens einmal zugegriffen. Häufigere Zugriffe sind möglich, da es sich bei dem Index auch um einen mehrstufigen Index handeln kann.
- Auf die Datei wird genau einmal zugegriffen – wenn nämlich der entsprechende Block aus dem Hintergrundspeicher in den Arbeitsspeicher geladen wird.
- Die eigentliche Suche findet im Hauptspeicher statt, so daß sequentielle oder binäre Suchalgorithmen angewandt werden können.

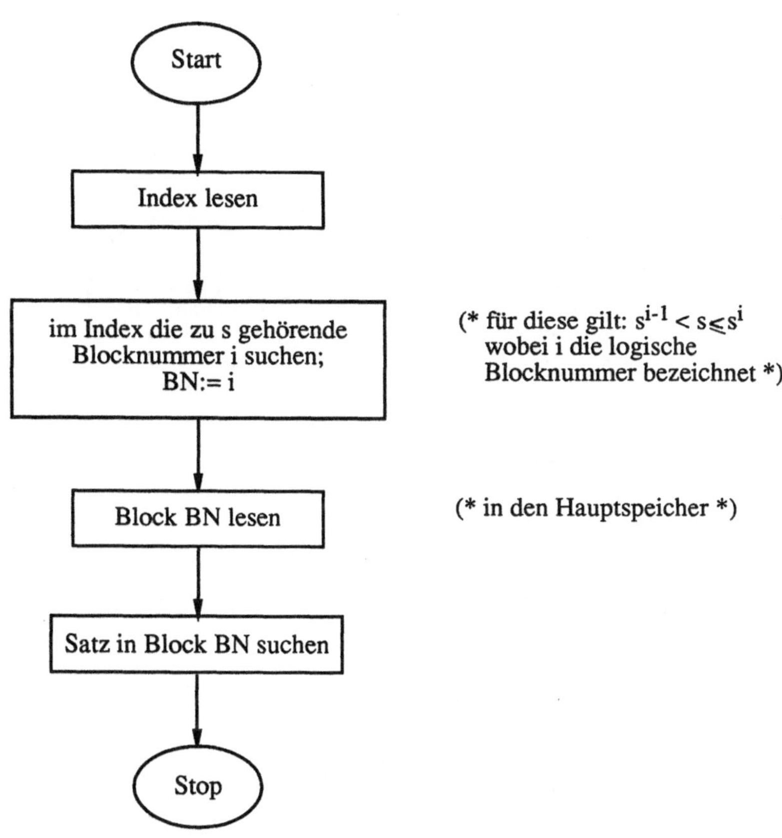

Bild 5.20: Suchen eines Satzes

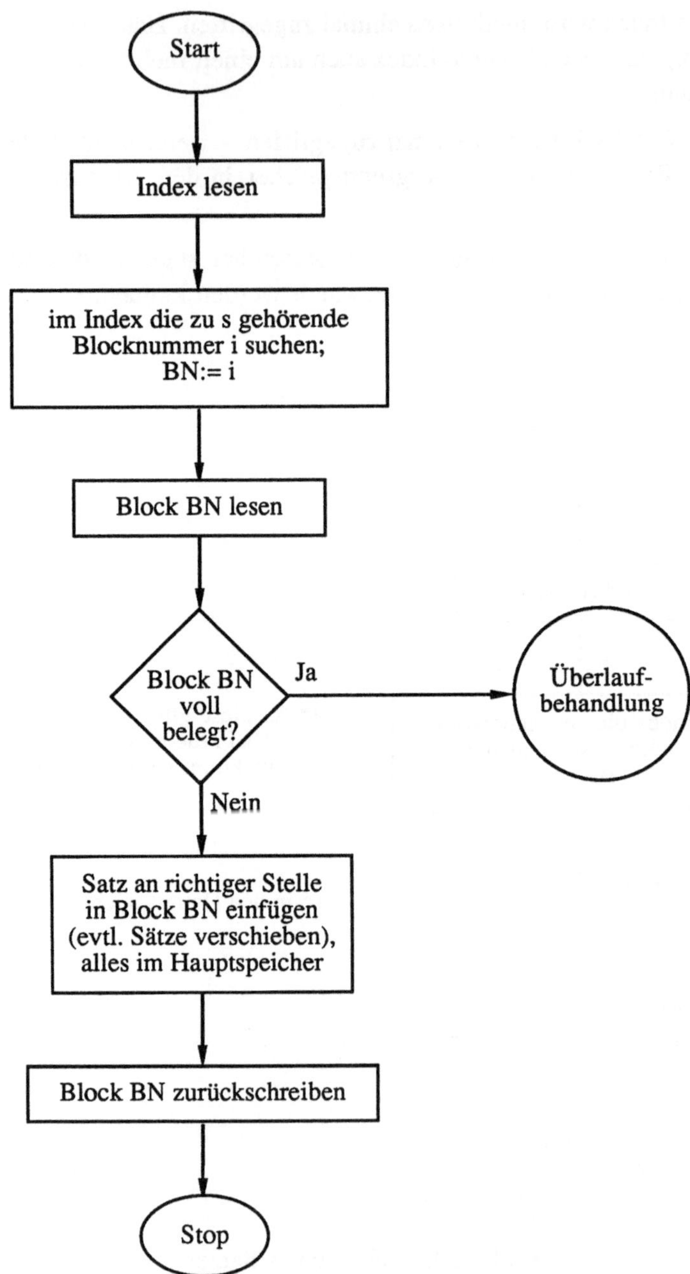

Bild 5.21: Einfügen eines Satzes

Das Einfügen eines Satzes gestaltet sich ähnlich dem Suchen. Der entsprechende Algorithmus ist in Bild 5.21 dargestellt. Schwierigkeiten ergeben sich, wenn ein Satz in einen bereits vollen Block eingefügt werden soll. In diesem Fall muß eine spezielle Überlaufbehandlung stattfinden.

5.5.2.2 Überlaufbehandlung bei index-sequentieller Organisation

Die Behandlung des zuletzt angesprochenen Falles eines Überlaufs kann mit einer der in den beiden nachfolgenden Flußdiagrammen vorgestellten Alternativen erfolgen. Dabei bezeichnet x den in die Datei D einzufügenden Satz mit dem Primärschlüsselwert s, während x´ eine Variable desselben Typs ist. BN und BN´ bezeichnen Blocknummern und ϕ(D) den Dateispeicherraum.

Bei einer Überlaufbehandlung mit Überlaufblöcken wird der einzufügende Satz zunächst an der richtigen Stelle des vollen Blocks eingefügt. Ein überlaufender Satz wird in einen eventuell neu anzulegenden Überlaufblock geschrieben. Auch für den Überlaufblock ist gegebenenfalls eine Überlaufbehandlung durchzuführen. In Bild 5.22 ist die Vorgehensweise illustriert.

Bei einer Überlaufbehandlung mit Blockteilung werden die (BF(D) + 1) Sätze möglichst gleichmäßig auf zwei logisch aufeinanderfolgende Blöcke verteilt. Vorzugsweise werden nicht die letzten, sondern die ersten Sätze aus dem Block BN in den Block BN´ verschoben, da in diesem Fall wesentlich geringere Änderungen des Index erforderlich sind. In Bild 5.23 ist die Vorgehensweise illustriert.

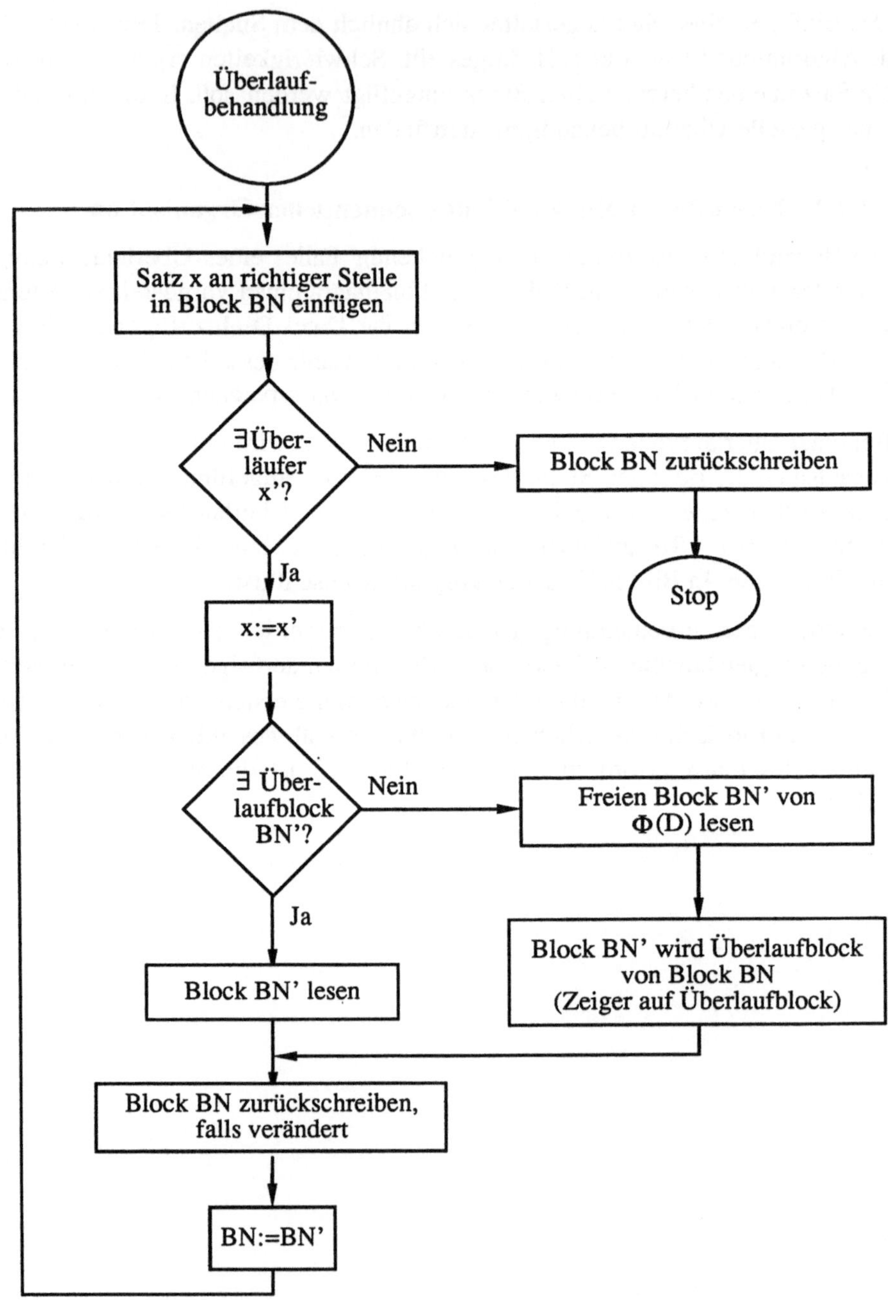

Bild 5.22: Überlaufbehandlung mit Überlaufblock

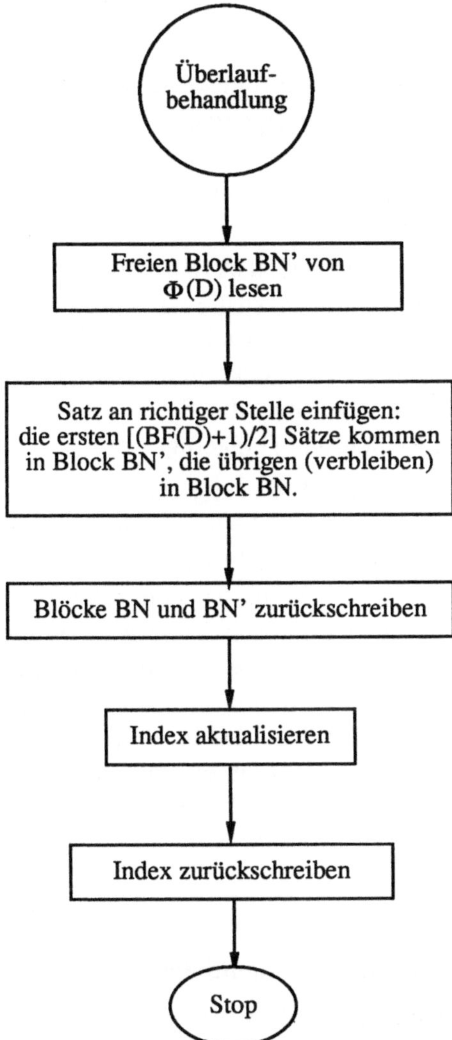

Bild 5.23: Überlaufbehandlung mit Blockteilung

Oft ist es auch üblich, die Blöcke beim Eröffnen der Datei nicht ganz zu füllen. Es verbleibt dadurch eine gewisse Speicherreserve, so daß das Einfügen eines Satzes meist nur einen Block betrifft.

(5.15) Beispiel: (Einfügen in eine index-sequentielle Datei)

Gegeben sei eine index-sequentielle Datei KUNDENDATEI mit einem zweistufigen Index. Jeder Block der Datei besitze vier Satzspeicher. Der Blockungsfaktor beträgt somit 4 (BF(KUNDENDATEI) = 4) . Der Index I_1 ist in Block 0 abgespeichert. Er beinhaltet jeweils die letzten KDNR-Einträge der Blöcke des Index I_0 mit einem Verweis auf den jeweiligen Block. In I_0 sind dann die letzten KDNR-Einträge der Blöcke der eigentlichen Datei - wiederum mit einem Verweis auf den entsprechenden Block - abgespeichert. I_0 ist also Index über KUNDENDATEI und I_1 Index über I_0. Primärschlüssel von KUNDENDATEI sei die Kundennummer KDNR.

Der Dateispeicherraum ϕ(KUNDENDATEI) bestehe aus den sechs Blöcken 4 bis 9. Bild 5.24 zeigt in der linken Spalte die Ausgangsbelegung des Dateispeicherraumes. Die grau unterlegten Kästchen des Bildes 5.24 in den Blöcken der Indizes sind Zeiger auf die Dateiblöcke bzw. (bei I_1) Zeiger auf die Blöcke des Index I_0. In diese Datei sollen nun die Sätze mit den Primärschlüsseln 0773, 1819, 1577 (in dieser Reihenfolge) eingefügt werden.

Die mittlere Spalte des Bildes 5.24 zeigt die resultierende Belegung des Dateispeicherraumes bei einer Überlaufbehandlung mit Überlaufblöcken. Der Wert 10 innerhalb des Dateiblockes 6 stellt dabei einen Zeiger auf einen Überlaufblock dar. Offensichtlich ist bei dieser Form der Überlaufbehandlung nach Durchführung der Einfügeoperationen keine Änderung des Index erforderlich. Hingegen sind bei einer Überlaufbehandlung mit Blockteilung nach jeder Blockteilung auch Operationen im Index notwendig (vgl. Bild 5.24, rechte Spalte). Man beachte, daß auch Blöcke des Index wie Blöcke der Datei behandelt werden, d.h. ist ein Indexblock gefüllt, erfolgt auch für diesen eine Überlaufbehandlung durch Blockteilung. Deshalb besteht der Index I_0 dann auch aus drei anstelle von zwei besetzten Blöcken. ■

5.5.2.3 Beurteilung der index-sequentiellen Organisation

Ein typischer Anwendungsbereich index-sequentieller Dateiorganisation ist die Verwaltung von Stammdateien mit relativ geringer Zugangsrate.

- *Sequentielles Lesen/Schreiben* kann im allgemeinen sehr gut durchgeführt werden, es sei denn, daß lange Überlaufketten auftreten, was bei einer Überlaufbehandlung mit Überlaufblöcken eventuell möglich ist.
- *Wahlfreies Lesen/Schreiben* ist – unter der gleichen Prämisse – schnell möglich.
- Das *Einfügen* eines Satzes ist einfach zu realisieren, wobei gegebenenfalls der Index angepaßt werden muß.

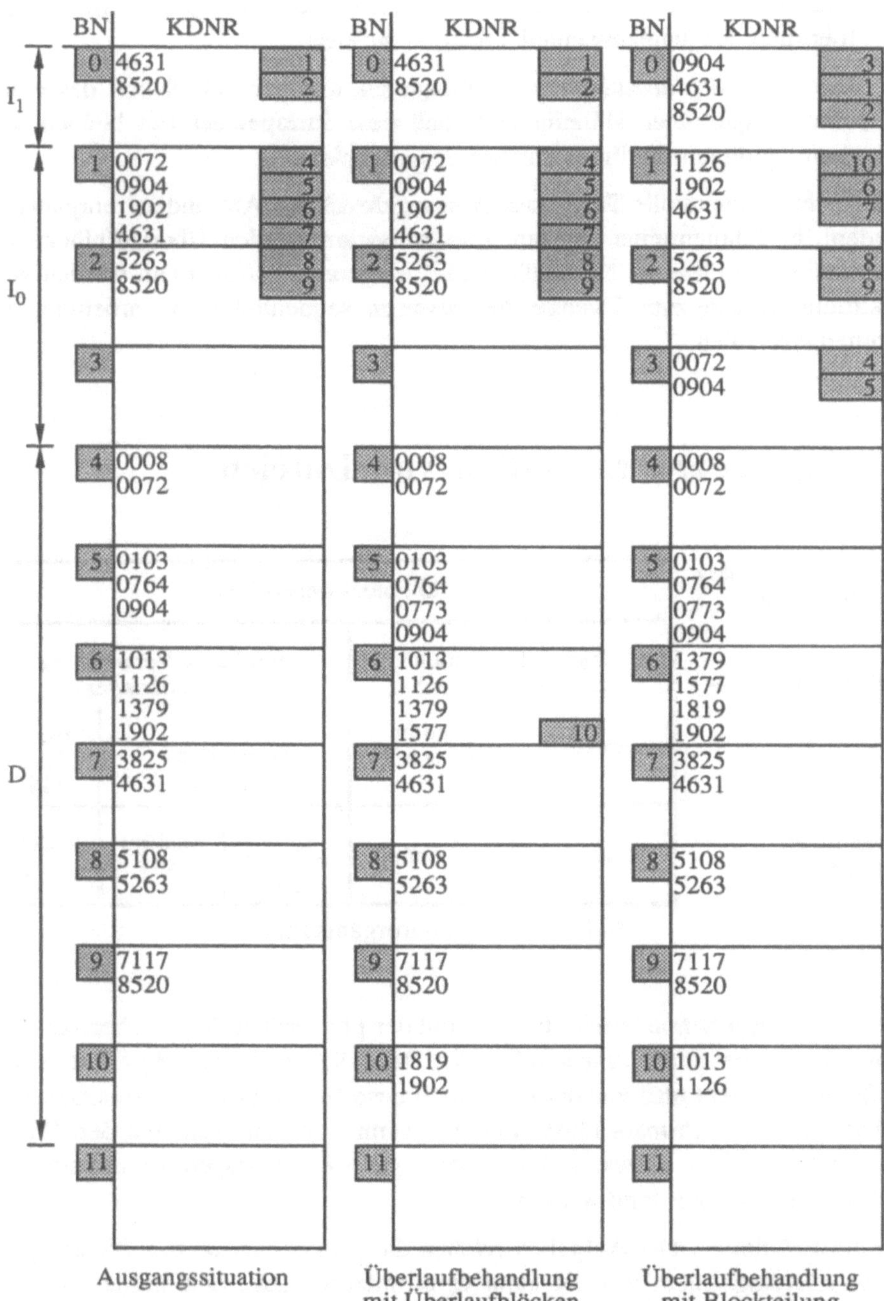

Bild 5.24: Überlaufbehandlung im Vergleich

- Auch das *Entfernen* eines Satzes ist ohne großen Aufwand möglich. Auch hier muß der Index eventuell korrigiert werden.
- Die *Speicherplatzausnutzung* ist dagegen weniger gut. Schon das einfache Beispiel oben läßt erkennen, daß viele Satzspeicher leer bleiben. Zudem benötigen die Indexeinträge Speicherplatz.

Eine index-sequentielle Datei muß in unregelmäßigen Abständen reorganisiert werden. Im Rahmen einer solchen Reorganisation werden Überlaufblöcke geleert und deren Sätze in „Normalbereiche" eingeordnet. Außerdem werden weit verstreute Blöcke zum Zwecke der besseren sequentiellen Verarbeitung zusammengeschoben.

5.6 Sekundärorganisation von Dateien

Zugriffsmöglichkeit auf Hintergrundspeicher	D : blockweise direkt				
Sekundärorganisation mit SS	logisch sequentiell (Listenstrukturen)		mit Index-Verwendung (Sekundärindex)		
	unsortiert	sortiert (RF nach SS)	vollst. Index		Index-Hash (SS)
Zugriffsart auf Sätze	sequentiell	sequentiell	sequ. (RF nach SS)	wahlfrei (SS)	wahlfrei (SS)

Bild 5.25: Sekundärorganisation

Die Primärorganisation beschäftigt sich mit der physischen Abspeicherung einer Datei, d.h. sie bestimmt zu jedem Satz der Datei die zugehörige physische Adresse. Sie wird – sieht man von der sequentiell unsortierten Primärorganisation ab – auf der Basis des Primärschlüsselwertes bestimmt. Kennt man also den Primärschlüsselwert eines Satzes, so kann der zugehörige Satzspeicher dadurch besonders effizient bestimmt werden.

Für die Erfüllung vieler Aufgaben reichen die Möglichkeiten der Primärorganisation allerdings nicht aus. So kann es erforderlich sein, eine primär nach der Kundennummer organisierte Kundendatei nach dem Wohnort der Kunden sortiert zu lesen. Wie kann ein Satz gesucht werden, dessen Primärschlüsselwert man nicht kennt? Eine Möglichkeit besteht in der Inspektion aller Sätze der Datei. Beim Beispiel der Kundendatei muß etwa zum Auffinden aller Kunden mit dem Wohnort Karlsruhe die gesamte Datei durchsucht werden.

Eine andere Möglichkeit besteht darin, zusätzliche „Zugriffspfade" einzurichten: beispielsweise für den Sekundärschlüssel Wohnort dergestalt, daß für alle vorhandenen Werte dieses Schlüssels Informationen auf die Adresse der jeweils zugehörigen Sätze vorgehalten werden. Dadurch erhält man eine neue Sichtweise auf die entsprechende Datei. Die Primärorganisation bleibt davon völlig unbeeinflußt. Man spricht deshalb von der *Sekundärorganisation* einer Datei D über dem Sekundärschlüssel A. Zwei Fälle sind zu unterscheiden:

(a) Der Sekundärschlüssel ist Schlüssel. Dann ist jedem Sekundärschlüsselwert höchstens ein Satz zugeordnet.

(b) Der Sekundärschlüssel ist kein Schlüssel. In diesem Fall ist einem Sekundärschlüsselwert eine Menge von Sätzen zugeordnet.

(5.16) Definition:

Es sei D eine Datei, A ein Sekundärschlüssel und w ein Wert aus dem Wertebereich von A ($w \in dom(A)$). Dann bezeichnet $D_{A,w}$ die Menge der Sätze der Datei D mit dem A-Wert w, formal:

$$D_{A,w} ::= \{x \in D \mid x.A = w\} \qquad \blacksquare$$

Im Fall (b) muß also zu einem gegebenen Sekundärschlüssel A mit dem Wertebereich dom(A) eine Sekundärorganisation derart bestimmt werden, daß für jeden vorgegebenen Schlüsselwert $w \in dom(A)$ die entsprechende Menge $D_{A,w}$ an Sätzen aus der Datei D auf möglichst einfache Weise gefunden wird. Zur Realisierung dieser Zuordnung müssen zusätzliche *sekundäre Zugriffspfade* eingeführt werden, die allerdings nicht den Ort der Abspeicherung beeinflussen. Zwei Vorgehensweisen werden unterschieden:

- *Einbettung* sekundärer Zugriffspfade in die Sätze. Hierunter versteht man die Listenorganisation und auch Multiliststrukturen, die im allgemeinen zusammen mit einer Index-Organisation verwendet werden (siehe Abschnitt 5.6.1).
- *Trennung* sekundärer Zugriffspfade von den Sätzen. Darunter fallen die Index-Organisation, insbesondere die Organisation mit vollständigem Index (siehe Abschnitt 5.6.2).

5.6.1 Sekundärorganisation mit Listen

Zugriffsmöglichkeit auf Hintergrundspeicher	D : blockweise direkt				
Sekundärorganisation mit SS	logisch sequentiell (Listenstrukturen)		mit Index-Verwendung (Sekundärindex)		
	unsortiert	sortiert (RF nach SS)	vollst. Index		Index-Hash (SS)
Zugriffsart auf Sätze	sequentiell	sequentiell	sequ. (RF nach SS)	wahlfrei (SS)	wahlfrei (SS)

Bild 5.26: Sekundärorganisation mit Listen

Bei einer Sekundärorganisation mit Listen werden die Sätze einer Datei oder ein Teil der Sätze durch die Einbettung von Zeigern in den Satztyp zu Listen verkettet.

(5.17) Definition: (Zeiger, physischer/ logischer/ symbolischer)

(a) Ein *Zeiger* ist ein Feld eines Satzes, dessen Wert einen anderen Satz dieser oder einer anderen Datei identifiziert.

(b) Ein *physischer Zeiger* identifiziert mittels einer physischen Adresse.

(c) Ein *logischer Zeiger* identifiziert mit Hilfe einer logischen oder relativen Adresse.

(d) Ein *symbolischer Zeiger* identifiziert über den Primärschlüsselwert. ■

Ein Beispiel für einen physischen Zeiger ist die physische Blocknummer. Physische Zeiger gewährleisten einen schnellen Zugriff auf die identifizierten Sätze. Andererseits entsteht eine hohe Speicherabhängigkeit, da bei jeder Verschiebung eines Satzes der zugehörige Zeigerwert aktualisiert werden muß. Beispiele für logische Zeiger sind die relative Satznummer oder auch die logische bzw. relative Blocknummer. Sie besitzen bei einer etwas geringeren durchschnittlichen Zugriffszeit den Vorteil, daß die Datei insgesamt im Speicherraum Φ verschoben werden kann, ohne daß Zeigerwerte geändert werden müssen. Bei der Verwendung von symbolischen Zeigern kann sowohl die Datei im Gesamtspeicherraum wie auch ein Satz innerhalb der Datei verschoben werden, ohne daß eine Änderung der Zeigerwerte erforderlich wird. Ihr Nachteil besteht offensichtlich darin, daß ausgehend vom Primärschlüsselwert eines Satzes erst noch dessen logische bzw. physische Adresse bestimmt werden muß. Diese Zweistufigkeit des Zugriffs kann sich negativ auf die Zugriffszeit auswirken.

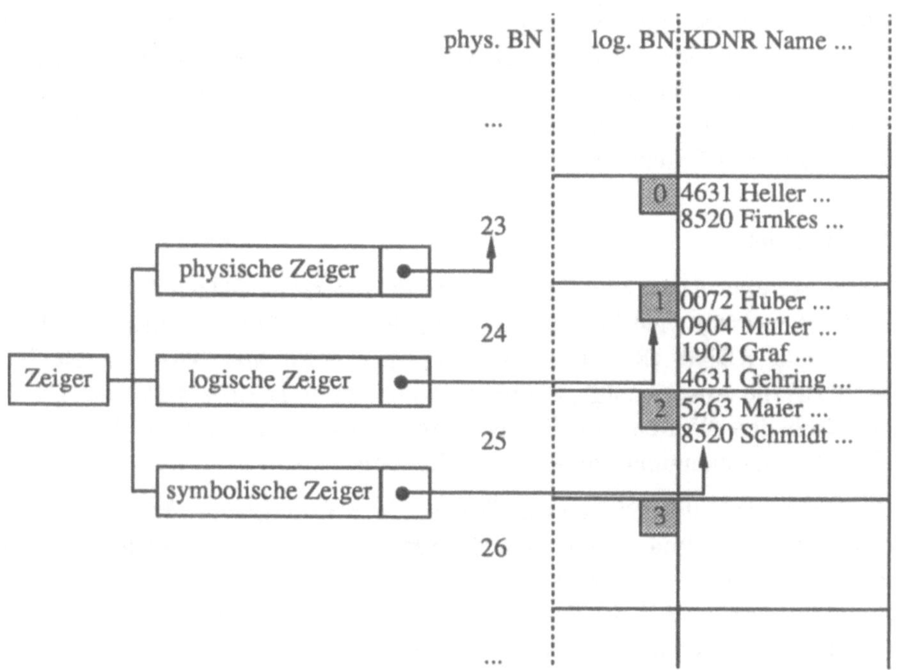

Bild 5.27: Beispiele für Zeigerwerte

5.6.1.1 Verwendung verketteter Listen

Die Sekundärorganisation mit Hilfe einer Liste bietet zusätzliche Zugriffsmöglichkeiten auf die Sätze einer Datei. Dabei wird auf die Sätze der Liste sequentiell entlang der Verkettung der Sätze zugegriffen.

Falls in der Liste eine Reihenfolge der Sätze durch die Werte eines ausgewiesenen Schlüssels oder Sekundärschlüssels vorgegeben ist, so spricht man von einer *sortierten Liste*, andernfalls von einer *unsortierten Liste*.

Der Aufwand zum Auffinden eines Satzes in einer Liste mit n Sätzen ist O(n). Man kann sich leicht überlegen, daß sowohl im sortierten wie auch im unsortierten Fall durchschnittlich ((n+1) DIV 2) Sätze gelesen werden müssen, um einen vorhandenen Satz zu finden. Befindet sich ein gesuchter Satz nicht in der Liste, so müssen in einer unsortierten Liste alle Sätze gelesen werden, während in einer sortierten Liste im Mittel ebenfalls ((n+1) DIV 2) Sätze gelesen werden müssen.

Sind m zu lesende Sätze einer Liste ungünstig über die Blöcke verteilt, so müssen im schlechtesten Fall ebenfalls m Blöcke gelesen werden. Dieser Fall ergibt sich, wenn sich der jeweils als nächstes zu lesende Satz in einem Block befindet, der gerade nicht im Hauptspeicher ist. Dagegen muß nur ein Block gelesen werden, wenn sich alle (für einen Suchvorgang zu lesenden) Sätze einer Liste im gleichen Block befinden.

(5.18) Beispiel:

Gegeben sei eine Datei KUNDENDATEI, die aus sechs Sätzen besteht, die in zwei Blöcken mit je vier Satzspeichern abgelegt sind. Primärschlüssel der Datei sei das Feld KDNR (Kundennummer). Ferner seien alle Sätze, deren Feld BRANCHE die Ausprägung „Elektro“ besitzt, zu einer Liste verkettet. Die Liste ist nach den Werten des Feldes NAME aufsteigend sortiert. Teil (a) von Bild 5.28 veranschaulicht die Ausgangssituation.

In die Datei wird nun der Satz (02, Weber, Elektro) eingefügt. Wir nehmen an, daß aufgrund der Primärorganisation der Satz im zweiten Satzspeicher abgelegt wird (vgl. Teil (b) des Bildes). Anschließend muß die Sekundärorganisation nachgeführt werden, d.h. der Satz muß in die Liste aufgenommen werden. Damit die Liste sortiert bleibt, wird er an das Ende der bestehenden Liste angehängt.

Als nächstes werde der Satz (14, Ortwein, Elektro) aus der Datei entfernt. In diesem Fall müssen in der Liste der Vorgänger und der Nachfolger des Satzes direkt miteinander verkettet werden. Teil (b) von Bild 5.28 veranschaulicht die Situation nach den geschilderten Operationen.

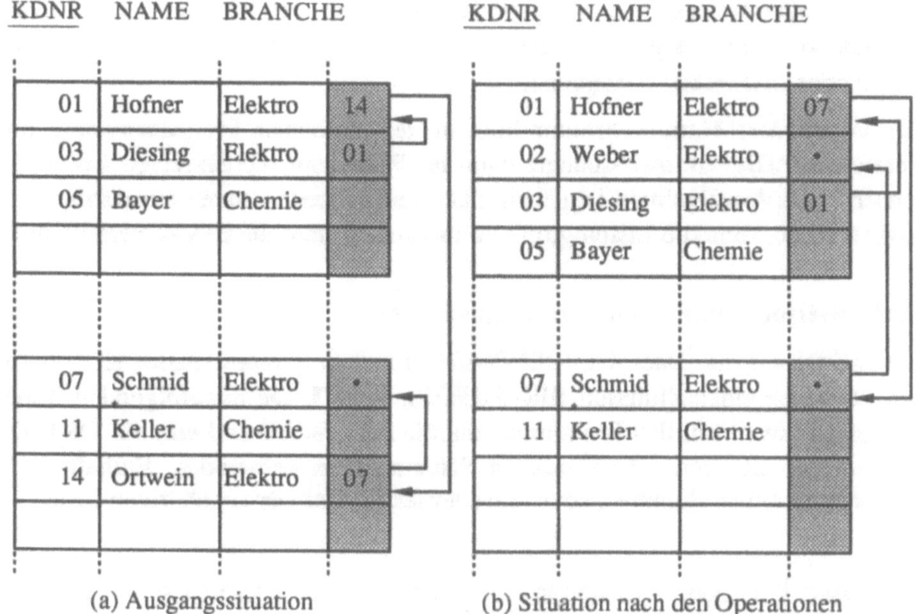

(a) Ausgangssituation (b) Situation nach den Operationen

Bild 5.28: Beispiel 5.18 ■

5.6.1.2 Multilist-Strukturen

Wie im vorausgegangenen Abschnitt beschrieben, werden bei einer Listenorganisation alle Sätze mit demselben Sekundärschlüsselwert zu einer Liste verkettet. Verfährt man so für alle vorhandenen Werte w_i eines Sekundärschlüssels, so erhält man eine *Multilist-Struktur*. Um die Adresse des ersten Satzes jeder Liste, d.h. den Listenanfang, zur Verfügung zu haben, wird aus allen auftretenden Werten w_i ein vollständiger Index aufgebaut. Dieser hat folgende Form:

w_1	$G(w_1)$
w_2	$G(w_2)$
...	...

Bild 5.29: Form des vollständigen Indexes

Die w_i sind aufsteigend sortiert. $G(w_i)$ bezeichnet die Adresse (relative Satznummer o.ä.) des ersten Satzes der zu w_i gehörenden Liste und wird auch als *Anker* oder *Listenkopf* bezeichnet.

Der Vorteil der Multilist-Struktur liegt in der einfachen Programmierung und Verwaltung. Dies ist insbesondere dann der Fall, wenn die einzelnen Listen unsortiert sind. Von Nachteil ist jedoch, daß die Suchzeiten unter Umständen sehr lang werden, wenn die Listen groß und ungünstig über die Blöcke verteilt sind.

(5.19) Beispiel: (Fortsetzung zu Beispiel 5.18)

Betrachten wir die Datei KUNDENDATEI mit dem Primärschlüssel KDNR und den zwei Sekundärschlüsseln BRANCHE und ORT. Die nachfolgenden Tabellen zeigen zwei Multilist-Strukturen, eine für BRANCHE und eine für ORT. Dabei wurden als Zeigerwerte relative Satznummern verwendet. Enthalten die Zeigerfelder einen Punkt (·), so ist dies der letzte Satz der zugehörigen Liste.

RSN	KDNR	BRANCHE	ORT	...	BRANCHE	ORT
0	63	Elektro	MA		·	·
1	27	Chemie	KA		·	5
2	18	Metall	B		3	4
3	85	Metall	KA		·	·
4	23	Chemie	B		1	·
5	56	Bau	KA		7	3
6	14	Metall	M		2	·
7	58	Bau	MA		·	0

BRANCHE	RSN
Bau	5
Chemie	4
Elektro	0
Metall	6

ORT	RSN
B	2
KA	1
M	6
MA	7

Bild 5.30: Beispiel 5.19

Die Tabellen mit Sekundärschlüsselwerten und Listenköpfen sind stets nach den Schlüsselwerten aufsteigend sortiert. Die Einzellisten hingegen seien etwa nach dem Primärschlüssel sortiert. Beispielsweise besteht innerhalb der Multilist-Struktur für BRANCHE die zum Wert „Metall“ gehörende Einzelliste aus den Sätzen mit den relativen Satznummern 6, 2, 3 (in dieser Reihenfolge). ▪

5.6.2 Sekundärorganisation mit Index

Zugriffsmöglichkeit auf Hintergrundspeicher	D : blockweise direkt				
Sekundärorganisation mit SS	logisch sequentiell (Listenstrukturen)		mit Index-Verwendung (Sekundärindex)		
	unsortiert	sortiert (RF nach SS)	vollst. Index		Index-Hash (SS)
Zugriffsart auf Sätze	sequentiell	sequentiell	sequ. (RF nach SS)	wahlfrei (SS)	wahlfrei (SS)

Bild 5.31: Sekundärorganisation mit Index

Es ist oftmals effizienter, eine Sekundärorganisation nicht in die eigentliche Datei „einzubauen“, wie es bei Listen der Fall ist. Eine Möglichkeit, dies zu vermeiden, bietet die Sekundärorganisation mit Index. Vergegenwärtigen wir uns nochmals den Begriff des Sekundärindexes aus Definition 5.12: ein Index für einen Sekundärschlüssel A über einer Datei D ist eine spezielle Datei, die Sätze der Form (w_i, G(w_i)) enthält. Der Index ist nach den A-Werten w_i nicht-absteigend sortiert; G(w) liefert die Information, wo Sätze mit diesem A-Wert w in der Datei D zu finden sind. Das kann beispielsweise eine Adresse oder auch eine Adreßliste sein. Ein Index ist vollständig, wenn er Hinweise für alle Sätze der Datei enthält. Ein vollständiger Sekundärindex bietet offensichtlich eine alternative Zugriffsmöglichkeit auf die Sätze einer Datei. Wir betrachten daher im folgenden einige Varianten eines vollständigen Sekundärindexes.

5.6.2.1 Sekundärorganisationen mit vollständigem Index

Es gibt mehrere Möglichkeiten, die Hinweisinformation G(w) bereitzustellen. Die gängigsten illustrieren wir im folgenden anhand der Datei KUNDENDATEI, wie sie bereits im Beispiel 5.19 verwendet wurde (vgl. Bild 5.30).

Alternative 1 für G(w):

G(w) ist ein Zeigerfeld mit allen Adressen G(x), wobei x Element der Menge der Sätze der Datei D ist, die den A-Wert w besitzen (d.h. $x \in D_{A,w}$). Die Länge des Zeigerfeldes kann variabel oder durch eine Maximalzahl von Zeigern beschränkt sein.

(5.20) Beispiel: (Fortsetzung zu Beispiel 5.19)

Für die Sekundärschlüssel BRANCHE sowie ORT soll je ein Sekundärindex mit variabel langen Zeigerfeldern angelegt werden. Als Zeigerwerte werden die Werte des Primärschlüssels KDNR (symbolische Zeiger) verwendet. Wir erhalten Bild 5.32 als Ergebnis.

BRANCHE	KDNR		
Bau	56	58	
Chemie	23	27	
Elektro	63		
Metall	14	18	85

ORT	KDNR		
B	18	23	
KA	27	56	83
M	14		
MA	58	63	

Bild 5.32: Beispiel 5.20 ■

Alternative 2 für G(w):

Sekundärindex und Zeigerfeld gemäß Alternative 1 werden voneinander getrennt. G(w) ist dann ein Zeiger auf ein Zeigerfeld.

(5.21) Beispiel: (Fortsetzung zu Beispiel 5.19)

Für die Datei KUNDENDATEI erhalten wir für die Sekundärschlüssel BRANCHE und ORT folgende Sekundärindexe bzw. Zeigerfelder:

Sekundärindex:

BRANCHE	Erster Eintrag
Bau	0
Chemie	2
Elektro	4
Metall	5

ORT	Erster Eintrag
B	0
KA	2
M	5
MA	6

Zeigerfelder:

	Bau		Chemie		Elektro	Metall		
	0	1	2	3	4	5	6	7
BRANCHE	56	58	23	27	63	14	18	85
ORT	18	23	27	56	85	14	58	63
	B		KA			M	MA	

Bild 5.33: Beispiel 5.21

Alternative 3 für G(w):

Der Index enthält *alle* Paare (w, G(x)) mit $x \in D_{A,w}$. Er besteht also aus $|D_{A,w}|$ Einträgen. Doppelt auftretende Sekundärschlüsselwerte werden in der Reihenfolge der Primärschlüsselwerte sortiert.

(5.22) Beispiel: (Fortsetzung zu Beispiel 5.19)

Für die Datei KUNDENDATEI erhalten die Sekundärschlüssel BRANCHE und ORT folgenden Inhalt:

Index für BRANCHE

BRANCHE	KDNR
Bau	56
Bau	58
Chemie	23
Chemie	27
Elektro	63
Metall	14
Metall	18
Metall	85

Index für ORT

ORT	KDNR
B	18
B	23
KA	27
KA	56
KA	85
M	14
MA	58
MA	63

Bild 5.34: Beispiel 5.22

Alternative 4 für G(w):

G(w) ist eine Bitliste: Pro Sekundärschlüsselwert wird für jeden Satz entweder das entsprechende Bit auf 1 gesetzt (Satz enthält den Wert) oder auf 0 (Satz enthält den Wert nicht).

(5.23) Beispiel: (Fortsetzung zu Beispiel 5.19)

Für die Datei KUNDENDATEI ergeben sich für die Sekundärschlüssel BRANCHE und ORT folgende Bitlisten:

	RSN							
BRANCHE	0	1	2	3	4	5	6	7
Bau	0	0	0	0	0	1	0	1
Chemie	0	1	0	0	1	0	0	0
Elektro	1	0	0	0	0	0	0	0
Metall	0	0	1	1	0	0	1	0

	RSN							
ORT	0	1	2	3	4	5	6	7
B	0	0	1	0	1	0	0	0
KA	0	1	0	1	0	1	0	0
M	0	0	0	0	0	0	1	0
MA	1	0	0	0	0	0	0	1

Bild 5.35: Beispiel 5.23 ■

Eine Sekundärorganisation mit Index bietet im wesentlichen zwei Vorteile:

- Bei einer Verwendung symbolischer Zeiger hat eine Verschiebung der Sätze im Speicher keine Auswirkung auf den Sekundärindex.
- Bei Verwendung mehrerer Indexe werden bei vielen Operationen zunächst die Indexe ausgewertet. Beispielsweise werden Vereinigungsmengen und Schnittmengen auf dieser Ebene gebildet. Erst dann erfolgt ein Zugriff auf die benötigten Sätze der Datei.

Ein großer Nachteil der Sekundärorganisation mit Index ist insbesondere der relativ hohe Speicherbedarf des Index. Seine Verwaltung erfordert hohen Aufwand. So muß er nach dem Einfügen und Löschen von Sätzen jeweils angepaßt werden. Ferner müssen zur Verwaltung eines Index oft spezielle Organisationsformen, wie z.B. Baumstrukturen mit „guten“ Eigenschaften eingesetzt werden.

5.6.2.2 Index-Hash-Organisation

Ein Spezialfall einer Sekundärorganisation mit Index ist eine Index-Hash-Organisation. Der dem vollständigen Index zugrunde liegende Sekundärschlüssel A ist in diesem Fall ein Schlüssel, d.h. A ist identifizierend und minimal. Die Abspeicherung im Index I und der Zugriff auf denselben erfolgt mittels des in Kapitel 5.5.1 vorgestellten Hash-Verfahrens. Deshalb ist der Index in der Regel – im Unterschied zu allen anderen Organisationsformen mit Index – nicht sortiert.

(5.24) Beispiel:

Die Sekundärorganisation der Datei KUNDENDATEI soll nach dem Sekundärschlüssel Rechnungsnummer RGNR vorgenommen werden. RGNR besitze die Eigenschaft eines Schlüssels. Der Index soll mit Hilfe des Division-Rest-Verfahrens nach diesem numerischen Feld aufgebaut werden. Die Hash-Funktion laute wie folgt:

h(RGNR) = RGNR MOD 100

Aus dieser Funktion ergibt sich die relative Satznummer des Satzes im Index. Dieser Satz enthält den Sekundärschlüssel RGNR und den Primärschlüssel KDNR als Zeigerwert. Auf den entsprechenden Satz innerhalb der Datei KUNDENDATEI kann dann über KDNR zugegriffen werden. Den Kollisionsfall wollen wir hier ausschließen – der Leser möge die an anderer Stelle gewonnenen Kenntnisse selbst anwenden.

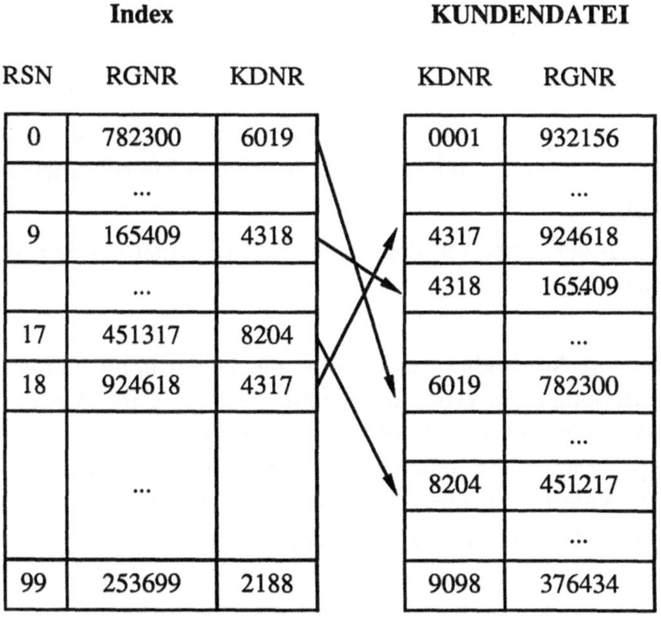

Index

RSN	RGNR	KDNR
0	782300	6019
	...	
9	165409	4318
	...	
17	451317	8204
18	924618	4317
	...	
99	253699	2188

KUNDENDATEI

KDNR	RGNR
0001	932156
	...
4317	924618
4318	165409
	...
6019	782300
	...
8204	451217
	...
9098	376434

Bild 5.36: Index-Hash-Organisation ■

Eine Index-Hash-Organisation gewährleistet im Unterschied zu anderen Sekundärorganisationen einen relativ schnellen Zugriff auf den Indexeintrag bei nur einer Indexstufe.

5.7 Datenbanksysteme

Dateien können vom Betriebssystem verwaltet werden. Aus Sicht vieler Anwendungen stellen Datenbanksysteme eine Alternative dar, zumal sie zusätzliche Dienste anbieten. In den folgenden Abschnitten grenzen wir die beiden Systeme gegeneinander ab und motivieren dadurch zugleich den Einsatz von Datenbanksystemen.

5.7.1 Dateiverwaltungssysteme

Blicken wir zurück: Die dauerhafte Aufbewahrung von Daten erfolgt bei einer Datenverarbeitungsanlage durch die Abspeicherung der Daten in physischen Dateien auf einem nichtflüchtigen Sekundärspeicher wie etwa Magnetplatten. Die Verwaltung der physischen Dateien wird mit Hilfe der Dateiverwaltungskomponente des Betriebssystems abgewickelt. Jede Datei kann man durch gewisse Merkmale charakterisieren:

- Ein *Dateiname* identifiziert die Datei.
- Durch die *Organisationsform* der Datei wird die Art der Abspeicherung der Daten angegeben und damit die möglichen Zugriffsarten auf die Datei festgelegt.
- Der *Satztyp* der Datei definiert Aufbau und Format der abzuspeichernden Datensätze.

Dadurch kann ein Anwendungsprogramm die Daten der Datei nur benutzen, wenn es die Merkmale der Datei kennt und diese für seine Anwendung genau so definiert. Man spricht von einer *physischen Datenabhängigkeit* zwischen Anwendungsprogramm und physischer Datei. Führt man an den Merkmalen einer Datei Veränderungen durch, so müssen in der Regel auch alle Anwendungsprogramme, die diese Datei benutzen, geändert werden.

(5.25) Beispiel: (Fortsetzung zu Beispiel 5.4)

Die Datei KUNDENDATEI besitze den Satztyp KNDTYP. Im laufenden Geschäftsjahr erzwingen mehrere Vorfälle eine Änderung des Satztyps:

- Die Post stellt ihr Postleitzahlensystem von vier- auf fünfstellige Postleitzahlen um. Das Feld PLZ muß deshalb verlängert werden.
- Für zukünftige Kunden soll Beruf und Geburtsdatum erfaßt werden. Entsprechende zusätzliche Felder sind in den Satztyp aufzunehmen.
- Das Feld STR hat bisher den Straßennamen zusammen mit der Hausnummer beinhaltet und soll nun in zwei Felder (STR + NR) zerlegt werden. Zudem sollen diese den Feldern PLZ und ORT vorangestellt werden.

Anschließend sieht der neue Satzaufbau wie folgt aus:

```
TYPE KNDTYP = RECORD
       KDDAT:  RECORD
         KDNR :  CARDINAL;
         NAME :  ARRAY [0..29] OF CHAR;
         STR  :  ARRAY [0..29] OF CHAR;
         NR   :  CARDINAL;
         PLZ  :  ARRAY [0..4] OF CHAR;
         ORT  :  ARRAY [0..29] OF CHAR;
         GEB  :  ARRAY [0..5] OF CHAR;
         BER  :  ARRAY [0..29] OF CHAR;
       END; (* RECORD KDDAT *)
            ...
     END; (* RECORD KNDTYP *)
VAR  KUNDE: KNDTYP
```

Für die DV-Bereiche des Handelsunternehmens entsteht Aufwand durch eine Änderung von Satztyp und Sätzen der Datei KUNDENDATEI sowie durch eine Änderung aller Programme, die auf diese Datei zugreifen. Wird ein Programm vergessen, besteht die Gefahr des Programmabsturzes oder (weitaus schlimmer) von falschen Rechenergebnissen. ■

Anwendungsprogramme werden oft von verschiedenen Programmierern, die unterschiedliche Vorstellungen über Benennung und Strukturierung von Daten haben, angefertigt. Ferner gibt es oft Anwendungsprogramme, die nicht alle Sätze einer Datei oder nur bestimmte Teile aller Sätze benötigen. Deshalb werden von Dateien oft modifizierte Kopien angelegt, die auf spezielle Erfordernisse einzelner Anwendungsprogramme zugeschnitten sind. Dies führt zur *Datenredundanz*, d.h. Daten, die eigentlich nur einmal vorhanden sein müssen, sind in verschiedenen Dateien mehrfach abgespeichert.

(5.26) Beispiel: (Fortsetzung zu Beispiel 5.4)

In einer Mailingaktion möchte die Marketingabteilung des Handelsunternehmens allen Kunden, die im vergangenen Jahr Textilien bestellt haben, einen Werbeprospekt über Modeartikel zuschicken. Aus der Datei KUNDENDATEI werden daher alle Sätze von geeigneten Kunden in eine Datei MAILINGDATEI kopiert. In einem zweiten Arbeitsschritt werden überflüssige Informationen (OFPOS, OFAUF) aus dem Satztyp entfernt. Für zukünftige Aktionen möchte man die Reaktion der angeschriebenen Kunden auf die Werbeaktion erfassen. Dazu wird dem Satztyp ein Feld

BESTELLUNG : BOOLEAN;

hinzugefügt. ■

Erfolgt die Aktualisierung mehrfach vorhandener Daten nicht in allen Dateien gleichzeitig, so liegen *inkonsistente Daten* vor, d.h. für ein und dieselbe Eigenschaft eines Objekts sind mehrere verschiedene Werte gespeichert.

(5.27) Beispiel: (Fortsetzung zu Beispiel 5.4)

Der Idee der Marketingabteilung folgend kopieren sich nun auch andere Bereiche im Handelsunternehmen die Datei KUNDENDATEI und modifizieren die Kopien nach ihren Bedürfnissen. Teilweise werden sogar die modifizierten Kopien selbst wieder weitergegeben. Im Unternehmen entsteht mit der Zeit eine große Sammlung unterschiedlicher Abkömmlinge der Datei (vgl. Bild 5.37).

Ein umgezogener Kunde meldet nun der Auftragsannahme des Unternehmens eine Adreßänderung. Die Marketingabteilung hat davon keine Kenntnis und verschickt einen neuen Katalog an die alte Adresse des Kunden. Die Post sendet den Katalog mit dem Vermerk „unbekannt verzogen" zurück. Erst jetzt vergleicht die Marketingabteilung den entsprechenden Satz der Datei MAILINGDATEI mit den Daten in der Datei KUNDENDATEI. Durch das erneute Versenden des Kataloges entstehen doppelte Portokosten.

Insbesondere in großen Unternehmen wird auf Daten von unterschiedlichen Benutzern aus verschiedensten Unternehmensbereichen zugegriffen. Jeder Benutzer benötigt diese Daten in einer speziell aufbereiteten Form, um sie angemessen weiterbearbeiten zu können. Paßt diese nicht auf ein zur Verarbeitung geeignetes Programm, so muß es modifiziert werden, wenn nicht gar ein neues, funktional gleiches geschrieben werden muß. Dadurch wächst natürlich auch die Menge des zu verwaltenden Programmcodes.

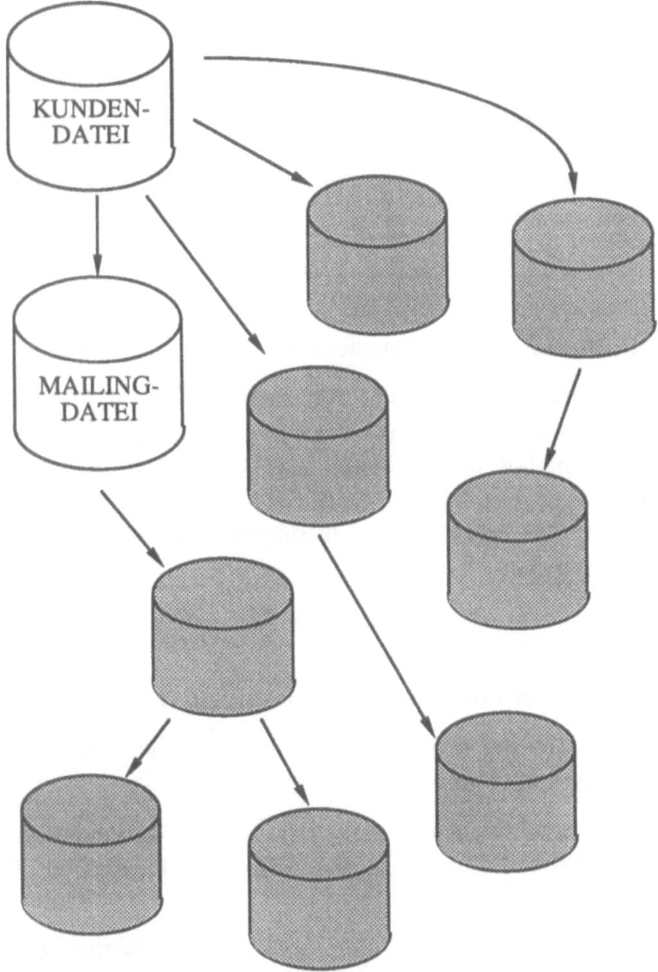

Bild 5.37: Dateimodifikationen in Beispiel 5.27 ▪

(5.28) Beispiel: (Fortsetzung zu Beispiel 5.4)

Wünscht die Marketingabteilung eine Liste aller Kunden mit einem bestimmten jährlichen Mindestumsatz, so ist dies mit vorhandenen Programmen - etwa dem zur Mailingaktion aus Beispiel 5.26 - nicht möglich. Deshalb muß ein neues Anwendungsprogramm geschrieben werden. ■

In Dateiverwaltungssystemen fehlt meist eine geeignete Unterstützung für das Wiederauffinden bestimmter Daten. Man spricht in diesem Zusammenhang von einer *Inflexibilität* bei der Auswertung und dem Gebrauch von Daten

Ein weiterer großer Nachteil einer Datenhaltung mit einem Dateiverwaltungssystem ist die Beschränkung auf einen *Einbenutzerbetrieb* auf demselben Datenbestand. Es ist im allgemeinen nicht möglich, daß mehrere Anwendungsprogramme zeitgleich auf denselben Datenbestand zugreifen, da dadurch Inkonsistenzen auftreten können.

(5.29) Beispiel: (Fortsetzung zu Beispiel 5.4)

Das Handelsunternehmen besitzt für seine Angestellten eine Datei PERSONALDATEI deren Satztyp aus den Feldern PERS-NR., NAME, ABTEILUNG, RAUM-NR. und GEHALT besteht. Ein Mitarbeiter wechselt von der Abteilung Einkauf zum Vertrieb, zieht dabei von Zimmer 111 nach Zimmer 406 und erhält 500 DM mehr Gehalt. Für diesen Abteilungswechsel sind zwei Sachbearbeiter zuständig:

- Der Raumdezernent kümmert sich um den Umzug und korrigiert Abteilungsnamen und Gebäudenummer.
- ein Angestellter der Lohnbuchhaltung korrigiert das Gehalt

Wenn beide Sachbearbeiter den Vorgang gleichzeitig bearbeiten wollen, kann der in Bild 5.38 illustrierte Fall vorkommen.

Man erkennt: die verzahnte Ausführung der beiden eigenständigen Vorgänge „Umzug“ und Gehaltserhöhung hat den Angestellten um seine Gehaltserhöhung gebracht. ■

Damit solche Inkonsistenzen nicht auftreten, werden Dateien in der Regel so lange für andere Programme gesperrt, bis ein gerade zugreifendes Programm mit seiner Bearbeitung fertig ist. Diese Wartezeiten können die Leistungsfähigkeit von Anwendungen erheblich beeinträchtigen.

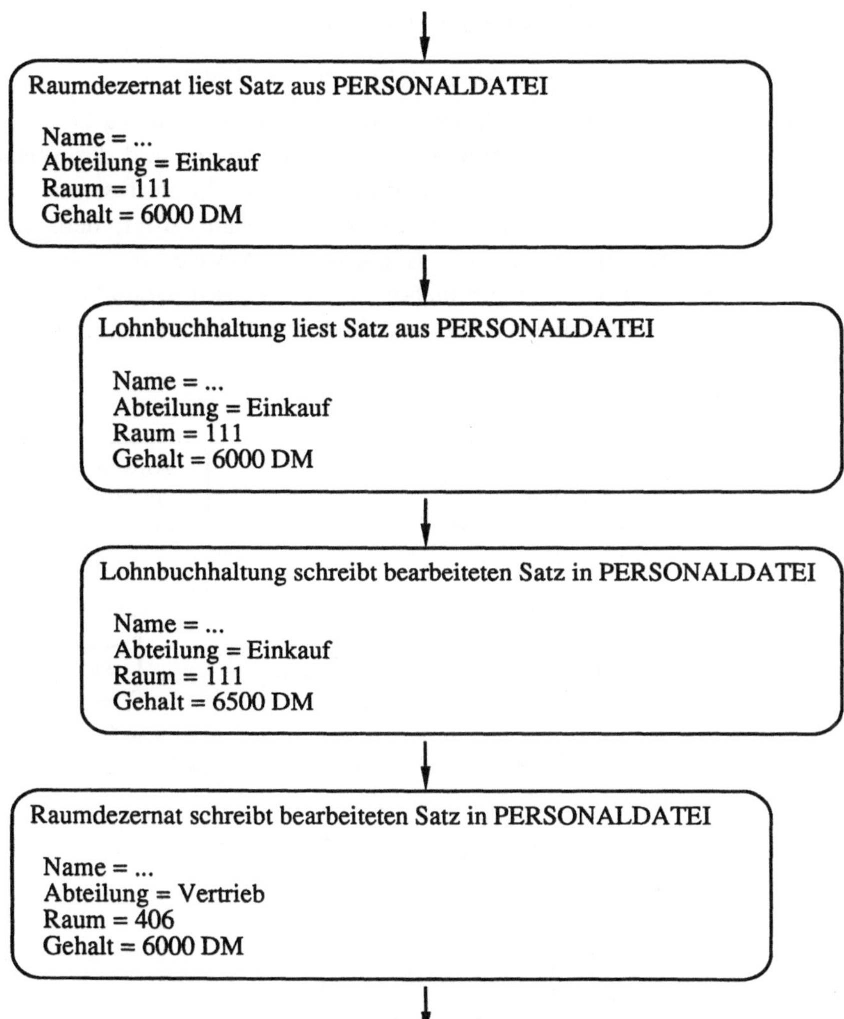

Bild 5.38: Inkonsistenzen in Beispiel 5.29

5.7.2 Datenbank und Datenbankmanagementsystem

Physische Datenabhängigkeiten, Datenredundanzen, inskonsistente Daten, Inflexibilität im Umgang mit Daten und Einbenutzerbetrieb sind typische Mängel bei einer Datenhaltung, die auf einem Dateiverwaltungssystem beruhen. Dies führt zu

- hohen Kosten für die Anpassung von Anwendungsprogrammen,

- Unsicherheiten bezüglich der Korrektheit von Daten sowie
- Effizienzverlusten bei Speicherung und Zugriff auf Daten.

Es hat sich als sinnvoll herausgestellt, den aufgezeigten Mängeln zu begegnen, indem man die Aufgaben der Beschreibung, des Abspeicherns und des Wiederauffindens von Daten aus den Anwendungsprogrammen herauslöst und statt dessen einer eigens hierfür konzipierten Software überantwortet, dem sogenannten *Datenbankmanagementsystem (DBMS)*. Die Menge der von einem Datenbankmanagementsystem abgespeicherten Daten wird *Datenbank (DB)* genannt. Datenbankmanagementsystem und Datenbank bilden zusammen ein *Datenbanksystem (DBS)*.

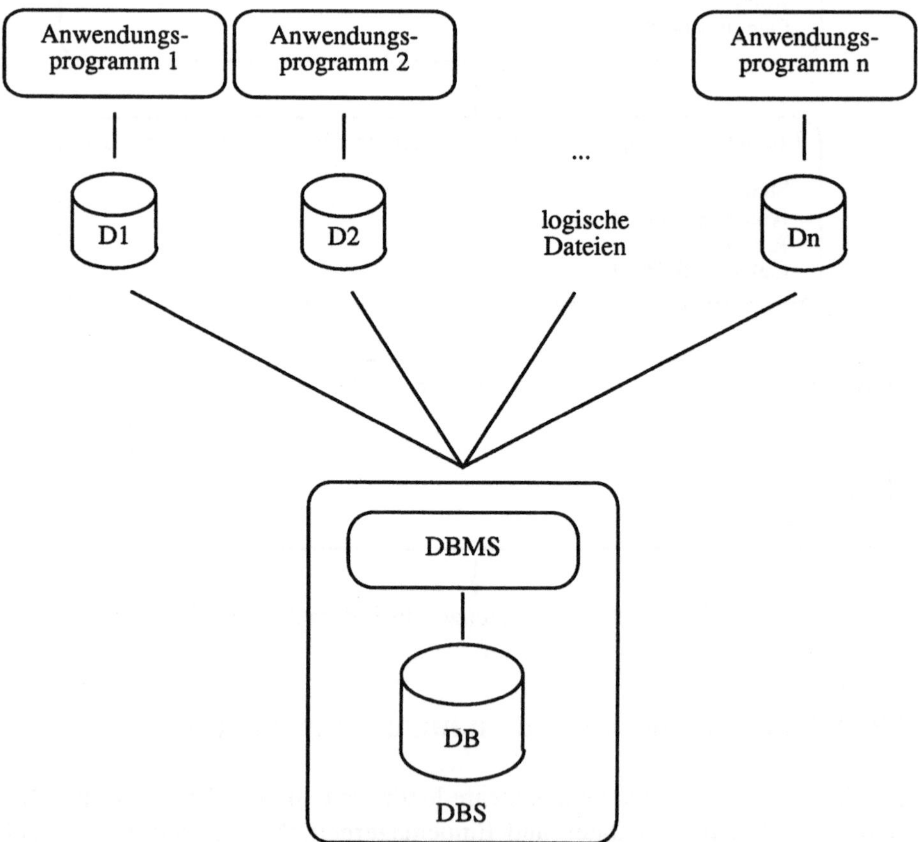

Bild 5.39: Konzept eines Datenbanksystems

Durch die Einführung eines Datenbanksystems wird eine zusätzliche Softwareebene – das Datenbankmanagementsystem – zwischen Anwendungsprogramme und physische Dateien geschoben. Dadurch ist den Anwendungsprogrammen kein direkter Zugriff mehr auf die physischen Dateien möglich. Das Datenbankmanagementsystem stellt jedem Anwender in seinem Anwendungsprogramm die Daten in der von ihm benötigten Form in eigenen, logischen Dateien zur Verfügung (vgl. Bild 5.39). Die Abbildung der logischen auf die physischen Dateien liegt im Verantwortungsbereich des Datenbankmanagementsystems. Dadurch bleiben Anwendungsprogramme von der Änderung von Dateimerkmalen unbeeinflußt, was eine *physische Datenunabhängigkeit* gewährleistet. Daneben gibt es eine ganze Reihe weiterer „guter" Eigenschaften, die Datenbanksysteme bieten, hierzu zählen u.a. der Mehrbenutzerbetrieb, die Gewährleistung der Datensicherheit, Recovery, d.h. Wiederherstellung der Integrität im Fehlerfall, und Redundanzvermeidung. Auf die genannten Eigenschaften werden wir aber im Rahmen dieses Buches nicht eingehen.

Aufgaben zu 5.1 bis 5.7:

1) (a) Gegeben seien die folgenden Daten eines Sportvereins:

M#	Name	Abteilung
41	Franz	Fußball
10	Christian	Ski
13	Boris	Tennis
31	Fritz	Fußball
23	Steffi	Tennis
16	Michael	Schwimmen
30	Bernhard	Golf
26	Uwe	Fußball

Speichern Sie die Daten nach dem Primärschlüssel Mitgliedsnummer (M#) in der Reihenfolge 41, 10, 13,..., 26 in einer Hash-Tabelle ab.
Verwenden Sie hierfür die Hash-Funktion

h(s) = M# MOD 11.

Verwenden Sie im Kollisionsfall die Kollisionsbehandlung auf Satzebene.

(b) Geben Sie einen Sekundärindex mit variabel langen Zeigerfeldern für den Sekundärschlüssel Abteilung an. Verwenden Sie dabei als Zeigerwerte den Primärschlüssel Mitgliedsnummer.

(c) Stellen Sie mögliche Sekundärorganisationen mit Index dar. Legen Sie Ihren Darstellungen die behandelten Alternativen 2, 3 und 4 zugrunde.

2) Warum ist eine Hash-Funktion im allgemeinen nicht injektiv?

3) Die Hash-Tabelle aus Aufgabe 1 werde in einer Datei MITGLIEDER abgespeichert. Der Blockungsfaktor BF(MITGLIEDER) sei 3.

(a) Skizzieren Sie eine logische Sicht auf MITGLIEDER unter Angabe der logischen Blocknummern sowie der Mitgliedernummern.

(b) Geben Sie die Folge der logischen Blocknummern an, die untersucht werden müssen, um den Datensatz mit dem Primärschlüsselwert 30 zu finden.

4) Was versteht man unter der
— relativen Satznummer,
— logischen, relativen, physischen Blocknummer?

5) Gegeben seien die folgenden Daten eines Fertigungsbetriebes:

Teilenummer	Material	Kaufteil	Farbe
71	Eisen	ja	blau
35	Eisen	nein	rot
24	Aluminium	nein	grau
70	Eisen	nein	blau
80	Aluminium	ja	grau
48	Nickel	nein	grün
41	Aluminium	ja	grau
92	Nickel	nein	grün

(a) Speichern Sie die Daten nach dem Primärschlüssel Teilenummer in der Reihenfolge 71, 35,..., 92 in einer Hash-Tabelle ab. Die Anzahl der zur Verfügung stehenden Satzspeicher sei 17. Benutzen Sie die Hash-Funktion nach dem Divisions-Rest-Verfahren.

Im Falle einer Kollision soll der einzufügende Satz im ersten freien Satzspeicher nach dem errechneten Satzspeicher abgespeichert werden.

(b) Geben Sie einen Sekundärindex mit variabel langen Zeigerfeldern für das Material an.

(c) Geben Sie einen vollständigen Sekundärindex für die Farbe an.

(d) Konstruieren Sie einen Zugriffspfad auf alle Kaufteile.

6) Folgende Datei D mit Primärschlüssel *Name* sei gegeben.

BN	Datei D
0	Herbert
	Inge
	Jürgen
1	Klaus
2	Albert
	Bruno
3	Christian
	Dagmar
4	Gerd
5	Maria
	Michael
6	Thomas
	Volker
	Willi
7	

(a) Legen Sie einen zweistufigen Index für Name an. Dabei sei I_0 Index über D und bestehe aus 2 Blöcken, I_1 Index über I_0 und bestehe aus 1 Block. Der Blockungsfaktor sei jeweils 4.

(b) Fügen Sie einen Satz mit dem Primärschlüsselwert „Gabi“ in die Datei ein und geben Sie alle geänderten Blöcke an. Geben Sie stichwortartig die Vorgehensweise bei der Bestimmung der Einfügestelle an.

(c) Fügen Sie einen Satz mit dem Primärschlüsselwert „Walter“ in die Datei ein. Verwenden Sie im Falle eines Überlaufs die Überlaufbehandlung mit Blockteilung. Geben Sie alle geänderten Blöcke an.

(d) Welche Zugriffsmöglichkeit auf den Hintergrundspeicher ist für eine index-sequentielle Dateiorganisation notwendig?

Ausgewählte Lösungen zu Aufgaben aus den Kapiteln 1 bis 5

1.1 - 1.3:

1. (a)

   Code-Baum der Zählcodierung:

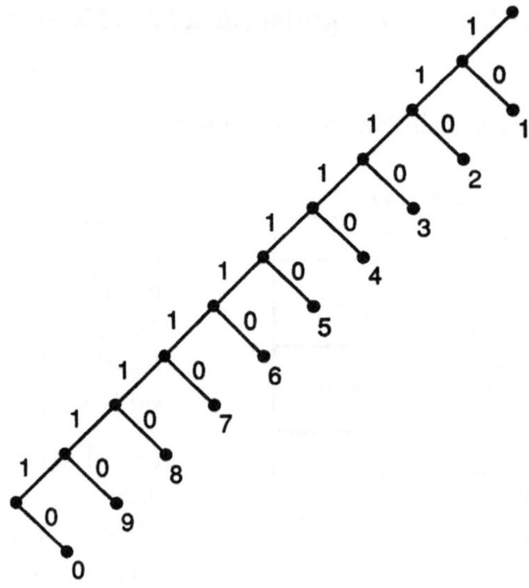

   Code-Baum der Morsecodierung:

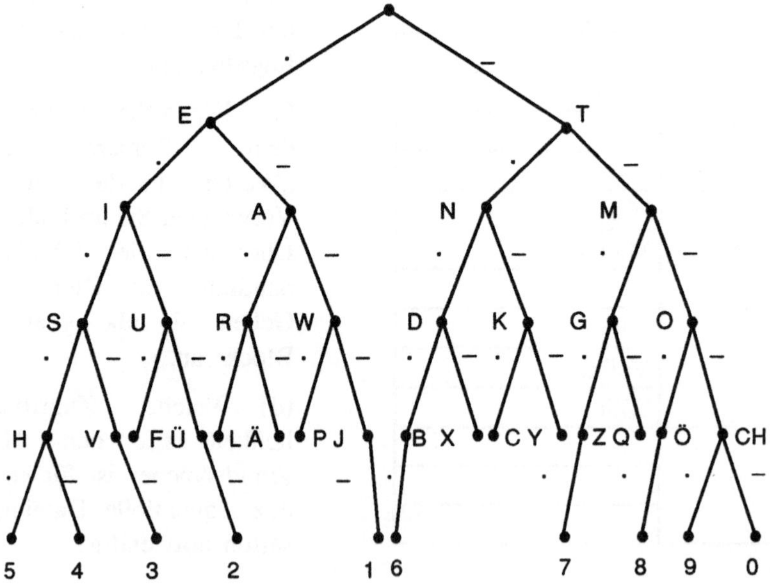

(b)

(i) Alle Blätter haben dieselben Tiefen, und genau diese Endknoten und nur diese sind mit zu codierenden Wörtern beschriftet.

(ii) Der Baum hat die Höhe 1, und die Wurzel ist nicht markiert.

(iii) Der Baum ist ein Binärbaum.

(iv) Jeder Knoten ist höchstens einmal markiert.

(v) Es sind nur die Blätter des Baumes markiert.

2. (a) Beweis:

c^* injektiv $\Leftrightarrow$ $\forall$ w, v $\in A^*$, w $\neq$ v: $c^*(w) \neq c^*(v)$

$\Rightarrow$ insbesondere: $\forall$ w', v' $\in$ A, w' $\neq$ v': $c(w') \neq c(v')$

Das ist die Definition der Injektivität von c.

(b) Beweis:

Wir geben ein Gegenbeispiel an: Die Morsecodierung c_M ist injektiv, nicht aber ihre natürliche Fortsetzung c_M^* (vgl. Beispiel 4.6(a) und 4.8(b)).

(c) Beweis:

Die Richtigkeit der Aussage (c) wollen wir mit einem Widerspruchsbeweis zeigen: Wir nehmen an, c^* sei nicht injektiv.

$\Rightarrow$ $\exists$ Wörter $a_1 \ldots a_n$, $b_1 \ldots b_m \in A^*$, $a_1 \ldots a_n \neq b_1 \ldots b_m$:

$c^*(a_1 \ldots a_n) = c^*(b_1 \ldots b_m)$, d.h. $c(a_1) \ldots c(a_n) = c(b_1) \ldots c(b_m)$

Sei i $\in$ {1,..., min(n, m)} so gewählt, daß $a_k = b_k$ für $1 \leq k < i$ und $a_i \neq b_i$.

Betrachte im folgenden die Teilwörter $a_i \ldots a_n$ und $b_i \ldots b_m$.

Wir unterscheiden nun drei Fälle:

1.Fall: $| c(a_i) | = | c(b_i) |$

Da die Codewörter von $a_1 \ldots a_n$ und $b_1 \ldots b_m$ übereinstimmen und bis zur Stelle i die Teil-Codewörter auch gleich lang sind, muß gelten: $c(a_i) = c(b_i)$.

Dies stellt einen Widerspruch zur vorausgesetzten Injektivität von c dar.

2.Fall: $| c(a_i) | < | c(b_i) |$

Wegen $c(a_i) \ldots c(a_n) = c(b_i) \ldots c(b_m)$ gilt:

$\exists$ v $\in B^*$ **Fehler!**

Das ist ein Widerspruch zur Voraussetzung, daß c die Fano-bedingung erfüllt, da hier das Codewort $c(a_i)$ den Anfang des Codewortes $c(b_i)$ bildet.

3.Fall: $| c(a_i) | > | c(b_i) |$

Dieser Fall wird analog zu Fall 2 behandelt.

Da alle drei Fälle auf einen Widerspruch geführt haben, müssen wir die Annahme, c^* sei nicht injektiv, fallenlassen und können die Aussage als bewiesen betrachten.

Ein Gegenbeispiel zeigt uns, daß aus der Injektivität von c^* nicht zu folgen braucht, daß c die Fano-Bedingung erfüllt.

Betrachte die Codierung der beiden Zeichen a und b: $c(a) = 1$, $c(b) = 10$. Es ist leicht zu sehen, daß die natürliche Fortsetzung von c injektiv ist. Aber da das Codewort c(a) den Anfang des Codewortes c(b) darstellt, genügt die Codierung c nicht der Fano-Bedingung.

3. Eine Codierung ist decodierbar, wenn sie injektiv ist.
   Für die natürliche Fortsetzung c^* einer Blockcodierung c gilt: c^* ist injektiv, wenn c injektiv ist und die Fano-Bedingung erfüllt.
   Da bei einer Blockcodierung jedoch wegen der gleichen Länge aller Codewörter kein Codewort Anfang eines anderen sein kann, es sei denn die Codewörter sind gleich (d.h. c nicht injektiv), ist für die Injektivität von c^* die Injektivität von c sowohl notwendig als auch hinreichend.

4. Beweis:
   (a) $h(x, y) = 0 \Leftrightarrow \forall i \in \{1,\dots,n\}: g(x_i, y_i) = 0$
   $\Leftrightarrow \forall i \in \{1,\dots,n\}: x_i = y_i$
   $\Leftrightarrow x = y$
   (b) Nach Definition der Abbildung g gilt $g(x_i, y_i) = g(y_i, x_i)$ und somit: $h(x, y) = h(y, x)$
   (c) $h(x, y) + h(y, z) \geq h(x, z)$
   $\Leftrightarrow \sum_{i=1}^{n} g(x_i, y_i) + \sum_{i=1}^{n} g(y_i, z_i) \geq \sum_{i=1}^{n} g(x_i, z_i)$
   $\Leftrightarrow \sum_{i=1}^{n} (g(x_i, y_i) + g(y_i, z_i)) \geq \sum_{i=1}^{n} g(x_i, z_i)$

Für die Richtigkeit dieser Ungleichung ist hinreichend:
$g(x_i, y_i) + g(y_i, z_i) \geq g(x_i, z_i)$ für alle $i \in \{1,\ldots,n\}$
Diese Ungleichung ist für $g(x_i, z_i) = 0$ immer erfüllt, interessant ist der Fall $g(x_i, z_i) = 1$, d.h. $x_i \neq z_i$. In diesem Fall kann die linke Seite der Ungleichung nicht $= 0$ sein (und ist somit ≥ 1), da dann gelten würde: $x_i = y_i = z_i$, und das wäre ein Widerspruch. Die Ungleichung ist also für alle $i \in \{1,\ldots,n\}$ erfüllt.

5. Wir bestimmen die Hammingabstände zwischen den einzelnen Codewörtern und erhalten daraus als Hammingzahl $h_c = 2$.
Da $h_c \geq 1 + 1$, ist die Codierung 1-Fehler-erkennbar.
Da aber $2 \cdot 1 + 1 \geq h_c \geq 2 \cdot 0 + 1$, ist die Codierung 0-Fehler-korrigierbar.

6. Damit eine Codierung 1-Fehler-erkennbar ist, muß $h_c \geq 2$ sein.
Da wir für 10 Dezimalziffern bei einer 4-Bit-Codierung nur 16 verschiedene Codewörter zur Verfügung haben, kann diese Bedingung nicht erfüllt werden.
Damit gibt es auch keine 4-Bit-Codierung, die 1-Fehler-korrigierbar ist.

7. Es gibt eine (sogar mehrere) 1-Fehler-erkennbare 4-Bit-Codierung für die Ziffern 0,...,7, da für acht zu codierende Zeichen 16 Codewörter zur Verfügung stehen.
Man kann z.B. eine Codierung wählen, bei der bei vier Codewörtern jeweils ein Bit auf 1 gesetzt ist und bei weiteren vier Codewörtern drei Bits auf 1 gesetzt sind und die übrigen 0. Eine andere Möglichkeit wären sechs Codewörter mit jeweils zwei Bits auf 1, ein Codewort mit keinem und ein Codewort mit allen Bits auf 1 gesetzt.

Beispiel:
c(0) = 1000 c(1) = 0100 c(2) = 0010 c(3) = 0001
c(4) = 1110 c(5) = 1101 c(6) = 1011 c(7) = 0111

8. (a)

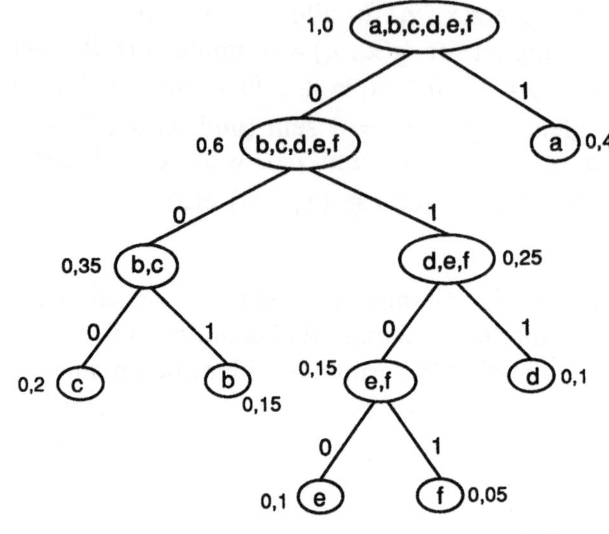

c(a) = 1 c(b) = 001 c(c) = 000
c(d) = 011 c(e) = 0100 c(f) = 0101
$L_{A,p}(c) = 2{,}35$

(b)

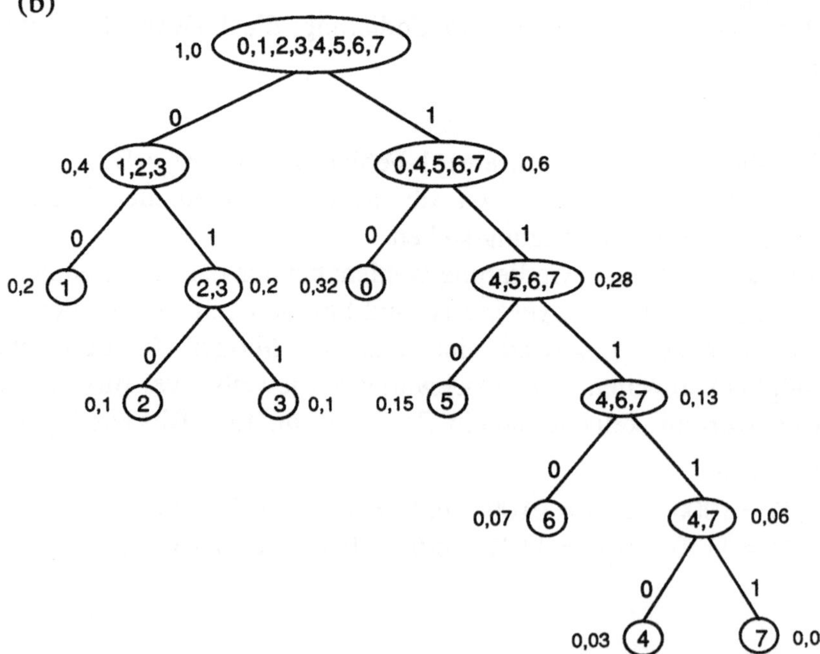

c(0) = 10 c(1) = 00 c(2) = 010 c(3) = 011
c(4) = 11110 c(5) = 110 c(6) = 1110 c(7) = 11111
$L_{A,p}(c) = 2{,}67$

9. Zur Lösung dieser Aufgabe interpretieren wir den erhaltenen Baum als Code-Baum im Sinne von Aufgabe 1, indem die Knoten mit den einelementigen Mengen durch das Element dieser Menge markiert werden. Die Wahrscheinlichkeiten müssen nicht berücksichtigt werden.

   (a) Eine Codierung ist injektiv, falls jeder Knoten höchstens einmal markiert ist. Dies ist bei der Huffman-Codierung der Fall.

   (b) Die Fano-Bedingung ist erfüllt, wenn nur die Blätter des Baumes markiert sind. Auch dieser Bedingung genügt die Huffman-Codierung.

10. (a) Wir erhalten eine optimale Codierung, wenn wir alle zu codierenden Elemente auf dasselbe, möglichst kurze Zeichen des Zielalphabets abbilden.

    (b) Wir sortieren die Elemente des Zielalphabets der Länge nach und weisen dem wahrscheinlichsten Zeichen das kürzeste Zeichen des Zielalphabets zu etc.

12. 3617 + 5438 = 9055 . An der zweiten und der vierten Stelle entsteht ein dezimaler Übertrag, dort ist also eine Korrekturaddition von 0110 nötig.

3617:	0011 0110 0001 0111	
+ 5438:	0101 0100 0011 1000	
=	1000 1010 0100 1111	
+ Korrektur:	0110 0110	
Ergebnis:	1001 0000 0101 0101	$= c^*_{BCD}(9055)$

13. (a) $c_{VB,6}(-17) = 110001$
$c_{VB,6}(5) = 000101$

(b) $c_{Ex\text{-}32,6}(-17) = 001111$
$c_{Ex\text{-}32,6}(5) = 100101$

(c) $c_{2K,6}(-17) = 101111$
$c_{2K,6}(5) = 000101$

(d) $c_{1K,6}(-17) = 101110$
$c_{1K,6}(5) = 000101$

14. Damit die Umrechnungen einfacher durchzuführen sind, berechnen wir zuerst die Dualdarstellungen von x und y. Wir erhalten:
$x = (0.0001)_2$ durch Anwendung des Horner-Schemas,
$y \triangleq -(0.0000\ 0111\ 1011)_2$ durch Hintereinanderhängen der Dualdarstellungen der Ziffern der Hexadezimaldarstellung.

(a) $c_{FP,2K,16,10}(x) = c_{2K,16}(\lfloor x \cdot 2^{10} + 0.5 \rfloor)$
$= 0000\ 0000\ 0100\ 0000$

$c_{FP,2K,16,10}(y) = c_{2K,16}(\lfloor y \cdot 2^{10} + 0.5 \rfloor)$
$= c_{2K,16}(\lfloor -(0.0000\ 0111\ 1011)_2 \cdot 2^{10} + (0.1)_2 \rfloor)$
$= c_{2K,16}(-\lfloor (0.0000\ 0111\ 1011)_2 \cdot 2^{10} + (0.1)_2 \rfloor)$

(Runden und Vorzeichenwechsel sind vertauschbar für alle Zahlen $x \in \mathbb{R}$ mit $x \neq i.5$, $i \in \mathbb{Z}$.)

$= c_{2K,16}(-(11111)_2)$
$= (1111\ 1111\ 1110\ 0000)_{2,16} + (1)_2$

(Kippen aller Bits und Addition von 1)

$= 1111\ 1111\ 1110\ 0001$

(b) $x = (0.0001)_2 = (0.1)_2 \cdot 2^{-3} =: m_0 \cdot 2^{e_0}$
$c_{FP,VB,10,9}(m_0) = c_{VB,10}(\lfloor m_0 \cdot 2^9 + 0.5 \rfloor)$
$= (01\ 0000\ 0000)_{2,10}$
$c_{Ex\text{-}32,6}(e_0) = c_{2,6}(32 - 3) = c_{2,6}(29) = (011101)_2$
Insgesamt ergibt sich für die Gleitpunktdarstellung von x:
0100 0000 00 | 01 1101

$y = -(0.0000\ 0111\ 1011)_2 = -(0.1111011)_2 \cdot 2^{-5} =: m_0 \cdot 2^{e_0}$
$c_{FP,VB,10,9}(m_0) = c_{VB,10}(\lfloor m_0 \cdot 2^9 + 0.5 \rfloor)$
$= c_{VB,10}(-(111101100)_2)$
$= (11\ 1110\ 1100)_{2,10}$
$c_{Ex\text{-}32,6}(e_0) = c_{2,6}(32 - 5) = c_{2,6}(27) = (011011)_2$

Für die Gleitpunktdarstellung von y ergibt sich somit:
1111 1011 00 | 01 1011

Bei dieser Gleitpunktdarstellung zeigt das erste Bit das Vorzeichen der Zahl an, die nächsten 9 Bits dienen der Dualdarstellung der Mantisse, und die letzten 6 Bits werden zur Darstellung des Exponenten verwendet.

15. (a) Beweis:
Sei $x_1 < x_2$. Dann ist
$x_1 - x_2 = m_1 \cdot B^{e_1} - m_2 \cdot B^{e_2} = B^{e_1} \cdot (m_1 - m_2 \cdot B^{e_2-e_1}) < 0$.
Da $B^{e_1} > 0$ für alle $e_1 \in \mathbb{Z}$, muß gelten: $\mathbf{m_1 - m_2 \cdot B^{e_2-e_1} < 0}$.
Nun gehen wir wie folgt vor: Wir zeigen, daß diese Ungleichung genau für die in der Aussage genannten Bedingungen richtig ist und für alle anderen falsch. Dabei benutzen wir des öfteren die Ungleichungskette

$$B^{-1} \leq m_1, m_2 < 1$$

Sei $\underline{e_1 = e_2}$: Dann ist $B^{e_2-e_1} = B^0 = 1$, d.h. $m_1 - m_2 \cdot B^{e_2-e_1} = m_1 - m_2$ $= m_1 - m_2 < 0 . \Rightarrow \underline{m_1 < m_2}$.

Sei $\underline{e_1 < e_2}$: Dann ist $B^{e_2-e_1} \geq B$.
$m_2 \cdot B^{e_2-e_1} \geq m_2 \cdot B \geq B^{-1} \cdot B = 1 > m_1$, d.h. die Ungleichung gilt für $\underline{\text{alle } m_1, m_2}$.

Sei $\underline{e_1 > e_2}$: Dann ist $B^{e_2-e_1} \leq B^{-1}$. Wir formen die zu beweisende Ungleichung um:
$m_1 < m_2 \cdot B^{e_2-e_1} \leq m_2 \cdot B^{-1} < B^{-1}$.
Das stellt einen <u>Widerspruch</u> dar, da für m_1 gilt: $m_1 \geq B^{-1}$.

Jetzt betrachten wir alle Möglichkeiten für m_1, m_2.
Sei $\underline{m_1 = m_2}$: In diesem Fall ist die Ungleichung erfüllt, wenn

$$B^{e_2-e_1} > 1 \Leftrightarrow e_2 - e_1 > 0 \Leftrightarrow \underline{e_1 < e_2}.$$

Sei $\underline{m_1 < m_2}$: Die Ungleichung bleibt erfüllt für

$$B^{e_2-e_1} \geq 1 \Leftrightarrow e_2 - e_1 \geq 0 \Leftrightarrow \underline{e_1 = e_2} \text{ oder } \underline{e_1 < e_2}.$$

Was aber passiert, wenn $B^{e_2-e_1} < 1$ ist? Dann gilt:
$m_2 \cdot B^{e_2-e_1} \leq m_2 \cdot B^{-1} \leq m_2 \cdot m_1 < m_1$ d.h. die Ungleichung ist nicht mehr erfüllt.
Sei $\underline{m_1 > m_2}$: Dann gilt $B^{-1} \leq m_2 < m_1 < 1$.

Die Ungleichung kann höchstens dann erfüllt werden, wenn man m_2 mit einer Zahl multipliziert, die größer als 1 ist, d.h.

$$B^{e_2-e_1} > 1 \Leftrightarrow e_2 - e_1 > 0 \quad \Leftrightarrow \underline{e_1 < e_2}.$$

Prüfen wir nach, ob die Ungleichung dann in jedem Fall richtig ist:

Da $B^{-1} \le m_2$, gilt $B \ge m_2^{-1}$.

$$m_2 \cdot B^{e_2-e_1} \ge m_2 \cdot B \ge m_2 \cdot m_2^{-1} = 1 > m_1$$

d.h. die Ungleichung gilt.

Alle Kombinationen sind nun erörtert, und es hat sich herausgestellt, daß tatsächlich nur die in der Aussage angegebenen Bedingungen möglich sein können.

Für die Richtung von rechts nach links unterscheiden wir zwei Fälle.

1.Fall: $e_1 = e_2$ und $m_1 < m_2$

Es gilt also: $B^{e_1} = B^{e_2}$ und insbesondere:

$m_1 \cdot B^{e_1} = m_1 \cdot B^{e_2} < m_2 \cdot B^{e_2}$ d.h.: $x_1 < x_2$.

2.Fall: $e_1 < e_2 \quad \Rightarrow \quad B^{e_1} < B^{e_2}$.

Jetzt müssen wir eine weitere Fallunterscheidung vornehmen.

Fall 2.1: $m_1 = m_2 : m_1 \cdot B^{e_1} = m_2 \cdot B^{e_1} < m_2 \cdot B^{e_2}$ d.h.: $x_1 < x_2$.

Fall 2.2: $m_1 < m_2 : m_1 \cdot B^{e_1} < m_2 \cdot B^{e_1} < m_2 \cdot B^{e_2}$ d.h.: $x_1 < x_2$.

Fall 2.3: $m_1 > m_2$: Dann gilt die Ungleichung

(*) $B^{-1} \le m_2 < m_1 < 1$

Den ersten Teil von (*) multiplizieren wir mit B^{e_2}:

$B^{e_2-1} \le m_2 \cdot B^{e_2} = x_2$D.h. also:

$$x_2 \ge B^{e_2-1} \overset{\text{Vorauss.}}{\ge} B^{e_1} \overset{(*)}{>} m_1 \cdot B^{e_1} = x_1$$

Auch hier gilt somit $x_1 < x_2$.

(b) Beweis:

Zuerst zeigen wir die Richtung von links nach rechts:

Sei $x_1 = x_2$. Dann gilt:

$x_1 - x_2 = m_1 \cdot B^{e_1} - m_2 \cdot B^{e_2} = B^{e_1} \cdot (m_1 - m_2 \cdot B^{e_2-e_1}) = 0$

Da $B^{e_1} \neq 0$ für alle $e_1 \in \mathbb{Z}$, muß gelten: $m_1 - m_2 \cdot B^{e_2-e_1} = 0$.

Diesen letzten Term wollen wir nach oben und unten abschätzen mit Hilfe der Ungleichung $B^{-1} \le m_1, m_2 < 1$.

$0 = m_1 - m_2 \cdot B^{e_2-e_1} < 1 - m_2 \cdot B^{e_2-e_1} \le 1 - B^{-1} \cdot B^{e_2-e_1}$, d.h. also:

$$\begin{aligned} & 0 < 1 - B^{-1} \cdot B^{e_2-e_1} \\ \Leftrightarrow\ & B^{e_2-e_1-1} < 1 \\ \Leftrightarrow\ & e_2 - e_1 - 1 < 0 \\ \Leftrightarrow\ & e_2 - e_1 < 1 \end{aligned}$$

$0 = m_1 - m_2 \cdot B^{e_2-e_1} > m_1 - 1 \cdot B^{e_2-e_1} \geq B^{-1} - 1 \cdot B^{e_2-e_1}$, d.h. also:

$$\begin{aligned} & 0 > B^{-1} - B^{e_2-e_1} \\ \Leftrightarrow \quad & B^{e_2-e_1+1} > 1 \\ \Leftrightarrow \quad & e_2 - e_1 + 1 > 0 \\ \Leftrightarrow \quad & e_2 - e_1 > -1 \end{aligned}$$

Insgesamt erhalten wir die Ungleichungskette $-1 < e_2 - e_1 < 1$.
Da $e_1, e_2 \in \mathbb{Z}$, bleibt für die Differenz $e_2 - e_1$ nur das Ergebnis 0 übrig, d.h.

$$e_1 = e_2$$

Setzen wir dieses Ergebnis in die Gleichung $m_1 - m_2 \cdot B^{e_2-e_1} = 0$ ein, so erkennen wir: $m_1 - m_2 \cdot B^{e_1-e_1} = m_1 - m_2 \cdot B^0 = m_1 - m_2 = 0$, d.h.

$$m_1 = m_2$$

Damit ist der erste Teil des Beweises beendet.

Die zweite Richtung erweist sich als sehr einfach:
Wenn $e_1 = e_2$, dann ist $B^{e_1} = B^{e_2}$.
Ist auch noch $m_1 = m_2$, so gilt: $m_1 \cdot B^{e_1} = m_2 \cdot B^{e_2} \Leftrightarrow x_1 = x_2$.

16. Für die Formeln vgl. Abschnitt 4.3.3.2 (B).

(a) Die kleinste positive exakt dargestellte Zahl ist
$\min = \sigma_{-2^{n-k-1}} = 2^{-2^{n-k-1}-1}$.

In diesem Fall also $\min = \sigma_{-2^{32-22-1}} = 2^{-2^{32-22-1}-1} = 2^{-2^9-1} = 2^{-513}$.

(b) Die größte exakt dargestellte Zahl ist

$$\begin{aligned} \max &= \sigma_{2^{n-k-1}} - \delta_{2^{n-k-1}-1} \\ &= 2^{2^{n-k-1}-1} - 2^{2^{n-k-1}-k} \\ &= 2^{2^{n-k-1}-1} \cdot (1 - 2^{-k+1}) . \end{aligned}$$

Wir erhalten bei der genannten Gleitpunktdarstellung

$$\begin{aligned} \max &= \sigma_{2^{32-22-1}} - \delta_{2^{32-22-1}-1} \\ &= 2^{2^{32-22-1}-1} \cdot (1 - 2^{-22+1}) \\ &= 2^{2^9-1} \cdot (1 - 2^{-21}) \\ &= 2^{511} - 2^{490} \\ &= 2^{490} \cdot (2^{21} - 1) . \end{aligned}$$

(c) Für den absoluten Fehler gilt die Abschätzung
$|x - x_G| \leq \frac{1}{2} \cdot \delta_e = \frac{1}{2} \cdot 2^{e-k+1}$.

Für die Klasse K_e mit der kleinsten Charakteristik $e = -2^{n-k-1} = -2^9$ gilt:

$$|x - x_G| \leq \frac{1}{2} \cdot 2^{-2^9-22+1} = 2^{-2^9-22} = 2^{-534} .$$

Für die Klasse mit der größten Charakteristik $e = 2^{n-k-1} - 1 = 2^9 - 1 = 511$ gilt:

$$|x - x_G| \leq \frac{1}{2} \cdot 2^{2^9-1-22+1} = 2^{2^9-22-1} = 2^{489} .$$

Abhängig von der Klasse K_e, in der x liegt, bewegt sich der absolute Fehler in Intervallen von $[0, 2^{-534}]$ bis $[0, 2^{489}]$.

(d) Der relative Fehler ist unabhängig von der Größenordnung von x, es gilt:

$$\frac{|x - x_G|}{|x|} \leq \frac{1}{2} \cdot \frac{\delta_e}{\sigma_e} = \frac{1}{2} \cdot \frac{2^{e-k+1}}{2^{e-1}} = 2^{-k+1}.$$

In unserem Fall bedeutet dies: $\frac{|x - x_G|}{|x|} \leq 2^{-22+1} = 2^{-21}$

Der relative Fehler bewegt sich somit im Intervall $[0, 2^{-21}]$.

2.1 - 2.3:

1. Angenommen, es gebe ein $a \in M$ mit $a = a'$. Dann gilt:
   $a \cdot a' = a \cdot a \overset{I\cdot}{=} a$, andererseits: $a \cdot a' \overset{C\cdot}{=} 0 \Rightarrow a = 0$
   Da aber $0' \overset{K0}{=} 1 \neq 0$, erhalten wir einen Widerspruch.
   $a + a' = a + a \overset{I+}{=} a$, andererseits: $a + a' \overset{C+}{=} 1 \Rightarrow a = 1$
   Da aber $1' \overset{K1}{=} 0 \neq 1$, erhalten wir auch hier einen Widerspruch.
   Es gibt also kein Element in einer Booleschen Algebra, das komplementär zu sich selbst ist.

2. (a) $f(a, b, c) = (a + b + c)\,(a + b + c')\,(a' + b + c)\,(a' + b' + c)$
   (b) $g(x, y) = x\,y + x'\,y + x'\,y'$

3. kDN über die Minterme (dort bestimmen, wo f(a, b, c) = 1):
   f(a, b, c) = a' b' c' + a' b c + a b' c' + a b' c
   kKN über die Maxterme (dort bestimmen, wo f(a, b, c) = 0):
   f(a, b, c) = (a + b + c') (a + b' + c) (a' + b' + c) (a' + b' + c')

4. f(a, b, c) = b' + c ist die disjunktive Minimalform.

5. (a) Diese Aussage ist richtig, denn:
   $$a|b = \overline{a \wedge b} = \overline{b \wedge a} = b|a$$
   (b) Die NOR-Verknüpfung ist nicht assoziativ:
   $$a \downarrow (b \downarrow c) = \overline{a \vee \overline{\overline{b \vee c}}} = \bar{a} \wedge (b \vee c) =: x$$
   $$(a \downarrow b) \downarrow c = \overline{\overline{\overline{a \vee b}} \vee c} = (a \vee b) \wedge \bar{c} =: y$$
   Wählt man als Belegung für das Tripel (a, b, c) z.B. (1, 0, 0), so erhält man für x den Wert 0, für y aber 1, d.h. x ≠ y, d.h. NOR ist nicht assoziativ.

6. f(x, y) = (x | y) | ((x | x) | (y | y))

7.

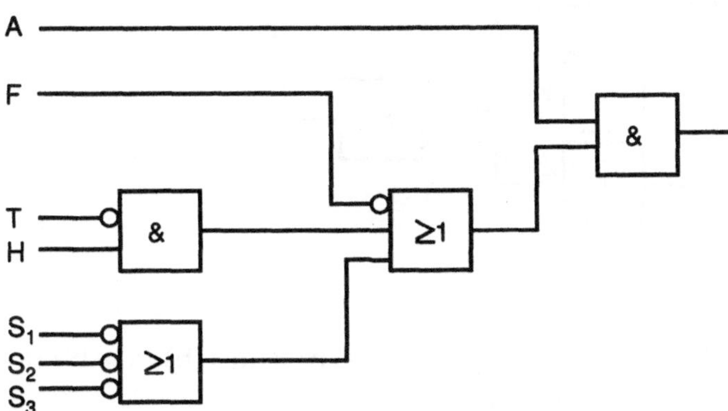

Am Ausgang des Schaltnetzes liegt an:
$$A \wedge (\overline{F} \vee (\overline{T} \wedge H) \vee (\overline{S_1} \vee \overline{S_2} \vee \overline{S_3}))$$

8. (a)

a	b	c	f(a, b, c)		Minterme
0	0	0	0		
0	0	1	0		
0	1	0	1		a' b c'
0	1	1	1		a' b c
1	0	0	1		a b' c'
1	0	1	0		
1	1	0	0		
1	1	1	0		

(b) Disjunktion der Minterme: f(a, b, c) = a' b c' + a' b c + a b' c'

(c) g ist äquivalent zu f (Überprüfung über Wertetabelle oder durch Umformung der Terme).

(d)

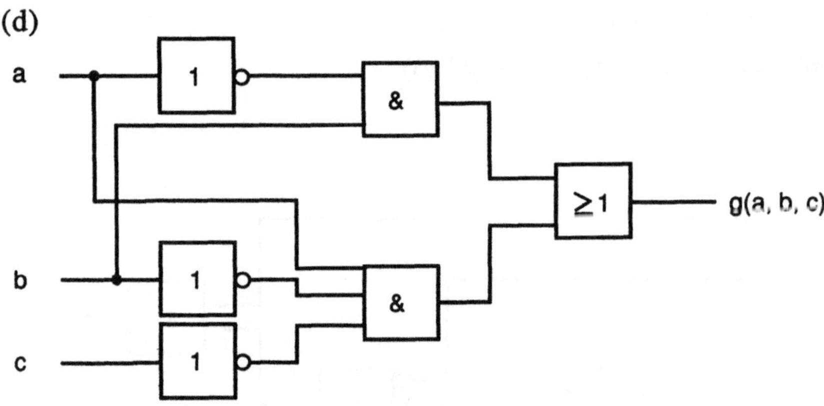

9. (a) $((a \wedge \bar{b}) \vee (\bar{a} \wedge \bar{b})) \wedge a$
(b) f als Boolesche Funktion: f(a, b) = (a + b) (a + b') (a' + b')
(c) $((\bar{a} \downarrow b) \downarrow (a \downarrow b)) \downarrow \bar{a}$

10. Schaltnetz: Ausgabe nur von Eingabe abhängig.
Schaltwerk: Ausgabe auch von endlich vielen vorangegangenen Eingaben abhängig, d.h. Gedächtnis in Form von inneren Zuständen nötig.

11. Verhinderung von falschen Ergebnissen (Zuständen) am Ausgang, die auftreten können durch:
Nichtkenntnis der Signallaufzeit, Dauer der Verzögerung τ, Nichtkenntnis der Dauer des Wechsels $0 \rightarrow 1$, $1 \rightarrow 0$.

3.2

5. Pipeline-Rechner:

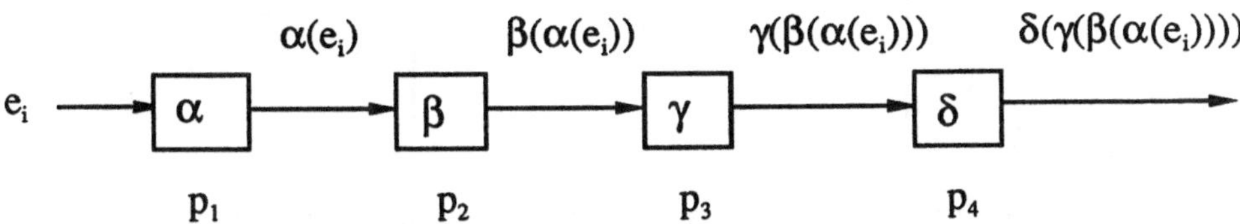

Takt	p_1	p_2	p_3	p_4	Ergebnis
1	α	-	-	-	
2	α	β	-	-	
3	α	β	γ	-	
4	α	β	γ	δ	a_1
5	α	β	γ	δ	a_2
6	α	β	γ	δ	a_3

Feld-Rechner:

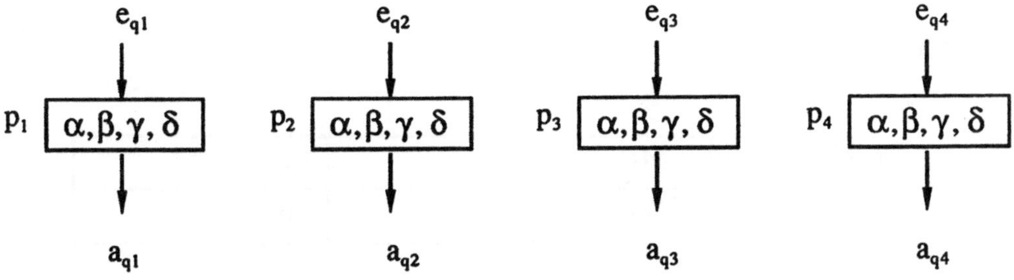

Takt	p_1	p_2	p_3	p_4	Ergebnis	
1	α	α	α	α	-	
2	β	β	β	β	-	
3	γ	γ	γ	γ	-	
4	δ	δ	δ	δ	$a_i * b_i$	$0 \leq i \leq 3$
5	α	α	α	α	-	
6	β	β	β	β	-	
...						

<u>Unterschiede:</u> Pipeline: verschiedene Operationen in einem Takt
Feld: nur gleiche Operationen in einem Takt

Pipeline: i.a. nur spezialisierte BEs notwendig
(vgl. p_1: stets nur Operation α)
Feld: i.a. vollständige Prozessoren notwendig

4.3

1. Einzige Veränderung bei

(a):	R7	\$3F01
(b):	R4	\$853F
(c):	R1	\$3F02

5.1 - 5.7

1. (a)

RSN	M#	Name	Abteilung
0	30	Bernhard	Golf

1	23	Steffi	Tennis
2	13	Boris	Tennis
3			
4	26	Uwe	Fußball
5	16	Michael	Schwimmen
6			
7			
8	41	Franz	Fußball
9	31	Fritz	Fußball
10	10	Christian	Ski

(b)

Fußball	26	31	41
Golf	30		
Schwimmen	16		
Ski	10		
Tennis	13	23	

(c)

Abteilung	**RSN**
Fußball	0
Golf	3
Schwimmen	4
Ski	5
Tennis	6

	0	1	2	3	4	5	6	7
Abteilung	26	31	41	30	16	10	13	23

2. In der Regel ist es nicht möglich, für jeden möglichen Primärschlüsselwert einen eigenen Satzspeicher vorzuhalten.

3. (a)

logische BN	M#	Rest des Satzes
0	30	...
	23	...
	13	...
1		
	26	...
	16	...
2		
	41	...
3	31	...
	19	...

(b) Die Blöcke werden in der Reihenfolge 2, 3, 0 inspiziert.

5. (a) und (d)

RSN	Teilenummer	Material	Kaufteil	Farbe	(d)
0					
1	35	Eisen	nein	rot	
2	70	Eisen	nein	blau	
3	71	Eisen	ja	blau	12
4					
5					

6					
7	24	Aluminium	nein	grau	
8	41	Aluminium	ja	grau	3
9	92	Nickel	nein	grün	
10					
11					
12	80	Aluminium	ja	grau	
13					
14	48	Nickel	nein	grün	
15					
16					

(d) Verankerung für die Kaufteile: RSN = 8

(b)

Material	**RSN**		
Aluminium	24	41	80
Eisen	35	70	71
Nickel	48	92	

(c)

Farbe	**Teilenummer**
blau	70
blau	71
grau	24
grau	41
grau	80
grün	48
grün	92
rot	35

6. (a)

I_1

Block	Schlüssel	Zeiger
0	Jürgen	0
	Willi	1

I_0

Block	Schlüssel	Zeiger
0	Bruno	2
	Dagmar	3
	Gerd	4
	Jürgen	0
1	Klaus	1
	Michael	5
	Willi	6

(b) Suche in I_1 Eintrag i mit s^{i-1} <'Gabi' ≤ s^i.

→Jürgen 0

Suche in Block 0 von I_0 Eintrag i mit s^{i-1} <'Gabi' ≤ s^i.

→Gerd 4

Suche in Block 4 von D Einfügestelle für einzufügenden Satz

D

Block	Schlüssel
4	Gabi
	Gerd

D

	Walter
6	Willi
	Thomas
7	Volker

(c) I_0

Klaus	1
Michael	5
Volker	7
Willi	6

(d) Direkte.

Literaturverzeichnis

[Bai88] U. G. Baitinger
Grundlagen der Digitaltechnik
Vorlesungsskript WS 1988/89
Institut für Technik der Informationsverarbeitung
Universität Karlsruhe (TH)

[Ber96] Ph. A. Bernstein
Middleware: A Model for Distributed System Services
Communications of the ACM, Vol. 39, Nr. 2, Febr.1996

[Böh74] G. Böhme
Anwendungsorientierte Mathematik, Band 1
Springer-Verlag Berlin Heidelberg New York, 1974

[BZ85] K. Bauknecht, C. A. Zehnder
Grundzüge der Datenverarbeitung
B.G. Teubner Stuttgart, 1985

[Fah89] R. Fahrion
Wirtschaftsinformatik
Physika-Verlag Heidelberg, 1989

[Feu73] E. A. Feustel
On the Advantages of Tagged Architectures
IEEE Transactions on Computers, C-22,7, 1973

[Gei95] K. Geihs
Client/Server-Systeme - Grundlagen und Architekturen
International Thomson Publishing 1995

[Gil81] W. K. Giloi
Rechnerarchitektur
Springer-Verlag Berlin Heidelberg New York, 1981

[GJM84] L. Graf, H. Jakob, W. Meindl, W. Weber
Keine Angst vor dem Mikrocomputer
VDI-Verlag Düsseldorf, 1984

[GL84] L. Goldschlager, A. Lister
Informatik - Eine moderne Einführung
Carl Hanser Verlag München Wien, 1984

[GP81] H.-P. Gumm, W. Poguntke
Boolesche Algebra
Bibliographisches Institut Mannheim Wien Zürich, 1981

[HSW81] V. Haase, W. Stucky, L. Wegner
Datenverarbeitung heute
B.G. Teubner Stuttgart, 1981

[Kla83] R. Klar
Digitale Rechenautomaten
Walter de Gruyter Berlin New York, 1983

[LHKC86] L.A. Leventhal, D. Hawkins, G. Kane, W.D. Cramer
68000 Assembly Language Programming
Osborne McGraw-Hill, Berkeley, California, 1986

[M84] Motorola
M68000; 16/32-Bit Mikroprozessor; Programmer's Reference Manual
Prentice Hall, 1984, 4th ed.

[OHE96] R. Orfali, D. Harkey, J. Edwards
Essential Client/Server Survival Guide
John Wiley & Sons, 1996

[OV87] W. Oberschelp, G. Vossen
Rechneraufbau und Rechnerstrukturen
R. Oldenbourg Verlag München Wien, 1987

[Pag81] F. G. Pagan
Formal Specification of Programming Languages
Prentice Hall, 1981

[Pro86] W. E. Proebster
Technologien und Geräte der Peripherie von Informationssystemen
Vorlesungsskript, 1986
IBM Deutschland, Stuttgart

[PS83] J. Peterson, A. Silberschatz
Operating System Concepts
Addison-Wesley, 1983

[Rem87] U. Rembold (Hrsg.)
Einführung in die Informatik
Carl Hanser Verlag München Wien, 1987

[RLH88] U. Raabe, M. Lobjinski, M. Horn
Verbindungsstrukturen für Multiprozessoren
Informatik-Spektrum Nr. 11, 1988

[Sca83] L. Scanlon
Die 68000er, Grundlagen und Programmierung
AT Verlag Aarau Stuttgart, 1983

[Sch86] H.-J. Schneider (Hrsg.)
Lexikon der Informatik und Datenverarbeitung
Oldenbourg Verlag München, 1986

[Scha95] T. Scharf
Architekturen und Technologien verteilter Objektsysteme – eine Einführung
Handbuch der modernen Datenverarbeitung 186, 1995

[SG87] R. W. Schäfler, J. Gettys
The X-Windows-System
ACM Transformation on Graphics, Band 5, Nr. 2, 1987

[Schi92] A. Schill
Remote Procedure Call: Fortgeschrittene Konzepte und Systeme – ein Überblick, Teil 1 und Teil 2
Informatik-Spektrum, Nr. 2 und Nr. 3, 1992

[Sd86] Schülerduden: Die Informatik
Bibliographisches Institut Mannheim/Wien/Zürich
Dudenverlag, 1986

[SS83] G. Schlageter, W. Stucky
Datenbanksysteme: Konzepte und Modelle
B.G. Teubner Stuttgart, 1983

[Tan84] A. S. Tanenbaum
Structured Computer Organization
Prentice/Hall International editions, 1984

[TK82] H. J. Tafel, A. Kohl
Ein- und Ausgabegeräte der Datentechnik
Carl Hanser Verlag München Wien, 1982

[Wie87] G. Wiederhold
File Organization for Database Design
McGraw-Hill, 1987

Index

—J—

—K—

—L—

—M—

—N—

—O—

—P—

—Q—

—R—

—S—